Rudolf Josef Menne · Manfred Rechs

Optimierte Prozesse für die Großserie

Springer-Verlag Berlin Heidelberg GmbH

Rudolf Josef Menne · Manfred Rechs

Optimierte Prozesse für die Großserie

Reduzierte Entwicklungszeiten bei Verbrennungsmotoren

Mit 209 teilweise farbigen Abbildungen

Springer

Priv.-Doz. Dr.-Ing. Rudolf J. Menne
Ford-Werke Aktiengesellschaft
Spessartstraße
D-50725 Köln

Dr.-Ing. Manfred Rechs
Ford Motor Company Ltd.
Dunton Engineering Centre
Laindon Basildon Essex
SS 15 6EE England

Lektorin: Sigrid Cuneus, Berlin

ISBN 978-3-662-09122-7 ISBN 978-3-662-09121-0 (eBook)
DOI 10.1007/978-3-662-09121-0

Die Deutsche Bibliothek – CIP-Einheitsaufnahme

Menne, Rudolf: Optimierte Prozesse für die Großserie: Reduzierte Entwicklungszeiten bei Verbrennungsmotoren / Rudolf Menne; Manfred Rechs. - Berlin ; Heidelberg ; New York ; Barcelona ; Hongkong ; London ; Mailand ; Paris ; Singapur ; Tokio: Springer, 1999

Einband-Entwurf: de'blik, Berlin
Herstellung: Sigrid Cuneus, Berlin
Satz/Datenkonvertierung: MEDIO, Berlin
Layout/Illustrationsbearbeitung: MEDIO, Berlin

SPIN 10687008 62/3020 – 5 4 3 2 1 0 – Gedruckt auf säurefreiem Papier

Vorwort

Die verstärkte Dynamik infolge sich ändernder Kundenwünsche, neue Märkte und Technologien sowie die zunehmende Globalisierung erfordern flexible, der stetigen Anpassung unterliegende Geschäftsprozesse. Die Notwendigkeit, Kundenanforderungen als die entscheidende Kraft zur Gestaltung von Geschäftsprozessen zu verstehen und umzusetzen, darf nicht nur als zwingende Grundvoraussetzung, sondern muß vor allem als Chance verstanden werden.

Nur diejenigen Unternehmen werden langfristig weiterbestehen, die im weltweiten Wettbewerb fortwährend und präzise die Bedürfnisse der Kunden erfüllen. Dazu gehört nicht nur die Präsenz in den „mature markets“, d.h. in den zum größten Teil gesättigten Märkten wie Nordamerika und Europa, sondern auch in den „new and emerging markets“, die sich erst an der Schwelle zur Industrialisierung befinden.

Wurde bis vor kurzem die Wettbewerbsfähigkeit der Unternehmen im wesentlichen durch Qualitäts-, Kosten- und Preisstrukturierung manifestiert, so spielen in Zukunft jene Faktoren wie Innovation, Systemintegration und die Geschwindigkeit, mit der Innovationen in kundenorientierte Produkte umgesetzt werden können, die entscheidende Rolle.

Die aus den Ergebnissen der Entwicklungsarbeit der Ford-Werke AG entstandene Publikation erläutert, wie mit Hilfe der Integration simultaner Entwicklungsprozesse in den übergeordneten strategischen Geschäftsprozeß die Umsetzung von der Idee bis zum fertigen Produkt beschleunigt und damit ein entscheidender Wettbewerbsvorteil erzielt werden kann.

Neben kooperationsorientierter Prozeßgestaltung ist eine produktive, den Prozeß fördernde Kommunikationsstruktur von maßgeblicher Bedeutung. Allein die Integration in bestehende Abläufe oder Strukturen ist nicht ausreichend; vielmehr müssen die Möglichkeiten einer wirkungsvollen Abstimmung im Team realisiert und konsequent genutzt werden. Für diese Teamentscheidungen sind zu viele Hierarchieebenen hinderlich. Mit der Reduzierung der Anzahl der Entscheidungsebenen erhalten gleichzeitig die Mitarbeiter „vor Ort“ mehr Kompetenz.

Das Buch, dessen Grundlage eine an der RWTH Aachen zu diesem Thema gehaltene Vorlesung ist, geht exemplarisch auf die Entwicklung von Verbrennungsmotoren ein. Die vorgestellten Prozesse und Modelle sind jedoch auf nahezu jedes andere in Großserie hergestellte Produkt übertragbar. Es wird gezeigt, wie durch eine Optimierung der Einzelprozesse nicht nur in der hausinternen

Entwicklung und Fertigung, sondern auch beim Systemlieferanten eine Verbesserung der Abläufe und damit der Wertschöpfung zu erreichen ist.

Die Autoren danken allen Mitarbeitern, die mit vielen hilfreichen Anregungen, konstruktiven Beiträgen sowie informativen Gesprächen und Diskussionen zum Gelingen des Buches beigetragen haben: G. Bartsch, G. Bingen, Dr. A. Brohmer, G. Busch, M. Dierkes, Dr. P. Dilgen, Dr. R. Ernst, G. Festag, M. Frenken, H. Fussen, W. Gasper, Dr. T. Gruenert, Dr. B. Harbolla, W. Herrmann, B. Hoff, J. Hoesterey, W. Holsteg, C. Huisgen, Dr. H. Kaiser, A. Koess, W. Kopplin, J. Mehring, A. Mennicken, H. Metz, J. Meyer, Dr. U. Mueller-Frank, R. Oppel, B. Rose, Dr. J. Ross, A. Ruiz, W. Selle, R. Schulz, B. Schure, R. Schmitz, J. Stadtmann, R. Steinberg, J. Thomas, C. Tombrink, A. Thusch, D. Utsch, C. Weber sowie der Grob-Werke GmbH.

Besonderer Dank gilt Herrn Josef Meurer für die engagierte Mitarbeit und stete Bereitschaft, seine wertvollen Kenntnisse und langjährigen Erfahrungen auf dem Gebiet der Fertigung einzubringen und damit maßgeblich zur Erstellung des Buches beizutragen.

Danken möchten die Autoren Herrn Johannes Hennecken, der nicht nur die Idee zur Veröffentlichung des Buches lieferte, sondern auch mit Engagement die Literaturrecherche und Bearbeitung der Bildvorlagen vorgenommen hat.

Die Autoren möchten sich ebenfalls an dieser Stelle bei Frau Sigrid Cuneus bedanken. Neben den redaktionellen Arbeiten bei der Fertigstellung des Textes und der Bilder seien vor allem die wertvollen Hinweise und Ideen zur Gestaltung des Buches erwähnt.

Dank gebührt auch der Ford-Werke AG, die die Herausgabe des Buches ermöglicht hat.

Köln, im September 1998

Rudolf Menne
Manfred Rechs

Inhaltsverzeichnis

1 Einleitung

»Business today is an explorer's ship...
it is always meeting new conditions...«

Henry Ford
Moving Forward (1930)

1 Einleitung

Die Automobilproduktion nimmt weltweit eine führende Stellung in der Gesamtwirtschaft ein. So werden auf unserem Globus jährlich 55 Mio. und in ganz Europa mehr als 19 Mio. Pkw produziert (Abb. 1-1). Die Statistik weist für 1997 die USA an zweiter Stelle aus mit etwa 12 Mio. Pkw (inkl. leichten Nutzfahrzeugen [Light Trucks]), gefolgt von Japan mit fast 11 Mio. Pkw. Deutschland zeigt über die letzten drei Jahre eine konstante Entwicklung (1997: 5 Mio. Pkw). Bemerkenswert ist die zunehmende Bedeutung von Wachstumsmärkten wie Südkorea, Brasilien und China. Ähnlich wie bei den „mature markets" Nordamerika und Europa wird es auch bei den neuen Märkten längerfristig zu einer Sättigung kommen, d.h., der Verdrängungswettbewerb setzt auch dort ein. Ein Automobilunternehmen, das zukünftig wettbewerbsfähig sein will, muß sicherstellen, daß es auf allen Märkten präsent ist. Um dieses Ziel zu erreichen, müssen die Anforderungen der Märkte genau analysiert und diese mit Produkten, die den jeweiligen Kundenwünschen entsprechen, beliefert werden.

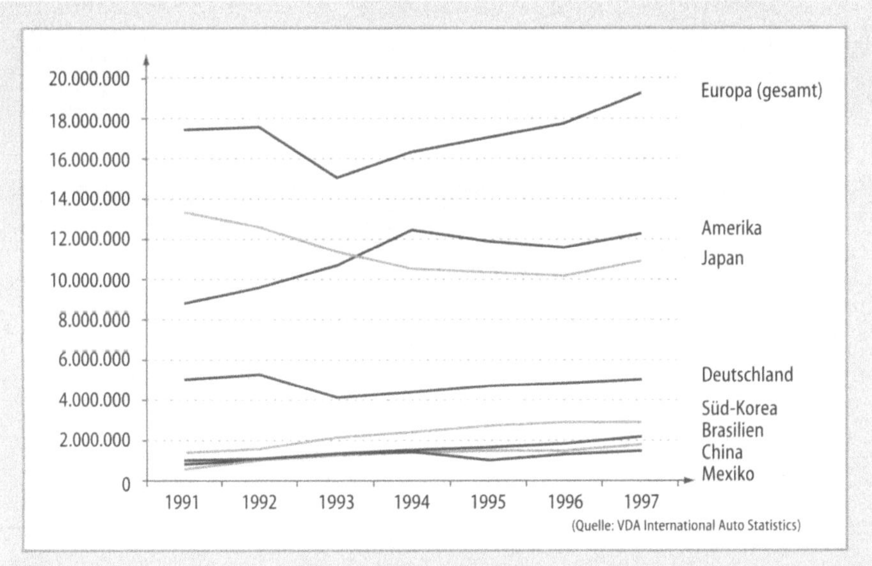

Abb. 1-1 Anteil der Welt-Autoproduktion nach Regionen 1991–1997

Nicht zuletzt aus Gründen der Wettbewerbsfähigkeit haben sich Produktvielfalt und Produktionsvolumina in der Automobilindustrie über die Jahrzehnte gewandelt (Abb. 1-2). Zu Beginn der Automobilproduktion wurden Autos, wie im Handwerksbetrieb üblich, manuell als Einzelstücke hergestellt. Verwendung fanden typische Verfahren wie z.B. das Dengeln von Karosserieblechen auf dem Amboß. Das bedeutete zwar eine große Produktvielfalt – jedes Auto konnte individuell nach Kundenwunsch gestaltet werden –, die Stückzahl der produzierten Fahrzeuge war jedoch entsprechend gering.

Um Autos für viele Kunden zu produzieren, führte Henry Ford 1914 mit der Schaffung von Fertigungsprozessen nach vorgegebenen Spezifikationen die Fließbandarbeit ein. Damit war die Möglichkeit vorhanden, große Produktionsvolumina des gleichen Modells kostengünstig anzubieten. Die Produktvielfalt wurde gleichzeitig drastisch eingeschränkt und läßt sich mit einem Zitat von Ford treffend beschreiben: „Sie können jede beliebige Autofarbe haben, solange es nur Schwarz ist."

Massenproduktion auf Kosten der Produktvielfalt war jedoch auf Dauer nicht wettbewerbsfähig. Vor allem die mangelnde Differenzierung, die nicht mehr auf individuelle Kundenwünsche Rücksicht nahm, veranlaßte die Automobilindustrie umzudenken und flexiblere Fertigungsprozesse zu installieren, die sowohl die Produktion verschiedener Modelle als auch eine Verkürzung des Modellalters ermöglichten.

Abbildung 1-3 gibt den Zusammenhang zwischen der Anzahl der Modelle und dem Modellalter wieder. Unter Modell ist ein Fahrzeug mit einem eigenen Erscheinungsbild zu verstehen, wie Escort oder Mondeo. Varianten eines Modells

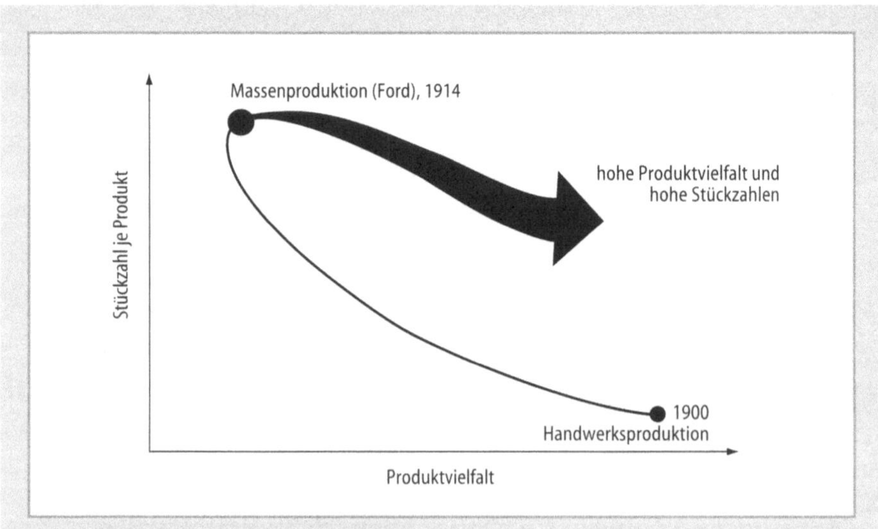

Abb. 1-2 Fahrzeugproduktion zu Beginn des 20. Jahrhunderts

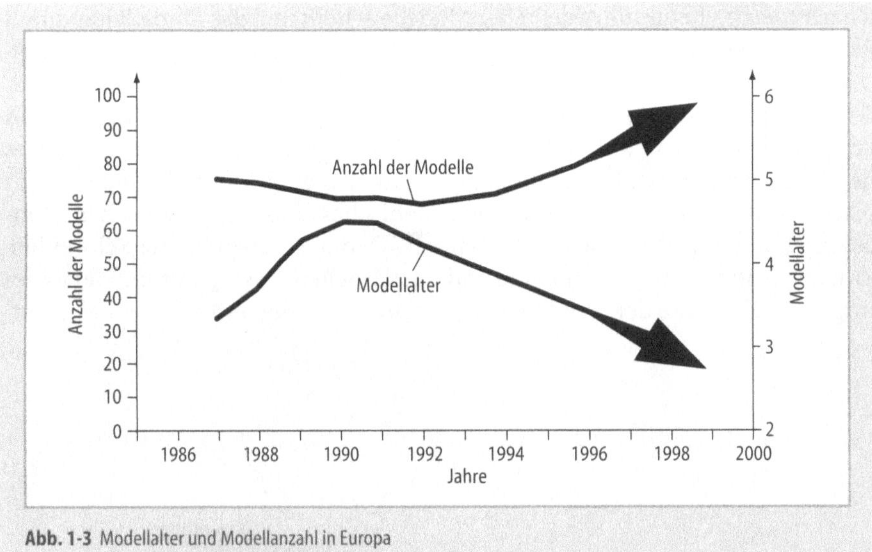

Abb. 1-3 Modellalter und Modellanzahl in Europa

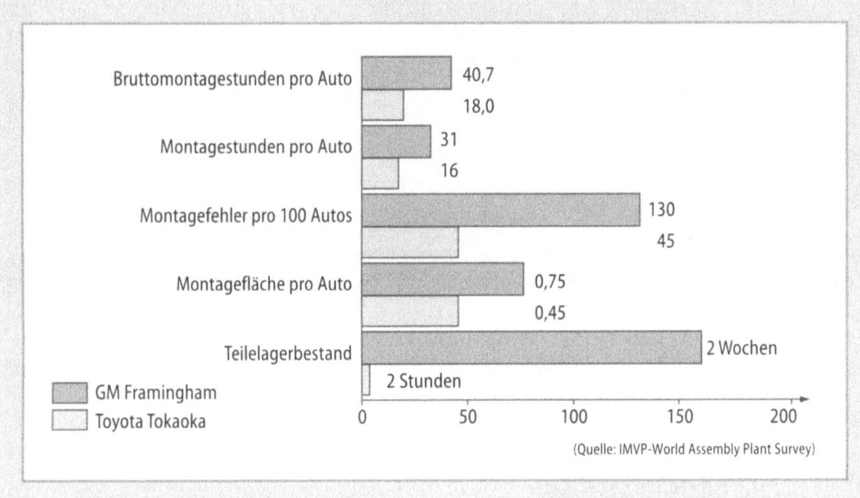

Abb. 1-4 Vergleich der Montagewerke GM und Toyota

(3-Türer, 5-Türer oder Kombi) gelten als ein Modell. Das Modellalter ist als Produktionszeitspanne definiert, die bis zur Ablösung durch ein neues Modell des gleichen Fahrzeugtyps vergeht.

In Europa wuchs von 1987 bis 1990 das durchschnittliche Modellalter auf über vier Jahre an. Gleichzeitig verringerte sich die Anzahl der Modelle. Dem Erfolg der japanischen Automobilindustrie entsprechend, haben die Europäer in den Jahren nach 1990 bis heute die Anzahl der Modelle erhöht und das Modellalter durch Verkürzung der Entwicklungszeiten von vier Jahren auf etwa drei Jahre reduziert.

Es sind nicht nur die Unterschiede bezüglich des Modellalters und der Produktvielfalt, die den Erfolg von Montagefirmen in Japan im Vergleich zu den USA verursacht haben. Wie anhand einer MIT-Studie klar ermittelt wurde, gibt es erhebliche Unterschiede hinsichtlich der Fertigungsqualität. Abbildung 1-4 zeigt typische Kennzahlen für ein nordamerikanisches und ein japanisches Montagewerk. Untersucht wurden 1986 Standard-Montagearbeiten wie Schweißen, Lackieren, Installieren, Endabnahme und Nacharbeiten. Das japanische Werk wies weniger als die Hälfte der Montagestunden pro Fahrzeug und nur etwa ein Drit-

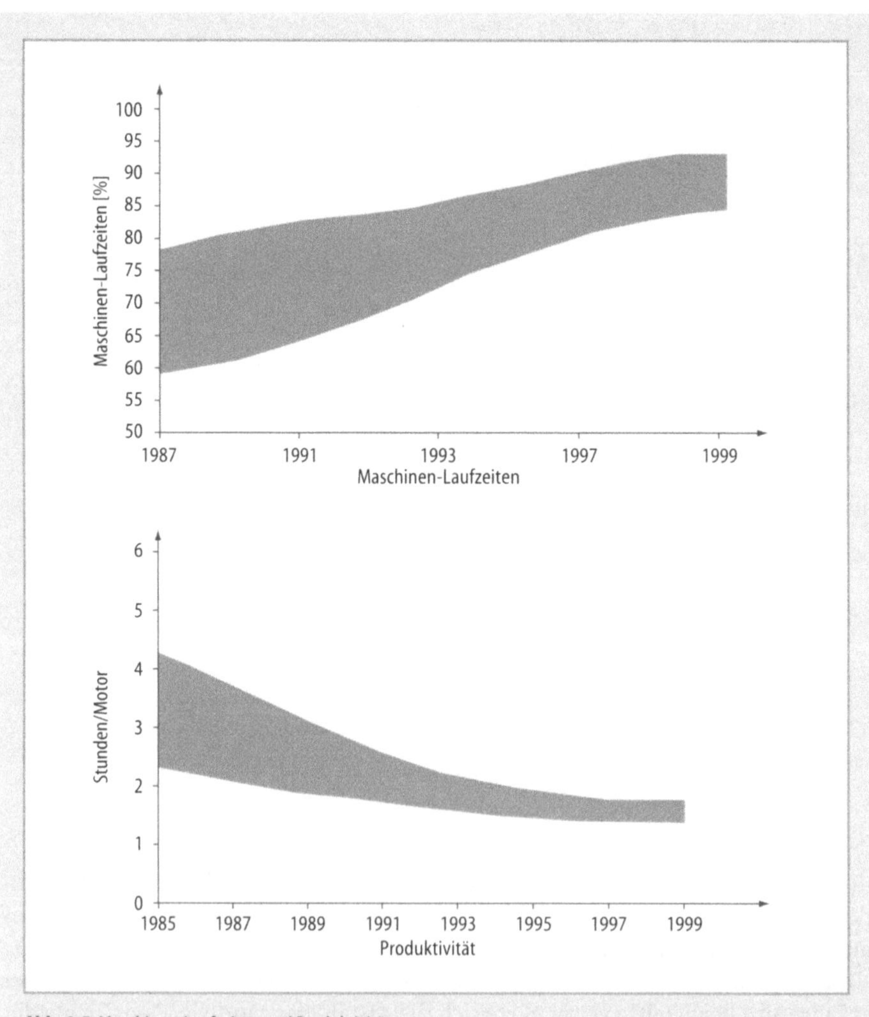

Abb. 1-5 Maschinen-Laufzeiten und Produktivität

tel der Montagefehler des nordamerikanischen Werkes auf. Auch bezüglich der Montagefläche und des Teilelagerbestands gab es signifikante Unterschiede. Das japanische Werk benötigte etwa 40 % weniger Montagefläche, und die Teile lagerten für zwei Stunden im Vergleich zu zwei Wochen im nordamerikanischen Werk.

Heute ist die sog. Just-in-Time-Philosophie überall etabliert. Aber auch die Vorteile einer geringen Montagefläche, d.h. kurze Transportwege in Kombination mit optimierten Montageabläufen wie das Mitfahren des Monteurs auf dem „Fließband", sind vielfach entsprechend dem japanischen Vorbild umgesetzt worden. Gruppenarbeit sowohl in der Fertigung als auch in der Montage, verbunden mit der Übertragung der Verantwortung auf diese Gruppen, hat maßgeblich zur Verbesserung der Qualität (geringe Fertigungs- und Montagefehler oder seltenes Nacharbeiten) beigetragen.

Das Maß für die Produktivität ist die Zeit zur Fertigstellung eines Fahrzeugs oder eines Motors. Hier ist ein eindeutiger Trend abzusehen: beim Fahrzeug wird eine neue Plattformstrategie verfolgt. Das bedeutet, daß möglichst viele Modelle auf derselben Bodengruppe (Plattform) basieren und damit sowohl Entwicklungskosten als auch Fertigungskosten gesenkt werden können. Beim Pkw-Verbrennungsmotor ist die Fertigung auf etwa eine Stunde gesunken, Ausnahmen mit längeren Montagezeiten, bedingt durch ältere Fertigungseinrichtungen, werden ebenfalls eine erhebliche Kürzung erfahren (Abb. 1-5).

Ein weiteres Merkmal für die Produktivität sind die Maschinenlaufzeiten. Während 1993 die Maschinenlaufzeiten noch 70–85 % betrugen, sind es 1997 mindestens 80 %, und es werden Laufzeiten von über 90 % erreicht. Qualität und Produktivität werden jedoch nicht allein in Fertigung und Montage erzielt. Entschei-

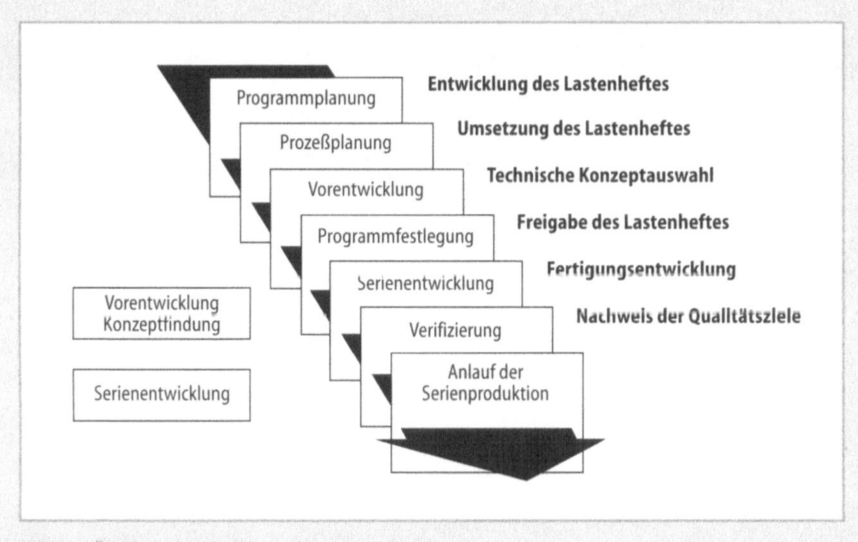

Abb. 1-6 Übersicht über den Motorenentwicklungsprozeß

dend ist der gesamte Entwicklungsprozeß. Ausgehend von den ersten konstruktiven Entwürfen bis zur fertigungstechnischen Auslegung des Produktionsablaufs ergeben sich viele miteinander vernetzte Einzelaktivitäten.

Im folgenden sollen die hierzu notwendigen Abläufe betrachtet und gleichzeitig Maßnahmen gezeigt werden, die eine Optimierung des gesamten Entwicklungsprozesses erlauben.

Um das Auffinden der Themenkomplexe zu erleichtern, wurde die Kapiteleinteilung des Buches analog zum Ablauf des Entwicklungsprozesses (Abb. 1-6) gewählt.

2

Entwicklungsprozeß im Überblick

»Marktanforderung und Globalisierung erfordern neue Denkmodelle. Die Entwicklung muß als integraler Bestandteil des strategischen Geschäftsprozesses betrachtet werden.«

2 Entwicklungsprozeß im Überblick

Um möglichst nicht am tatsächlichen Kundenwunsch vorbeizuzielen, sollte sich das Bestreben jeder Entwicklungsabteilung darauf richten, die Entwicklungszeiten zu verkürzen. Der traditionelle Entwicklungsprozeß zeichnet sich dadurch aus, daß alle Entwicklungsschritte seriell ausgeführt werden, und es somit zu einer entsprechend langen Entwicklungszeit von fünf Jahren und mehr kommt. Großes Potential zur Verkürzung bietet statt dessen der simultane Prozeßablauf. Simultan heißt, daß alle Einzelschritte in der Vor- und Serienentwicklung zum frühestmöglichen Zeitpunkt begonnen und soweit wie möglich parallel – also simultan – ausgeführt werden (Abb.2-1).

Neben einer entsprechenden Verkürzung der Entwicklungszeit wird der Austausch von Informationen zwischen verschiedenen Entwicklungs- und Fertigungsbereichen unterstützt. Diese Verbesserung der Kommunikation ist der entscheidende Vorteil für die Optimierung der einzelnen Prozeßabläufe. Des weiteren kann durch eine Reduktion der Anzahl von Prototypphasen wertvolle Entwicklungszeit gespart werden. Insbesondere die Beschaffung der Prototypen ist immer noch sehr zeitaufwendig. Aber nicht nur die Beschaffung, sondern auch

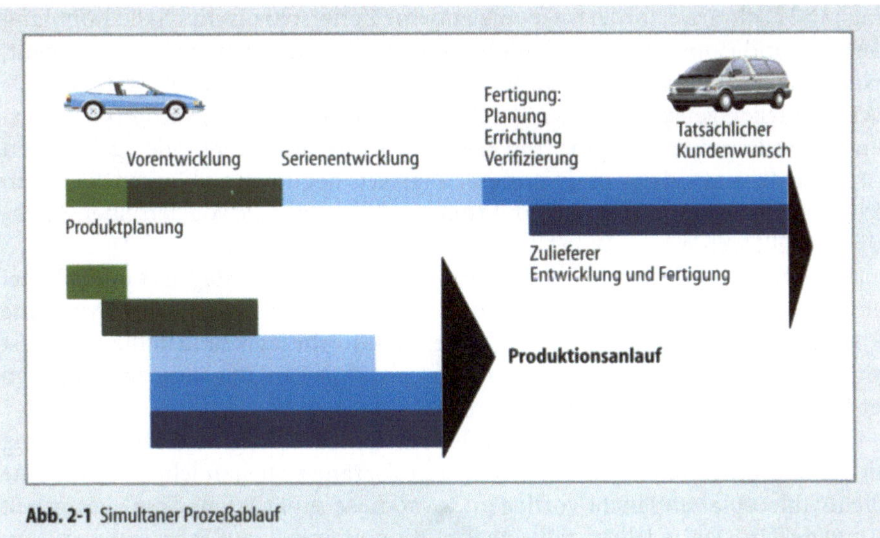

Abb. 2-1 Simultaner Prozeßablauf

der Prototypenbau und die Testphase selbst bedeuten „Totzeit" für den Konstrukteur, da er für eine weitere Optimierung die Versuchsergebnisse abwarten muß. Aufgrund der Iteration der Konstruktion anhand von üblicherweise drei aufeinanderfolgenden Versuchsserien für Konstruktion, Prototypenbau, Test und Analyse benötigte der bisherige Entwicklungsprozeß relativ viel Zeit. Der neue Entwicklungsprozeß weist dagegen nur eine Konstruktions- und nur eine Prototyp-Versuchsphase auf, d.h., alle Prototypen werden vom identischen Konstruktionsstand – also von derselben Zeichnung – gefertigt.

Die Minimierung der Prototypphasen auf *eine* einzige ist heute und in Zukunft immer besser realisierbar, da Ingenieurswerkzeuge wie Computer Aided Engineering (CAE) einen solchen Stand erreicht haben, daß Prototypversuche in der frühen Phase (Vorentwicklung) und auch zunehmend in der sich anschließenden Serienentwicklung ersetzt werden können. Anhand der Finite-Elemente-Berechnung der Bauteile simuliert der Konstrukteur bzw. Entwicklungsingenieur das dynamische Schwingungsverhalten oder die thermische und mechanische Belastung, noch bevor der erste Prototyp vorhanden ist. Zugleich kann eine erste Analyse des Geräuschverhaltens erstellt werden. Auf Basis dieser Kenntnisse läßt sich iterativ eine Optimierung anhand von Modellrechnungen vornehmen. Während diese Optimierung in der Vergangenheit umfangreicher Versuche mit Komponenten, Systemen und Motoren im Fahrzeug bedurfte, die infolge Konstruktion, Beschaffung, Vermessung, Zusammenbau, Instrumentierung, Testdurchführung und -auswertung einen enormen Zeitaufwand (etwa ein Jahr) verursachten, ist sie heute innerhalb weniger Wochen möglich. Es soll jedoch nicht verschwiegen werden, daß für die endgültige Beurteilung eines Verbrennungsmotors die Versuchsüberprüfung mittels Hardware zum heutigen Zeitpunkt unerläßlich ist.

Selbst bei Teilen der Entwicklung, die zur Zeit neben CAE eine Testentwicklung mit Hardware erfordern, ist eine enorme Zeitersparnis durch die Kopplung von CAE und Computer Aided Manufacturing (CAM) zu erreichen. Das heißt, erste Prototypen können extrem schnell (Rapid Prototyping) auf Basis von 3D-CAD-Modellen gefertigt werden. Auch die ersten Verifizierungsprototypen werden mittels Rapid Prototyping und Freiform-Fabrikationsmethoden gebaut, um so sehr früh mit Prinzip- und Verifizierungstests beginnen zu können. Es folgen die Prototypen – gefertigt mit Produktionswerkzeugen –, die von derselben Zeichnung erstellt werden.

Die Entwicklung eines neuen Motors ist grundsätzlich integriert in ein Fahrzeugentwicklungsprogramm, und sei es nur, um einen neuen Motor bzw. eine neue Motorenfamilie in ein bereits bestehendes Fahrzeug zu installieren. Es ist immer das Gesamtfahrzeug, das den Kundenwünschen, der Gesetzgebung und der Firmenphilosophie entsprechen muß.

Hieraus läßt sich als Grundsatz ableiten, daß eine Programmablaufplanung auf der übergeordneten Fahrzeugebene mit Vorrang zu behandeln ist. Sollte eine solche Ablaufplanung nicht vorliegen, so ist diese zunächst in ihrer Gesamtheit zu entwickeln. Das bedeutet, daß eine Programmkontrolle auf Fahrzeugebene unerläßlich ist und dem Motorenprogramm sog. Fahrzeug-Kontrollpunkte übergeordnet werden müssen. Diese stellen sicher, daß zu jedem Zeitpunkt innerhalb der Entwicklung alle notwendigen Arbeiten ausgeführt und die erforderlichen Ergebnisse bzw. Zielsetzungen erreicht worden sind. Entsprechend werden für die Untersysteme des Antriebsstrangs, wie Motor und Getriebe, zusätzliche spezifische Kontrollpunkte geplant und abgearbeitet.

Abbildung 2-2 gibt im oberen Teil einen Überblick über die Bedeutung der Fahrzeug-Kontrollpunkte, die ausgehend vom Produktionsstart <A> rückwärts gelten:

- <K> programmstrategische Richtung ausgelegt,
- <J> programmstrategische Richtung festgelegt,
- <I> Fahrzeugabmessungen festgelegt,
- <H> Programm genehmigt und Finanzierung bewilligt,
- <G> inneres und äußeres Design genehmigt,
- <F> analytische Produktfreigabe,
- <E> erstes Fahrzeug für Tests verfügbar,
- <D> Produktfreigabe,
- <C> Testphase beendet,
- <B> Produktionsstart genehmigt,
- <A> Produktionsstart.

Die entsprechenden Programm-Kontrollpunkte für Motor, Getriebe usw. sind im unteren Teil der Abb. 2-2 relativ zu den Fahrzeug-Kontrollpunkten dargestellt.

- <9> neue Technologien (Schubladenlösungen) identifiziert, Zeitplanung, Entwicklungs-, Fertigungsressourcen und Kostenplan festgelegt,
- <8> vorläufiges Lastenheft erstellt,
- <7> Programmfestlegung und Freigabe des Lastenheftes,
- <6> analytische Konstruktion und analytische Fertigungsprozeßentwicklung beendet und alle Konstruktionsdaten festgelegt,
- <5> Beginn Phase II, Verifizierungstests, vorläufige Kalibrierung verfügbar,
- <4> produktionsrepräsentative Prototypen (Phase III) verfügbar,
- <3> Verifizierungstests beendet, analysiert und Produkt (Konstruktion) freigegeben,
- <2> Produktionsfreigabe,
- <1> Produktionsstart.

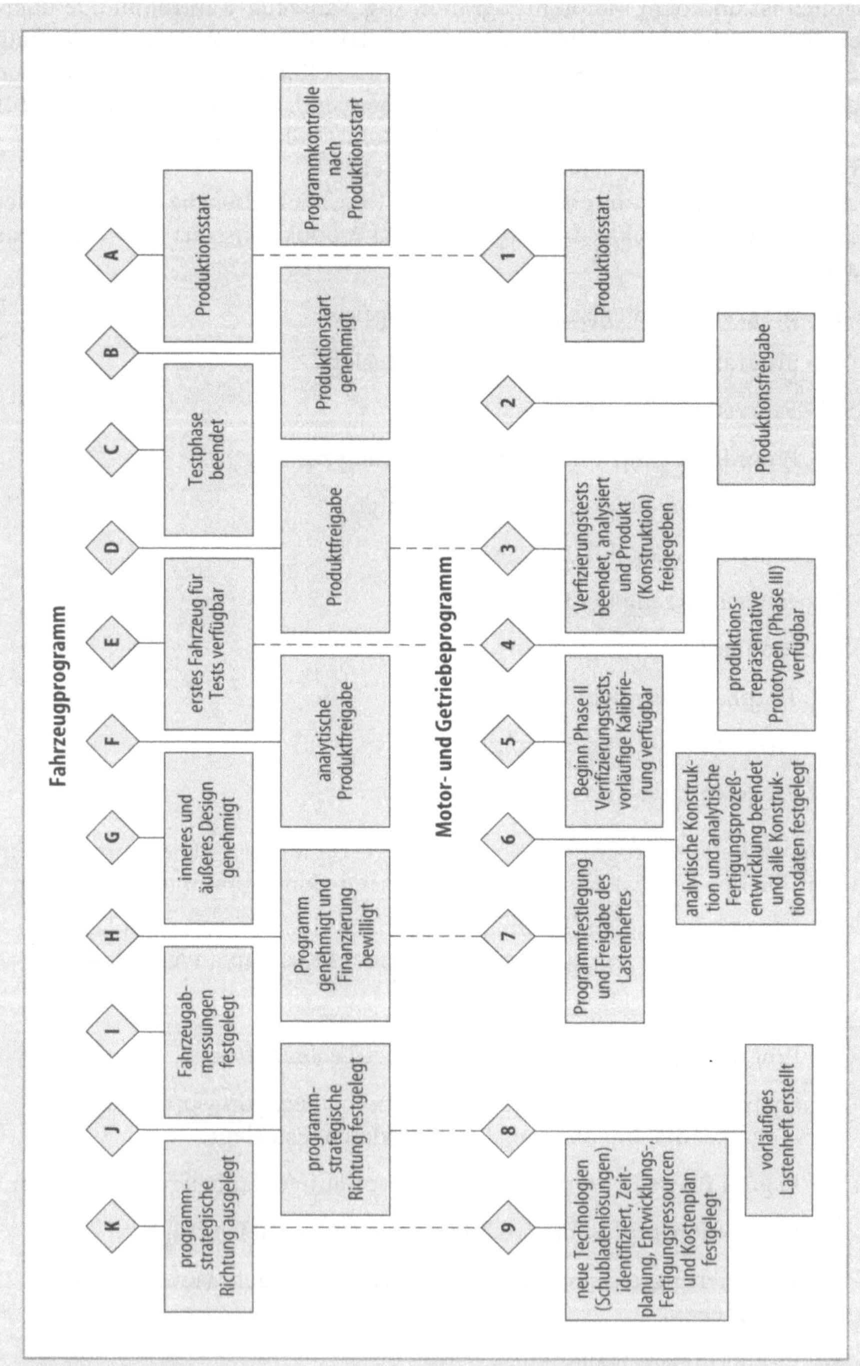

Abb. 2-2 Zusammenfassung der wichtigsten Programm-Kontrollpunkte

Zu Beginn eines typischen Motorenprogramms steht die Planung. Sie wird charakterisiert durch die Beschreibung von Anforderungen an das zu erstellende Produkt und führt zu einer ersten Zusammenfassung von Zielsetzungen (programmstrategische Richtung). Anforderungen können von Seiten der Kunden, des Gesetzgebers, aber auch durch firmenstrategische Gesichtspunkte des Unternehmers vorgegeben sein. Sie beziehen sich in der Regel auf das Gesamtfahrzeug. Als Beispiel sei hier ein bestimmter Kraftstoffverbrauch in l/100 km genannt. Was bedeutet dieses Verbrauchsziel für den Verbrennungsmotor? Die motorspezifische Zielsetzung ergibt sich nur in Verbindung mit den Zielen des Fahrzeugs. Erst eine Optimierung aller verbrauchsrelevanten Maßnahmen am Fahrzeug, die neben Verbrauch auch hinsichtlich anderer Kriterien wie Design, Package und Kosten durchgeführt wird, ergibt in Kombination mit Fahrzeuggewicht, Luft- und Rollwiderstand, Beschleunigungsanforderung und Getriebebauart die Anforderungen an den Motor. Diese sind das zu liefernde Drehmoment und der Wirkungsgrad im gesamten Kennfeld. Daraus werden ein bestimmter Hubraum, Zylinderzahl, Ventilkonzept usw. festgelegt. Eine weitere Zerlegung der Zielsetzung erfolgt anschließend für die einzelnen Komponenten. Für die Kurbelwelle ergibt sich z. B. ein hinsichtlich Lagerreibung und Dauerhaltbarkeit optimierter Durchmesser für Haupt- und Pleuellager.

Diese Zielsetzungen werden im Lastenheft zusammengefaßt, mit dessen Hilfe sich der Projektumfang festlegen läßt. Hierzu wird auf bereits entwickelte Ideen und Grundkonzepte zurückgegriffen. Derartige Grundkonzepte basieren auf Forschungsergebnissen, die i. d. R. im eigenen Haus kontinuierlich erarbeitet und in einem sog. Technologiepool gesammelt werden. Dieser Technologiepool dehnt sich durch den fortwährenden technologischen Prozeß (Forschung und Vorentwicklung) aus, neue Technologien reifen zu „Schubladenlösungen".

Zur Planung in der frühen Phase (Vorentwicklung) gehört auch die Erstellung der Arbeitspläne, die eine stufenweise Datenfreigabe für die Fertigungsplanung beinhaltet. Des weiteren werden die Zeiten für den Prototypenbau sowie der Versuchsablauf geplanter Varianten festgelegt. Das bedeutet, daß alle Konstruktionsalternativen, z. B. unterschiedliche Nockenwellenprofile, Teil des Versuchsablaufplans und damit der Verifizierungstests sein müssen, da eine Freigabe nur auf Basis eines einzigen Verifizierungsprogramms erfolgen kann. Danach werden die Produktions-Anlaufvorbereitungen getroffen.

Betrachtet man das gesamte Fahrzeug, so beträgt der Eigenfertigungsanteil ca. 20–40 %, d. h., ca. 60–80 % sind Zulieferteile, die zum Montagewerk transportiert werden. Parallel zur anfänglichen Projektplanung erfolgt die Einkaufsplanung, was bedeutet, daß die Zulieferer zu diesem frühen Zeitpunkt in die Entwicklung eingebunden werden. Hierdurch ist es möglich, die Fertigungsprozesse der Zulieferer zu optimieren und in den Gesamtentwicklungsprozeß zu integrieren.

Abbildung 2-3 zeigt die Lieferanteneinbindung in Relation zum Programmablauf. Bereits nach der Ausrichtung der Programmstrategie <K> („Programmumfang und Fahrzeugziele sind festgelegt") werden die System- und Untersystem-

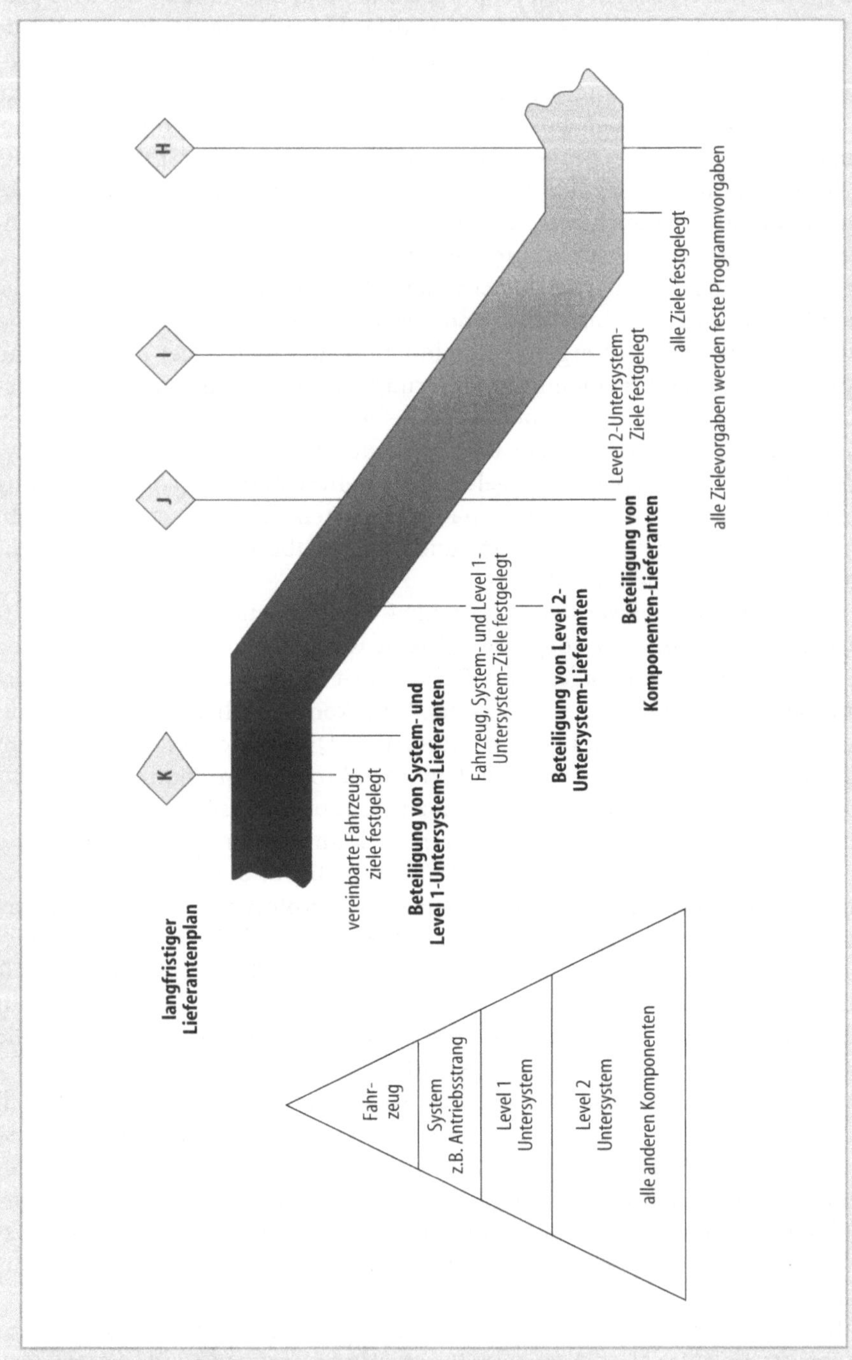

Abb. 2-3 Lieferanteneinbindung

lieferanten einbezogen. Untersysteme werden in verschiedene Level unterteilt. Untersystem Level 1 ist z.B. der komplette Antriebsstrang; Untersystem Level 2 ist der Motor oder das Getriebe. Spätestens bis zur Programmgenehmigung <H> müssen sämtliche Lieferanten endgültig bestimmt sein. Diese Festlegung enthält gleichzeitig eine vertragliche Bindung zwischen Hersteller und Lieferant, um die bereits erarbeiteten Qualitäts-, Zeit-, Funktions- und Kostenziele sicherzustellen. Neben den Fahrzeugzielen müssen zu diesem Zeitpunkt auch wichtige Randbedingungen für die Fertigung definiert sein. Dazu zählt insbesondere der Standort des Motoren- und/oder Fahrzeugwerkes. Die Auswahl und Einbindung der Zulieferer richtet sich maßgeblich nach dem Produktionsstandort.

Nach Festlegung des Projektumfangs wird das Programm an ein Projektteam übergeben, das den gesamten Entwicklungsprozeß steuert. Um die Entwicklung nur auf eine Prototypenphase zu beschränken, werden viele analytische Werkzeuge zur Konstruktion, gleichzeitig aber auch zur frühen Entwicklung des Fertigungsprozesses benutzt. Während der stufenweisen Datenfreigabe beginnt bereits die Maschinen- und Werkzeugplanung bzw. -fertigung, was nur möglich ist, wenn die Entwicklung der Fertigung von Anfang an parallel zur Produktentwicklung erfolgt.

Sowohl die Produkt- als auch die Fertigungsentwicklung profitieren stets von den Erfahrungen und Kenntnissen vorangegangener Projekte. Um sicherzustellen, daß die „Lessons Learned" beachtet werden, sind diese als Kontrollkriterium in die Programm-Kontrollpunkte integriert.

Der Programmplanung, d.h., der Entwicklung des Lastenheftes, kommt eine große Bedeutung zu (s. Abschn. 3.1). Sie beschreibt, welche Informationen, Ziele und Techniken seitens des Kunden und des Unternehmens ins Lastenheft einfließen. Der erste Teil des Lastenheftes enthält die Ziele für das Gesamtfahrzeug. Nachdem das vorläufige Fahrzeuglastenheft erstellt worden ist, gilt es, dieses Lastenheft auf die Subsysteme Motor, Getriebe oder Chassis aufzuteilen. Dieses Aufteilen läßt sich durch den Begriff „Aushandeln" beschreiben. Um das Beispiel Kraftstoffverbrauch wieder aufzugreifen, soll die Gewichtsreduktion zur Verbrauchsabsenkung betrachtet werden. Eine Gewichtsreduktion von 100 kg ergibt ca. 0,5 l/100 km geringeren Kraftstoffverbrauch. Das Aushandeln besteht nun darin festzustellen, welches Subsystem welchen Beitrag an der Gewichtsreduktion übernimmt. Ein wichtiges Kriterium sind die Kosten für die jeweilige Maßnahme. Es ergeben sich Fragen wie: Was ist kostengünstiger, 10 kg Gewichtseinsparung durch Verwendung eines Aluminium-Zylinderblocks (gegenüber Graugußblock) oder durch Aluminiumguß bei Radaufhängungskomponenten? Auf Basis der Subsystem-Lastenhefte erfolgt die detaillierte Prozeßablaufplanung, die Ressourcenermittlung und -bereitstellung.

Der nächste Schritt zur Umsetzung der einzelnen Lastenhefte ist die analytische Konstruktion. Darunter ist die Anwendung von CAD, CAE, FEM zur Konstruktion und Optimierung – hier des Motors – zu verstehen. So werden die ersten Konstruktionen fast ausschließlich auf der Basis von 3D-CAD-Modellen durchgeführt, die eine schnelle Umsetzung in ein FEM-Modell und somit FEM-

Rechnungen ermöglichen. Die Resultate erlauben dann unmittelbar eine Bauteiloptimierung hinsichtlich mechanischer oder thermischer Beanspruchung, aber auch bezüglich des dynamischen Verhaltens (Eigenfrequenzen, Geräuschabstrahlung).

Die analytisch optimierten Konstruktionen bieten die Basis für Fehler-Möglichkeiten- und -Einfluß-Analysen (FMEA). Sie untersuchen alle denkbaren und möglichen Ausfälle, die ein Bauteil bzw. System in bezug auf seine Funktion erleiden kann, analysieren den vorliegenden Zustand, bewerten und verfolgen Verbesserungsmaßnahmen. Dies kann bedeuten, daß die Konstruktion geändert und/oder geeignete Tests zur Verifizierung eingeplant und durchgeführt werden müssen. Analog werden die Fertigungsprozeß-FMEAs erstellt. Die Prozeß-FMEA untersucht Fehlermöglichkeiten, die innerhalb des Fertigungsprozesses auftreten können und die Bauteilfunktion beeinflussen. Sie muß so früh wie möglich – basierend auf der ersten Prozeßplanung – durchgeführt werden, um sicherzustellen, daß eventuell erforderliche konstruktive Abhilfemaßnahmen in die analytische Konstruktionsphase einfließen. FMEAs werden im Team erarbeitet und während des Entwicklungsprozesses ständig aktualisiert.

Die analytische Konstruktionsphase (aller Subsysteme) liefert das erforderliche Feedback, um die Lastenhefte bzw. Zielsetzungen zu komplettieren. Zu diesem Zeitpunkt (entsprechend dem Fahrzeug-Kontrollpunkt <H>) liegen die endgültigen Lastenhefte vor und unterstützen so die Programmgenehmigung.

Was dann folgt, wird allgemein mit Serienentwicklung beschrieben. Für den hier dargestellten Entwicklungsprozeß bedeutet Serienentwicklung u.a. die Fortsetzung der analytischen Konstruktion, die eine stufenweise Datenfreigabe bis zur endgültigen Freigabe auf Basis der Verifizierungstests vorsieht. Stufenweise Freigabe heißt, daß für die Fertigung wichtige Hauptabmessungen sehr früh, wie z.B. Zylinderbohrungsabstand, Zylinderkopf-Schraubenpositionen, detaillierte Einzelheiten jedoch zu einem späteren Zeitpunkt (in Stufen) freigegeben werden. Dies ermöglicht der Fertigungsplanung, Maschinen auszulegen und die Beschaffung derselben zu beginnen. Die Geldmittelfreigabe dazu ist Bestandteil der Programmgenehmigung.

Diese stufenweise Datenfreigabe muß sich sowohl nach Belangen der Entwicklung als auch der Fertigung richten. Welche Daten wann von der Entwicklung fixiert werden können und welche Daten seitens der Fertigung festgelegt werden müssen, um die Maschinenbeschaffung zum richtigen Zeitpunkt voranzutreiben, kann nur durch einen simultanen Entwicklungs- und Fertigungsprozeß erreicht werden. In der Praxis heißt das, daß der Entwicklungsingenieur, der als Leiter der interdisziplinären Arbeitsgruppe für eine bestimmte Komponente verantwortlich ist, ständig mit dem entsprechenden Fertigungsingenieur, betroffenen Einkäufern und Zulieferern zusammenarbeiten muß. Hierdurch wird sichergestellt, daß alle Informationen bzw. Aktivitäten zum richtigen Zeitpunkt vorliegen und ausgeführt werden. Entsprechend arbeitet das Management des simultanen Entwicklungs- und Fertigungsprozesses für alle Komponenten und übergreifenden Systeme.

Die Beschaffung der Prototypenteile beginnt bereits während der Konstruktionsphase. Die stufenweise Datenfreigabe unterstützt nicht nur die hausinterne Fertigungsplanung und Maschinenbeschaffung, sondern in gleichem Maße die der Zulieferer. Für ein Gußwerkzeug für den Zylinderkopf bedeutet das Einfrieren der Hauptabmessungen, daß die Planung und auch die Fertigung des Gußwerkzeugs begonnen und entsprechend der stufenweisen Datenfreigabe (Entwicklung und Fertigung) fertiggestellt werden kann.

Die Verifzierungstests werden auf der Basis von Prototypen durchgeführt. Parallel zur Konstruktions- und Fertigungsentwicklung erfolgt die Kalibrierung, d.h. die Abstimmung der Motorsteuerung auf das Gesamtfahrzeug. Randbedingungen, um nur einige zu nennen, sind dabei: Dauerhaltbarkeitsanforderungen, Emissionsgrenzwerte, Verbrauchsvorgaben und Kriterien zur Beurteilung des Fahrverhaltens. Die Kalibrierung läßt sich wiederum in mehrere Phasen unterteilen. Ausgehend von Modell-Simulationen, in denen das Zusammenspiel Motor - Getriebe - Fahrzeug rein analytisch geschieht, wird anschließend mit Hilfe hochdynamischer Motor-Getriebe-Prüfstände eine weitere Feinabstimmung vorgenommen. Die endgültige Abstimmung erfolgt im realen Fahrzeug.

Den Abschluß der Serienentwicklung bildet die Validierung der Fertigungsprozesse. Die ersten Produktionsmotoren werden zur endgültigen Freigabe in Produktionsfahrzeuge eingebaut und den vorgeschriebenen Tests unterzogen. Die Bewertung der Ergebnisse geschieht im Fahrzeug-Kontrollpunkt <C> „Testphase beendet“. Etwa einen Monat später wird Kontrollpunkt <B> „Produktionsstart genehmigt“ erreicht.

3 Programmplanung und Produktvorentwicklung

»Die Gestaltung von Technologie erlaubt nicht nur die Konzentration der Entwicklungskapazitäten, sondern ist darüber hinaus ein geeignetes Mittel zur Reduzierung von Komplexität.«

3 Programmplanung und Produktvorentwicklung

Die Programmplanung ist das Produkt eines fortwährenden geschäftsstrategischen Prozesses. Der Start eines Fahrzeugprogramms basiert auf der Analyse der Kundenanforderungen, des Wettbewerbs, der Umweltrichtlinien/-gesetzgebung und der firmeneigenen Geschäftsplanung. Das Zusammenspiel dieser Faktoren führt zu einem neuen Fahrzeugprogramm. Auch der Kundenwunsch nach mehr passiver Sicherheit kann zu umfangreichen Fahrzeugänderungen führen, z. B. zur Umkonstruktion des Fahrzeugvorderteils inklusive einer geänderten Motorlage zur weiteren Optimierung des Crashverhaltens. Ein weiterer Grund kann sein, daß der Wettbewerb eine bestimmte neue Fahrzeugklasse, z. B. ein Stadtauto mit einer Größe unterhalb der heutigen Kleinwagen, mit extrem niedrigem Verbrauch entwickelt. Es kann eine zukünftige Verschärfung der Abgasemissionsgesetzgebung sein, die umfangreiche Motor- und Abgasnachbehandlungs-Änderungen verlangt.

Fahrzeugprogramme können natürlich nicht beliebig geplant werden. Die zeitliche Reihenfolge und der Umfang richten sich nach der Geschäftsplanung. So lassen sich i. d. R. wegen begrenzter Ressourcen und Investitionen nicht mehrere vollständig neue Fahrzeugprogramme zum gleichen Produktionsbeginn planen und durchführen. Außerdem müssen existierende Produktionsstandorte hinsichtlich ihrer weiteren Nutzung und Auslastung berücksichtigt werden. Wird z. B. ein spezifisches Fahrzeugprogramm für eine vorgegebene Fahrzeugkategorie ausgewählt, ist der nächste Schritt die Festlegung der Fahrzeugsegmentstrategie. Sie beschreibt die wesentlichen Gründe und Zielsetzungen für das Fahrzeugprogramm. Die Umsetzung dieser Strategie mündet im vorläufigen Lastenheft.

Neben dem fortwährenden geschäftsstrategischen Prozeß unterstützt ein ständiger Technologieprozeß die Programmplanung (Abb. 3-1). Dieser enthält die Entwicklung von Technologien zu einem Reifegrad, der die Durchführbarkeit und das Potential der entsprechenden Technologie sicherstellt. Als Beispiele können die variable Nockenwellenverstellung oder auch die Direkteinspritzung für Ottomotoren dienen. Hieraus ergibt sich, daß ein Fahrzeug- bzw. Motorenprogramm bestimmte Technologien aus dem Technologiepool nutzt, die der programmspezifischen Zielsetzung zugute kommen. Die Vorteile dieses fortwährenden Prozesses sind:

- kürzere Entwicklungszeiten,
- weniger riskante Entwicklung (Überraschungen bleiben aus),

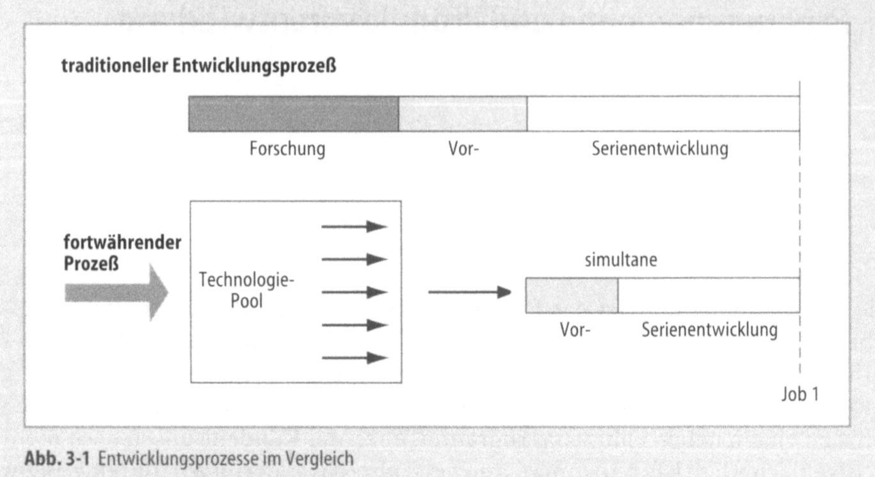

Abb. 3-1 Entwicklungsprozesse im Vergleich

- hohe Produktqualität,
- schnelle Reaktion auf Markterfordernisse und damit
- Image eines modernen Produkts.

3.1 Erstellung eines Lastenheftes

Die Erstellung eines Lastenheftes vollzieht sich zunächst auf der Ebene des Gesamtfahrzeugs und mündet im „vorläufigen" Fahrzeuglastenheft. Um ein solches zu entwickeln, muß bekannt sein, welche Informationen, Ziele und Techniken von seiten der Kunden und des Unternehmens in die Programmplanung einfließen sollen (vgl. Abb. 3-2). Die Kundenwünsche werden – wie am Beispiel des Kraftstoffverbrauchs bereits angesprochen – in technische Anforderungen übersetzt. Für einen Kundenwunsch „Der Motor soll laufruhig sein" bedeutet dies z. B. eine konkrete Zielsetzung für die Drehungleichförmigkeit, die wiederum durch Massenkräfte, aber auch durch Verbrennungsstabilität beeinflußt wird. Für beide muß eine meßbare Zielgröße entwickelt werden.

Die Konkurrenzanalyse ist unerläßlich, um den Stand der Technik – und damit das Maß der Kundenzufriedenheit, das die Konkurrenz mit ihren Produkten erzielt – festzustellen. Die Qualität der Fahrzeuge in Kundenhand wird anhand von Felduntersuchungen ermittelt, um die gewonnenen Erkenntnisse ins Lastenheft aufzunehmen. Technologien zur Befriedigung bestimmter Kundenanforderungen, wie niedriger Kraftstoffverbrauch oder gutes Beschleunigungsvermögen z. B. durch eine variable Nockenwellensteuerung, werden ebenfalls im Lastenheft niedergeschrieben. Darüber hinaus müssen firmenstrategische Gesichtspunkte, wie Image, Ressourcenauslastung, vorhandene Produktionsstandorte, Kosten (In-

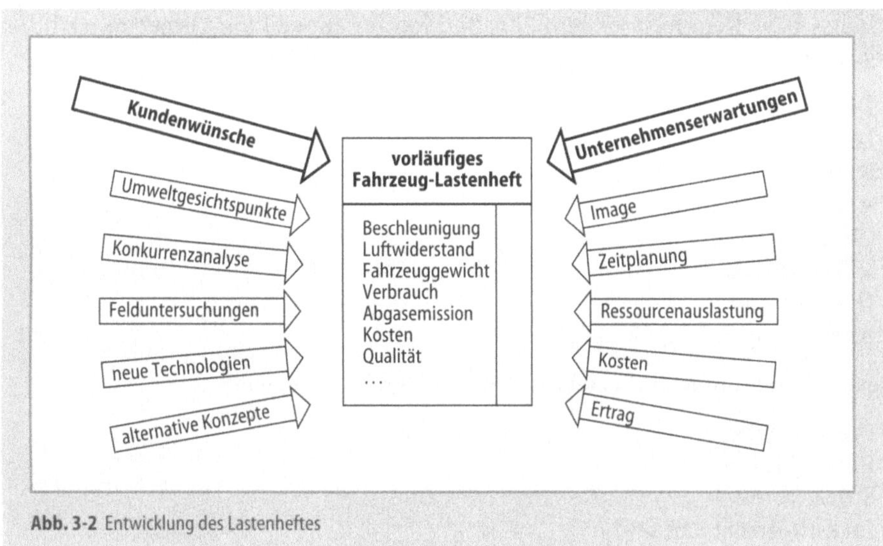

Abb. 3-2 Entwicklung des Lastenheftes

vestitions- und Stückkosten) und nicht zuletzt auch der Ertrag, der für das Bestehen des Unternehmens und für neue Investitionen benötigt wird, berücksichtigt werden.

Zu den Unternehmenserwartungen im Lastenheft gehört die Zeitplanung. Es nützt wenig, wenn ein Produkt zu einem Zeitpunkt auf den Markt gebracht wird, zu dem es vom Kunden schon nicht mehr gewünscht wird. Ressourcenauslastung ist u.a. das Wissen darüber, wieviel Mitarbeiter für eine bestimmte Produktentwicklung zur Disposition stehen. Werden z.B. 200 Ingenieure benötigt und sind nur 100 zu dieser Zeit im Unternehmen verfügbar, kann das Produkt in der vorgegebenen Zeit nicht verwirklicht werden. Es ist also unrealistisch, das Vorhaben überhaupt in Angriff zu nehmen.

Die Kosten sind in der heutigen Zeit besonders entscheidend – der Kunde ist nur noch bereit, einen bestimmten Preis für ein Produkt zu bezahlen. Höhere Kosten lassen sich daher nicht mehr unmittelbar in höhere Preise umsetzen. Der Ertrag für das Unternehmen ist deshalb so wichtig, weil nur dadurch gesichert ist, daß Rücklagen für neue Investitionen gebildet werden können. Muß ein Produkt zum Selbstkostenpreis oder mit Unterdeckung verkauft werden – wird also kein Ertrag erzielt –, können keine Rücklagen gebildet und damit keine Investitionen für ein neues Produkt vorgenommen werden. Gerade das ist aber von besonderer Bedeutung, da sich die Zykluszeit für neue Produkte mehr und mehr verkürzt. Hieraus läßt sich ableiten, daß jedes neue Programm gleichzeitig eine Optimierung der Kostenstruktur enthalten muß.

Aus dem vorläufigen Fahrzeug-Lastenheft wird ein Motor-Lastenheft abgeleitet, dessen Kriterien sich unter dem Oberbegriff „Qualität“ zusammenfassen lassen. Hierzu gehören Kundenzufriedenheit, Zuverlässigkeit und geringe Unterhalts- bzw. Reparaturkosten. Für die Motorenentwicklung ergeben sich die Motorkenndaten als wichtige Qualitätsziele. Dazu zählen:

- Drehmoment,
- Leistung,
- Kraftstoffverbrauch,
- Abgasemissionen,
- Geräusch,
- Vibrationen,
- Gewicht und
- Abmessungen.

Diese müssen unter Einbeziehung finanzieller Aspekte, wie

- Preisvorgabe,
- Entwicklungskosten,
- Stückkosten,
- Investitionskosten und
- Profitabilität

optimiert werden.

3.1.1 Kundenwünsche

Um repräsentative Aussagen über die Kundenzufriedenheit zu erhalten, werden Fragebogenaktionen per Post, per Telefon oder im direkten Gespräch durchgeführt.

Neben unmittelbaren Kundenaussagen sind Reparaturkosten ein weiteres Qualitätskriterium. So erhält man zuverlässige Angaben, wenn z. B. die Reparaturen pro 1000 Fahrzeugen während der Garantiezeit ausgewertet werden. Ein weiterer Prüffaktor ist die Bewertung der Reparaturen nach einem, nach drei und nach zwölf Monaten in Kundenhand (Abb. 3-3).

Um eine Definition für Kundenzufriedenheit zu erhalten, werden nicht nur die eigenen Kunden, sondern auch Neuwagenkäufer aller Hauptkonkurrenten einer Klasse gebeten, unterschiedliche Kriterien mit den Noten 1 bis 10 zu beurteilen. Dabei bedeuten

1–2 unzufrieden,
3–4 weniger zufrieden,
5–6 zufrieden,
7–8 sehr zufrieden,
9–10 überaus zufrieden.

Bei mindestens 100 ausgewerteten Befragungen ergibt sich die Kundenzufriedenheit (KZU) mit der Formel

$$KZU = \frac{Anzahl\ der\ Beurteilungen\ besser\ als\ 6}{Anzahl\ aller\ Befragten} \times 100\ \%.$$

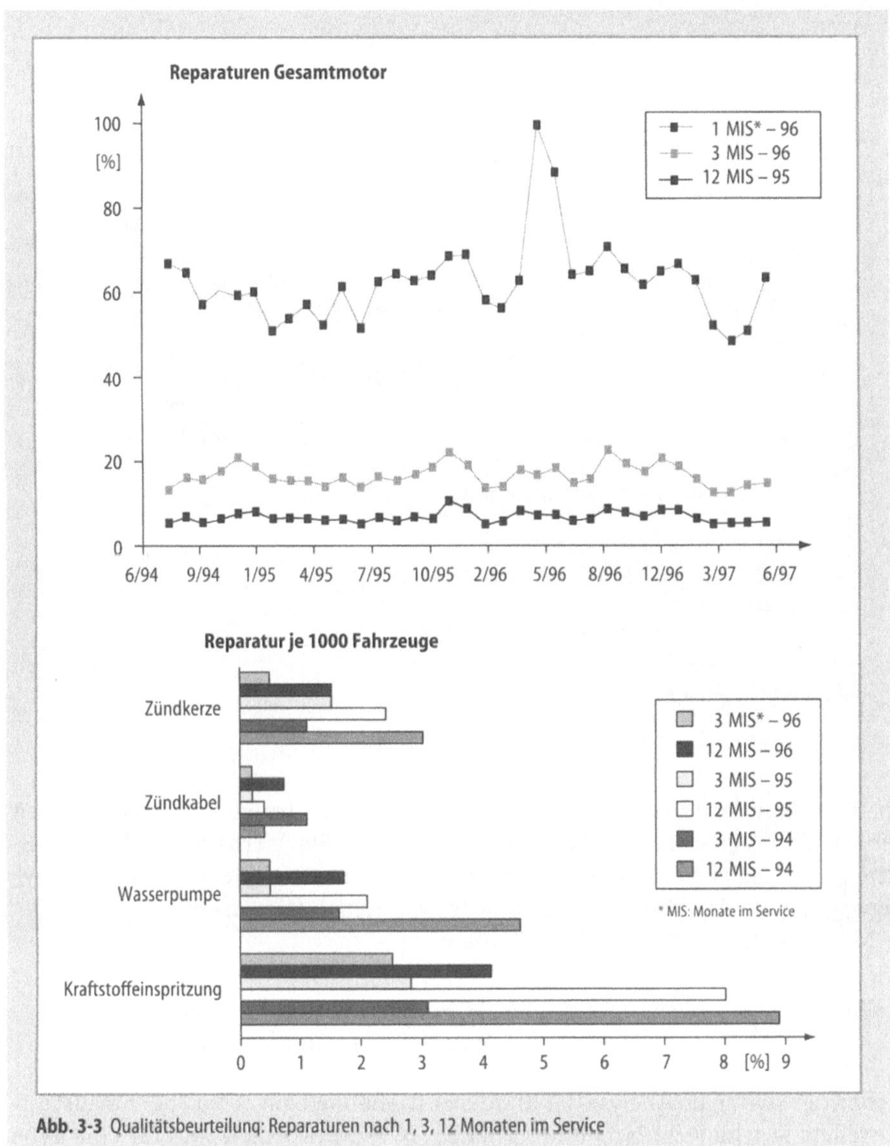

Abb. 3-3 Qualitätsbeurteilung: Reparaturen nach 1, 3, 12 Monaten im Service

Die Kundenzufriedenheit wird in % gemessen und berücksichtigt alle Noten von 7–10, die für die Beantwortung der verschiedenen Fragen gegeben wurden. Insgesamt müssen mindestens 100 Personen befragt worden sein.

Als Beispiel soll eine Erhebung für einen Kleinwagen, Modelljahr 1997, im Vergleich zur Konkurrenz diskutiert werden. Ziel war es, eine Aussage darüber zu gewinnen, ob die während der Programmplanung festgelegten Qualitätsziele von

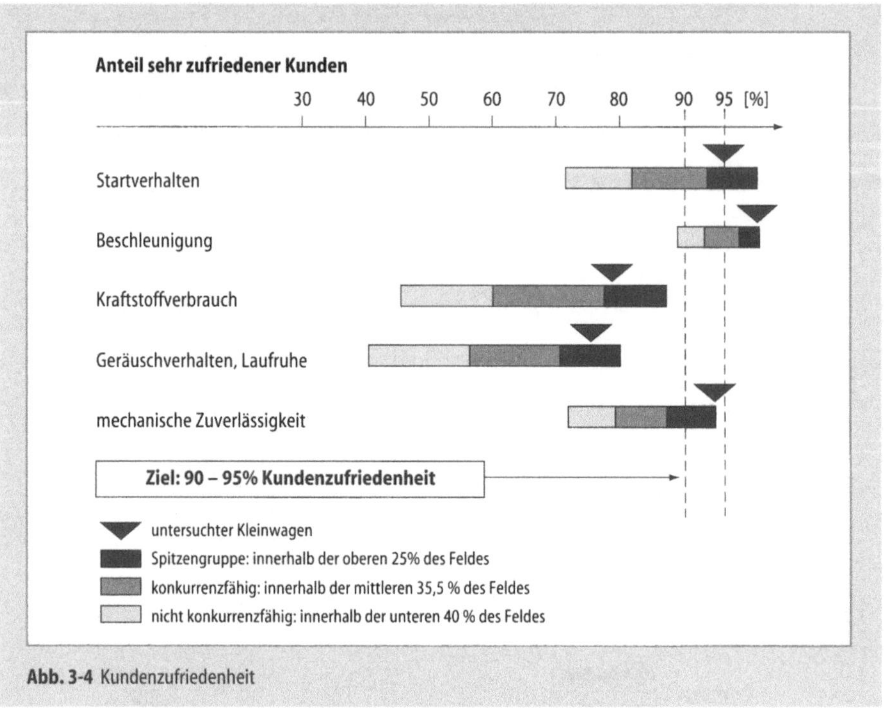

Abb. 3-4 Kundenzufriedenheit

90 – 95 % Kundenzufriedenheit erreicht wurden. In allen abgefragten Kriterien gehörte dieses Fahrzeug zur Spitzengruppe, die für Startverhalten und mechanische Zuverlässigkeit die anvisierten Prozentzahlen erreichte. Für die Beschleunigung konnte das Modell sogar 98 % der Kunden zufriedenstellen (Abb. 3-4).

Mit Hilfe der KZU-Formel erhält man:

$$KZU = \frac{980}{1000} \times 100\% = 98\ \%,$$ *d.h. 98 % der befragten Kunden sind sehr zufrieden (7 – 8) oder überaus zufrieden (9 – 10).*

Neben der ständigen Analyse der Kundenzufriedenheit gilt es darüber hinaus festzustellen, welche technischen Merkmale z. B. verantwortlich sind für eine hohe Kundenzufriedenheit bezüglich des Beschleunigungs-/Durchzugsverhaltens. In der Regel müssen die Äußerungen von Kunden in technisch meßbare Größen übersetzt werden. So bedeutet die Aussage: „Das Auto muß mehr Leistung haben, um mit einem Anhänger auch steile Bergauffahrten zügig fahren zu können" nicht den Wunsch nach mehr Leistung, sondern vielmehr nach einem höheren Motordrehmoment bei niedrigen und mittleren Drehzahlen und ggf. einer kürzeren Übersetzung. Diese Umsetzung von Kundenwünschen läßt sich mit Hilfe des QFD-Prozesses (Quality Function Deployment) realisieren.

3.1.2
Umweltgesichtspunkte

Bei der Entwicklung eines neuen Produkts sind Umweltgesichtspunkte zu berücksichtigen. Hierbei müssen neben Vorgaben zur Abgasemission, die länderspezifisch sind und daher unterschiedlich ausfallen können, andere wesentliche Umweltfaktoren beachtet werden.

Wegen des schädlichen Einflusses der CO_2-Emissionen auf das Erdklima werden mehr als bisher auch beim Pkw drastischere Reduzierungen der CO_2-Emission, und damit des Kraftstoffverbrauchs, gefordert.

Das Geräuschverhalten ist nicht nur eine Größe, die der Gesetzgeber vorschreibt, sondern es wird insbesondere vom subjektiven Empfinden der Fahrzeuginsassen entscheidend beeinflußt.

Weitere Punkte, die aus Gründen des Umweltschutzes vorgegeben werden, sind Ressourcenschonung, alternative Kraftstoffe und Antriebsquellen.

Zeiträume spielen eine entscheidende Rolle: es ist ein Unterschied, ob heute erste Vorüberlegungen im Rahmen der Forschung für das Jahr 2010 angestellt werden oder ob ein neues Fahrzeug bereits in drei Jahren auf dem Markt sein soll.

Ein entscheidender Punkt sind Sicherheitsbestimmungen, die im Hinblick auf das Crash-Verhalten und das allgemeine Akzeptanzverhalten beim Kunden von Bedeutung sind.

Recycling ist ein Stichwort, das heute in aller Munde ist und das in absehbarer Zeit gesetzlich geregelt werden wird.

Eine nicht zu vernachlässigende Größe ist das politische Umfeld. In Deutschland gilt z. B. ein anderes Besteuerungssystem als in den USA oder in Großbritannien.

Die wichtigsten Umweltfaktoren, die bei der Entwicklung eines neuen Produkts zu beachten sind, lassen sich wie folgt zusammenfassen:

- Abgasemissionen einschl. Verdampfungsemissionen,
- CO_2-Emissionen (Kraftstoffverbrauch),
- Geräuschemissionen,
- Sicherheitsbestimmungen,
- Recycling,
- politisches Umfeld (z.B. Besteuerung).

Abgasemission

Bei Pkw-Verbrennungsmotoren werden z. Z. die Abgasemissionen CO (Kohlenmonoxide), HC (unverbrannte Kohlenwasserstoffe), NO_X (Stickoxide) und Partikel durch Abgasgesetzgebungen limitiert.

Die Entwicklung der HC- und NO_X-Emissionsgrenzwerte in Europa über einen Zeitraum von 24 Jahren (1976 – 2000) zeigt Abb. 3-5. Begonnen hat die Gesetzgebung 1976 mit der sog. ECE 1501 mit umgerechnet 10 g/km, der erlaubte Wert verringerte sich bis 1993 auf etwa 1 g/km (Stufe 1). Diese Reduktion von 90 % ist in

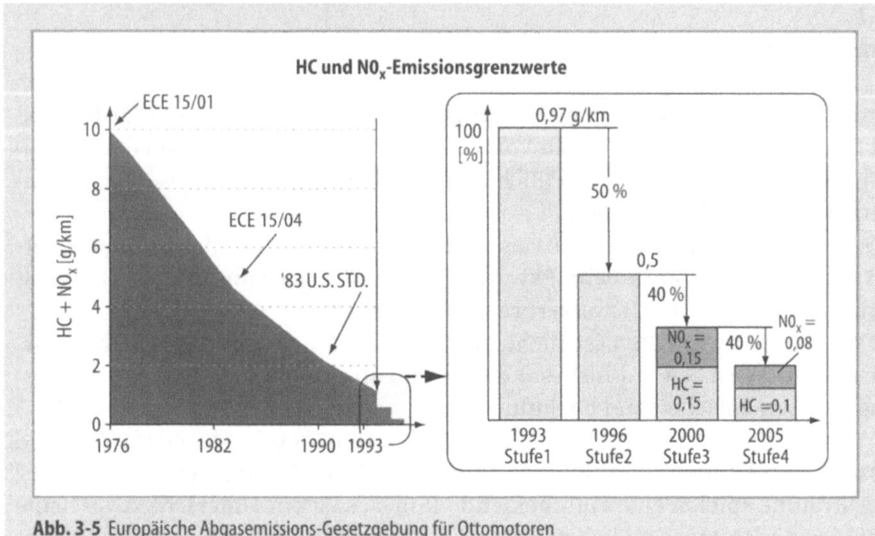

Abb. 3-5 Europäische Abgasemissions-Gesetzgebung für Ottomotoren

den letzten Jahren noch einmal halbiert worden, und zwar auf 0,5 g/km in 1996 (Stufe 2). Die Werte für die Stufe 3, die bis zum Jahr 2000 eingeführt werden soll, lauten für NO_X = 0,15 g/km und für HC = 0,15 g/km; HC und NO_X werden getrennt limitiert. Die geplante Stufe 4 bis 2005 hat eine nochmalige Verbesserung von 42 % auf 0,08 bzw. 0,1 g/km zum Inhalt.

Als Abnahmetest wird heute der neue europäische Fahrzyklus MVEG (Motor Vehicle Emission Group) verwendet. Der sog. Stadtzyklus, der bislang Gültigkeit besaß, besteht aus drei Elementen, die sich jeweils viermal wiederholen. Die max. Geschwindigkeit liegt bei 50 km/h, so daß der Test für den Stadtverkehr repräsentativ ist, für den außerstädtischen Verkehr aber nicht. Um diese Phase ebenfalls abzudecken, wird in einem nachfolgenden Test eine Komponente angehängt, die eine zusätzliche Beschleunigung bis auf 120 km/h vorsieht. Hiermit kann nicht nur der innerstädtische Betrieb, sondern auch der außerstädtische simuliert werden (Abb. 3-6).

Neben dem europäischen Fahrzyklus wird auch der amerikanische FTP-Test (Federal Test Procedure) gefahren. Hierbei gibt es eine unterschiedliche Vorgehensweise, um sowohl den Kalt- als auch den Warmstart zu berücksichtigen. Der Test beginnt mit einem Kaltstart bei 20 °C Außentemperatur, wie er üblicherweise in der Praxis vorkommt (Abb. 3-7). Nach dem Durchfahren des Fahrzyklus – wobei sich Motor und Abgasanlage aufheizen – wird der Zyklus nochmals nach Warmstart durchfahren. Mit warmem Motor, d.h. mit bereits aufgeheiztem Katalysator, wird ein erheblich höherer Katalysatorwirkungsgrad erzielt als mit kaltem Fahrzeug. Ein Wirkungsgrad von 50 % wird beim Warmstart bereits nach 10 s erreicht, beim Kaltstart erst nach 90 – 100 s. Je geringer der Katalysatorwirkungsgrad ist, um so höher sind insbesondere die HC-Emissionen, die das Fahr-

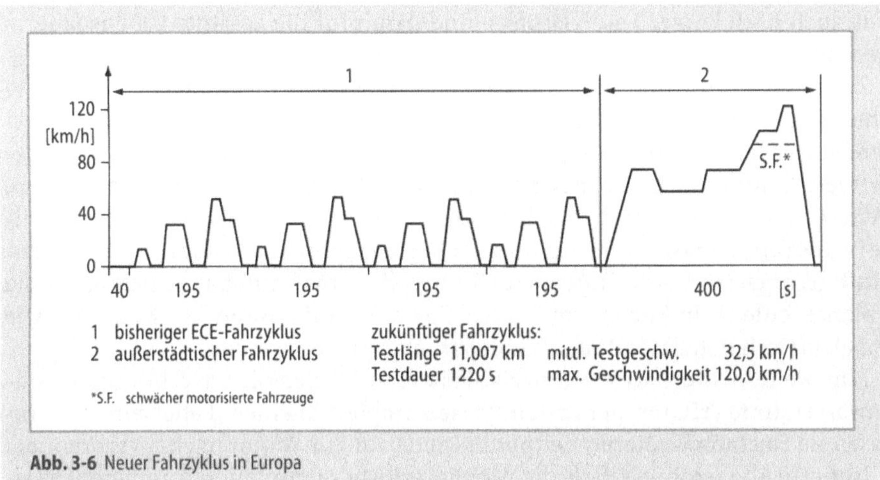

Abb. 3-6 Neuer Fahrzyklus in Europa

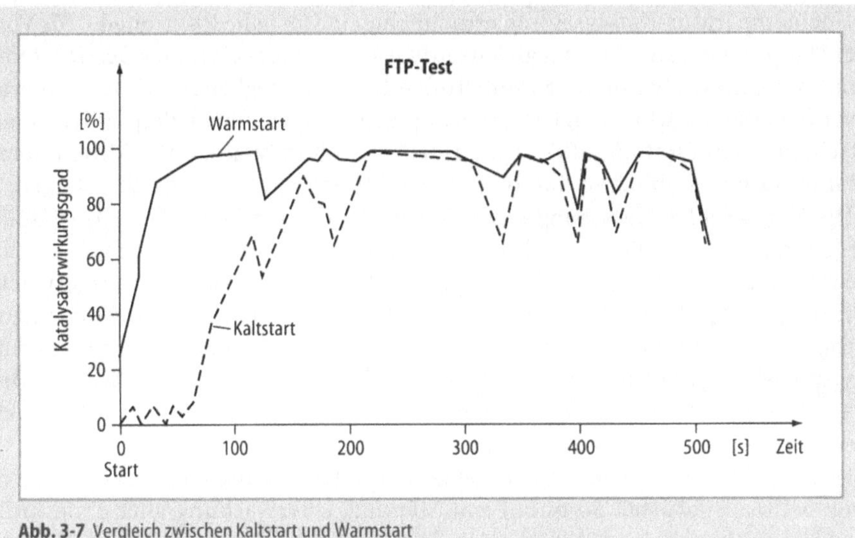

Abb. 3-7 Vergleich zwischen Kaltstart und Warmstart

zeug verursacht. Daraus läßt sich ableiten, daß hauptsächlich die Emissionen nach dem Kaltstart reduziert werden müssen. Neben der Absenkung der Rohemissionen (Emissionen vor dem Katalysator) gilt es, die Aufheizung des Katalysators auf wirkungsgradgünstige Betriebstemperaturen zu beschleunigen.

Auch das Alter des Fahrzeugs bzw. des Katalysators beeinflußt den Wirkungsgrad. Verständlicherweise wird die reaktive Wirkung durch Ablagerungen auf der Oberfläche des Katalysators verringert. Nach ca. 6000 km Laufleistung eines neuen Katalysators kann die Wirkungsgradverschlechterung bereits bei 4 %, nach 160 000 km bereits bei 12 % liegen. Es muß sichergestellt werden, daß das Fahrzeug auch nach langer Laufleistung – und damit für die gesamte Lebensdauer – die vom Gesetzgeber geforderten Grenzwerte erfüllt.

Zur Reduzierung der Abgasemissionen gibt es in Europa und den USA unterschiedliche Methoden, die für die verschiedenen Abgasemissions-Grenzwerte verwendet werden. Zur Erfüllung der in den USA gängigen Abgasemissions-Grenzwertverordnung CAA (Clean Air Act) genügt i.d.R. ein motornaher Katalysator. Weitere Maßnahmen für die nächste Stufe TLEV (Transient Low Emission Vehicle) wären ein Bypass-Katalysator oder ein Hochtemperatur-Katalysator. Für zukünftige, noch strengere Stufen wie ULEV (Ultra Low Emission Vehicle) oder die geplante Stufe IV in Europa muß möglicherweise auf aufwendige Konzepte, wie den elektrisch beheizten Katalysator, zurückgegriffen werden.

Eine weitere Alternative wären HC-Fallen. Sie binden die unverbrannten Kohlenwasserstoffe (HC) in der ersten Phase komplett in einer „Falle" ein und entlassen sie zu einem späteren Zeitpunkt wieder, um im Motor nachzuverbrennen.

Isolierte Abgasrohre helfen, die Wärmeverluste zu minimieren, um mehr Wärme direkt an den Katalysator zu transportieren.

Hochtemperatur-Katalysatoren ermöglichen motornahe Positionen – für Vor- oder Hauptkatalysatoren – bei gleichzeitiger Verträglichkeit hoher Betriebstemperaturen bei Autobahnfahrten mit großen Geschwindigkeiten. Diese Temperaturen, die einen bestimmten Grenzwert nicht überschreiten dürfen, haben einen entscheidenden Einfluß auf die Lebensdauer des Katalysators. Die Mitten-Temperatur der heute üblichen Katalysatoren sollte 850 – 875 °C nicht übersteigen.

Die Abgas-Feldüberwachung wird mit Hilfe der sog. On-Board-Diagnose (OBD) vorgenommen. Die Diagnose, die im Fahrzeug selbst gestellt wird, sichert ab, daß alle relevanten Abgassysteme funktionsgerecht arbeiten. Auch gut ausgerüstete Fahrzeuge mit geringen Emissionen können im Laufe der Zeit, z.B. durch unzureichende Wartung, eine Verschlechterung der Abgasemissionen erleben. Um dies so weit wie möglich auszuschließen, überprüft ein Computer im Fahrzeug (On-Board-Diagnose) die abgasrelevanten Einzelfunktionen und gibt die Rückmeldung darüber, ob ein Fehlverhalten vorliegt oder nicht.

In den USA sind alle neuen Fahrzeuge ab Modelljahr 1996 mit der On-Board-Diagnostik ausgerüstet. So findet eine ständige Überwachung aller emissionsspezifischen Bauteile und Systeme statt. Zündaussetzer, die eine Erhöhung der unverbrannten Kohlenwasserstoffe verursachen, werden sofort erkannt. Mit Hilfe je einer Lambdasonde vor und nach dem Katalysator kann der Katalysator selbst überprüft werden. Die Lambdasonde wird anhand ihrer Spannung überwacht. Verdampfungsemissionen und Abgasrückführung sind weitere Merkmale, die mit OBD ständig geprüft werden. In Europa ist eine Gesetzesvorlage für das Jahr 2000 in der Diskussion, die plant, ähnliche Prüfsysteme vorzuschreiben.

Des weiteren gehören Verdampfungsemissionen vom Motor selbst zu den Umweltgesichtspunkten, die zu berücksichtigen sind. Während früher eine offene Kurbelgehäuseentlüftung ins Freie verdampft werden konnte, müssen heute die Verdampfungsemissionen ins Saugrohr zurückgeführt und im Motor verbrannt werden.

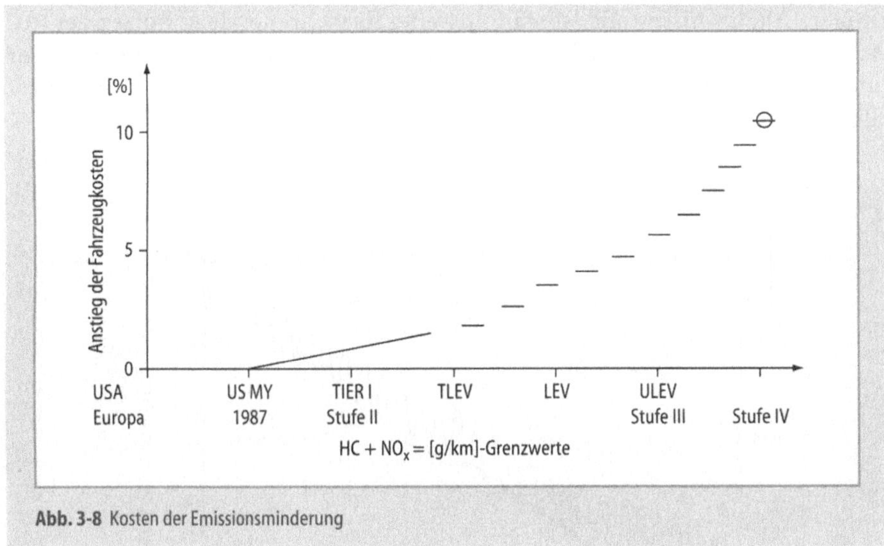

Abb. 3-8 Kosten der Emissionsminderung

Emissionsminderungen sind nicht ohne Mehrkosten zu verwirklichen. Abbildung 3-8 zeigt, daß die Fahrzeugkosten proportional zum Grad der Emissionsminderung steigen. Im Vergleich zu 1987 muß für die Stufe IV mit einem Anstieg der Fahrzeugkosten von über 10 % gerechnet werden.

Die Verantwortung der Industrie gegenüber der Umwelt ist unumstritten. Zu ausgeprägten Umweltschäden führt u.a. die nachteilige Beeinflussung der Luft durch Abgase. Erreicht ein Fahrzeug tatsächlich alle unteren Grenzwerte, schließt dieser Erfolg für den Umweltschutz Kostennachteile ein. Der Kunde möchte zwar ein Auto mit niedrigen Abgasgrenzwerten fahren, aber i.d.R. keinen höheren Preis dafür bezahlen. In dieser Zwangslage befindet sich der Entwicklungsingenieur, der auf der einen Seite die Abgas-Emissions-Gesetzgebung beachten, auf der anderen Seite aber ein Produkt anbieten muß, das vom Kunden bezüglich des Preises akzeptiert wird.

CO_2-Emissionen

Die in der Atmosphäre freigesetzten Gase lassen sich unterscheiden in direkt und indirekt einwirkende Klimasubstanzen. CO_2 gehört zu den direkt einwirkenden Gasen, die bei der motorischen Verbrennung entstehen. Besondere Bedeutung erlangt hier der sog. Treibhauseffekt. Durch die Veränderung der Gaszusammensetzung in der Atmosphäre kann es zu einer Störung des natürlichen Strahlungsaustausches und damit zu einer Beeinflussung des Klimas kommen. Der CO_2-Emission gilt deshalb auch das verstärkte Interesse der Öffentlichkeit.

Während die CO_2-Konzentration in der Atmosphäre einen generellen Anstieg zeigt, läßt sich zu Beginn der 80er Jahre eine leichte Abflachung erkennen, die aus der Ölkrise von 1972 resultiert. Der Anstieg ab Mitte der 80er Jahre ist nach heutigen Erkenntnissen auf das ständig weiter fortschreitende Abholzen der tropischen Regenwälder zurückzuführen, wodurch Kohlendioxid aufgrund der Bodenerwärmung freigesetzt wird (Abb. 3-9). Alle Faktoren sind heute in ihrer vollen Auswirkung noch nicht bekannt.

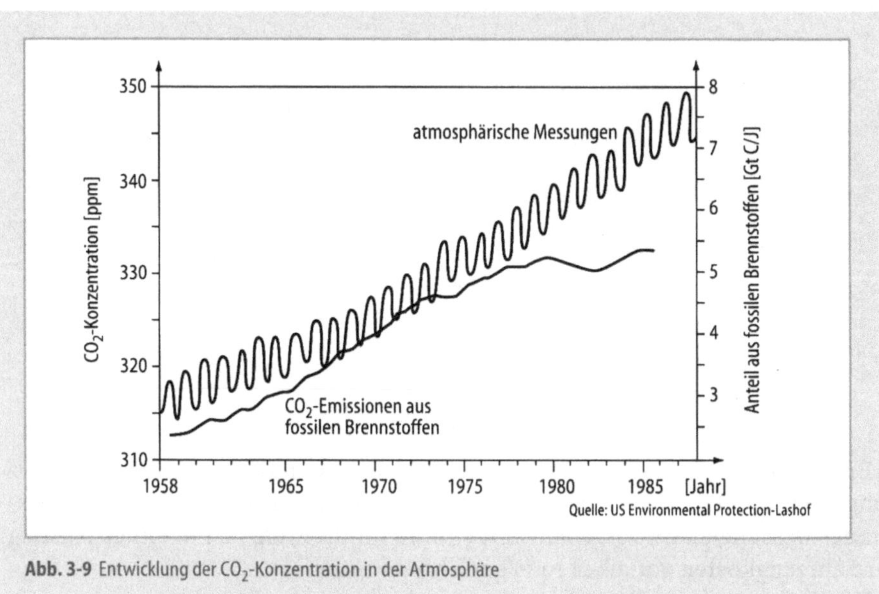

Abb. 3-9 Entwicklung der CO_2-Konzentration in der Atmosphäre

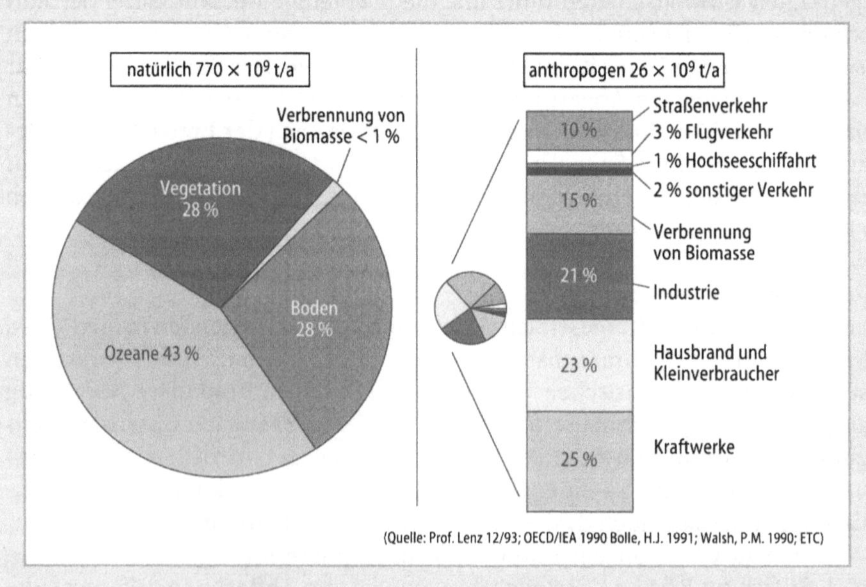

Abb. 3-10 Globale jährliche CO_2-Emissionen

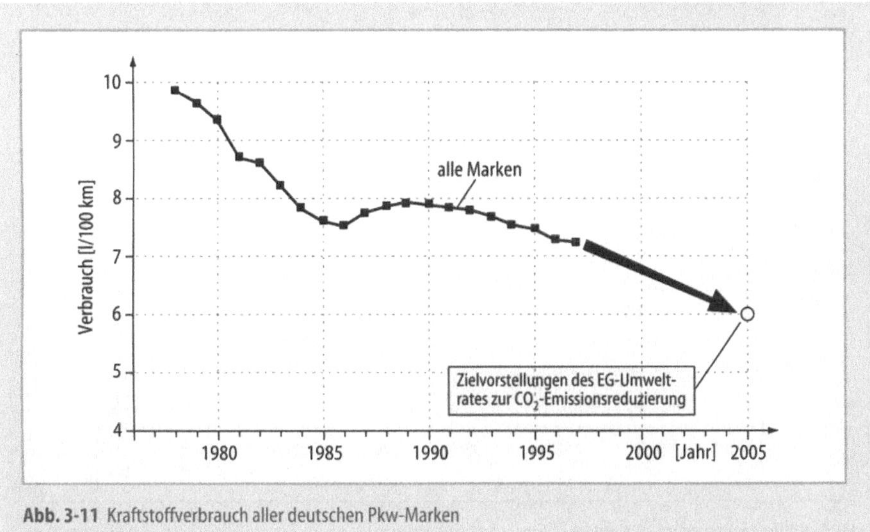

Abb. 3-11 Kraftstoffverbrauch aller deutschen Pkw-Marken

Betrachtet man die globale jährliche CO_2-Emission, wird augenfällig, daß der anthropogene Anteil, also der Teil, der vom Menschen erzeugt wird, weniger als 4 % beträgt (Abb. 3-10). Das erscheint vergleichsweise gering, bedeutet aber nicht, daß 26×10^9 t/a eine zu vernachlässigende Größe darstellt. Allein der Emissionsanteil, der hiervon durch den Verkehr (Straßen-, Luft- und Schiffsverkehr) verursacht wird, liegt bei etwa 15 %.

Bei einem Vergleich des Flotten-Kraftstoffverbrauchs – Kraftstoffverbrauch und CO_2-Emission stehen in einem festen Verhältnis zueinander – aller deutschen Pkw-Marken über eine Spanne von 15 Jahren ist zunächst eine beachtliche Verbesserung zu verzeichnen (Abb. 3-11). Gleichzeitig muß jedoch berücksichtigt werden, daß die Zunahme des Verkehrsaufkommens dieser Tendenz entgegenwirkt. Die Verwirklichung der Zielvorstellung des EG-Umweltrates zur CO_2-Emissionsreduzierung stellt dementsprechend eine große Herausforderung dar.

Geräuschemission

Betrachtet man die Entwicklung der zulässigen Außengeräusch-Grenzwerte von 1970 bis 1995, fällt auf, daß es bis 1976 zunächst zwei unterschiedliche Grenzwerte für Pkw gab. Sie richteten sich nach dem Fahrzeuggewicht, dessen Trennwert bei 52 kW/t lag. Von 1976 an sank der Grenzwert für alle Pkw über einen Zeitraum von 20 Jahren kontinuierlich und pendelte sich bis heute bei 74 dB(A) ein. Dieser Richtwert ist mit einer Toleranzgrenze von 1 dB(A) zu erfüllen. Für Lkw und Busse ergeben sich entsprechend andere Werte, wobei für beide Fahrzeugtypen heute 80 dB(A) einzuhalten sind (Abb. 3-12).

Um diese Grenzwerte zu verwirklichen, ist ein hohes Potential an Ingenieurwissen erforderlich, wenn man bedenkt, daß allein die Reifengeräusche schon 70 dB(A) und der Straßenbelag eine Bandbreite von 3 dB(A) ausmachen. Deshalb

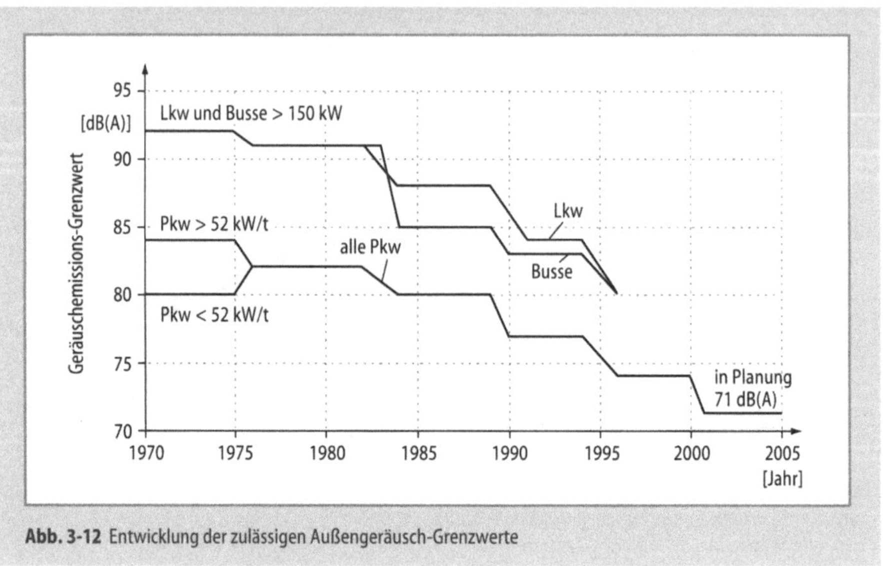

Abb. 3-12 Entwicklung der zulässigen Außengeräusch-Grenzwerte

verläuft die Diskussion um einen Geräuschemissions-Grenzwert von 71 dB(A) entsprechend kontrovers.

Das Gesamtgeräusch eines Pkw setzt sich aus den pegelbestimmenden Teilgeräuschen zusammen:

- Ansauggeräusch,
- Motorgeräusch,
- Getriebegeräusch,
- Abgasanlagengeräusch,
- Fahrtwindgeräusch und
- Auspuffmündungsgeräusch.

Das Gesamtgeräusch bzw. die Einzelgeräusche werden hauptsächlich nach der pro Zeiteinheit abgestrahlten Schallenergie beurteilt. Die Schalleistung läßt sich nach empfindungsorientierten Kriterien bewerten.

Die Absenkung einzelner Geräusche oder des Gesamtgeräuschpegels ist entweder zur Einhaltung der vom Gesetzgeber vorgegebenen Emissionsgrenzwerte notwendig oder zur Verbesserung der Kundenakzeptanz. Wenn dem Kunden ein Fahrzeug subjektiv als „zu laut“ erscheint, sollten allerdings nicht nur die entsprechenden Schalldruckpegel betrachtet werden, sondern auch die Geräuschqualität im Rahmen vertiefender Analysen.

Am Beispiel des Motorgeräuschs zeigt Abb. 3-13 die verschiedenen Komponenten, in die das durch den Verbrennungsmotor erzeugte Geräusch aufgeteilt werden kann. Zunächst wird in die direkte und in die indirekte Geräuschanregung unterteilt. Die direkte Geräuschanregung wird verursacht durch Kühlluftgebläse, Lichtmaschinenlüfter, Ansaugsystem und Abgasanlage. Die indirekte

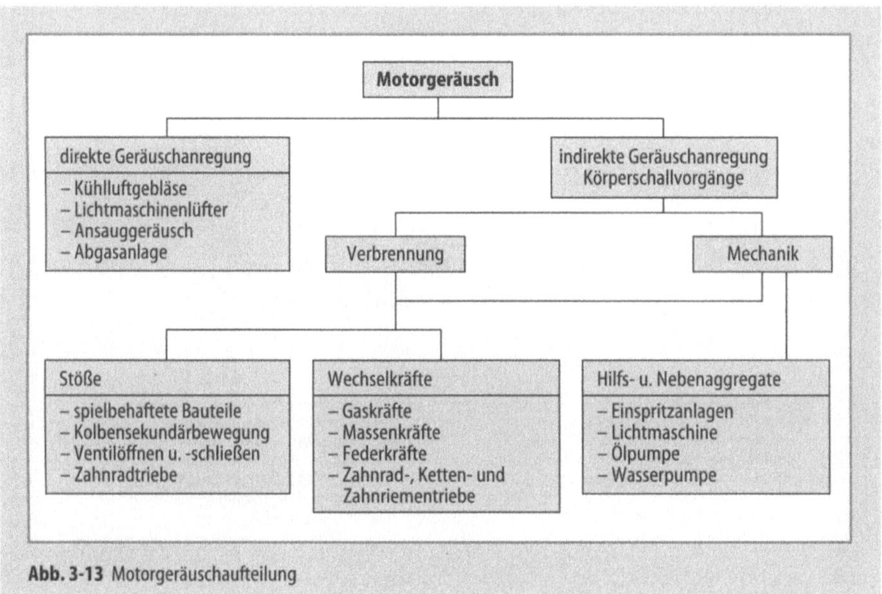

Abb. 3-13 Motorgeräuschaufteilung

Geräuschabstrahlung über Körperschallvorgänge wird einerseits durch die Verbrennung, andererseits durch die Mechanik angeregt. Kräfte und Stöße regen die Motorstruktur zu Körperschallschwingungen an, die zur Motoroberfläche weitergeleitet werden. Die schwingenden Motoroberflächen bewirken die Luftschallabstrahlung. Zur Geräuschreduzierung müssen sowohl die Geräuschursache als auch das Übertragungsverhalten im Detail analysiert werden. Nach Auswertung der Analysen können gezielt Maßnahmen ergriffen werden, die entweder direkt die Geräuschursache eliminieren bzw. die Entstehung des Geräuschs verhindern oder aber die Geräuschübertragung beeinflussen, z.B. durch Schalldämmung (Strukturveränderung, Dämmaterial).

Sicherheitsbestimmungen

Sicherheitsbestimmungen beziehen sich u.a. auf den Schutz der Pkw-Insassen beim Crash. Für den Motoreinbau ist die Einhaltung der sog. Crash-Linien zu beachten. Diese unterteilen den Motorraum in die Bereiche der Deformationszonen und den Raum für nichtdeformierbare Bauteile wie den Motor (Zylinderkopf und -block) selbst. Abbildung 3-14 zeigt die Crash-Test-Anforderungen an die Einbaulage des Motors, hier verdeutlicht an einem Frontantriebsfahrzeug mit quer eingebautem Motor.

Punkt E bezieht sich z.B. auf die Keilriemenscheibe, die hier keinesfalls aus einem nichtdeformierbaren Material, z.B. Metall, hergestellt sein darf. Eine Riemenscheibe aus Kunststoff trägt dazu bei, daß die Deformationszone nicht beeinträchtigt wird, da die Kunststoffriemenscheibe beim Crash zerschellt, d.h. sie ist crashable.

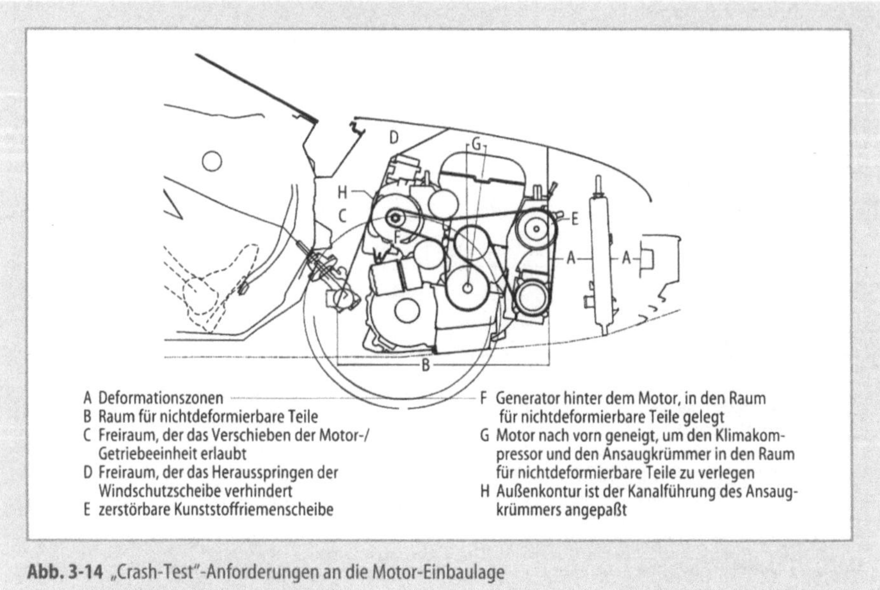

Abb. 3-14 „Crash-Test"-Anforderungen an die Motor-Einbaulage

Obwohl Crash-Tests unter genau definierten Randbedingungen durchgeführt werden, können sie nicht repräsentativ sein für die Vielzahl von Unfallarten, die in der Praxis auftreten.

Die Vorschriften für einen definierten Crash-Test beziehen sich z. B. auf einen Frontal-Crash, der mit 48 km/h oder mit 56 km/h gegen eine starke Barriere gerichtet ist. Eine andere Möglichkeit ist der Offset-Crash mit 50 km/h Aufprallgeschwindigkeit und einer 40%igen Überdeckung gegen eine starke Barriere. Hier prallen 40 % des Vorderwagens gegen das Hindernis, so daß eine einseitige Verformung entsteht. Dies wird als der praxisnähere Fall angesehen, da eine Kollision mit einem anderen Fahrzeug fast immer leicht versetzt erfolgt.

An den Vorderwagen werden beim Crash-Test folgende Anforderungen gestellt:

- Die Frontscheibe darf nicht herausspringen.
- Die Türen dürfen sich während des Zusammenstoßes nicht öffnen.
- Die Türen müssen nach dem Zusammenstoß ohne Werkzeug zu öffnen sein.
- Das Lenkrad darf nicht übermäßig in den Fahrgastraum geschoben werden (seit Okt. 1994 gesetzlich 127 mm erlaubt).
- Der Fußraum darf nur geringfügig deformiert werden.
- Die Belastungsgrenzwerte für die Fahrzeuginsassen müssen eingehalten werden.
- Benzinleitungen und Einspritzsystem dürfen nicht beschädigt werden.

Die Kriterien für das Getriebe und den Motor mit seinen Anbauteilen lauten:

- Sie können keine Verformungsenergie aufnehmen, da sie nicht deformierbar sind und damit nicht zum positiven Deformationsverhalten beitragen.

- Im Crash-Fall werden sie als massiver Block gegen den Innenraum des Fahrzeugs geschoben.

Weitere Sicherheitsbestimmungen schreiben vor, daß im Fahrgastraum keine brennbaren Materialien verwendet werden dürfen. Des weiteren muß sich beim Crash die Kraftstoffzufuhr abschalten.

Recycling

Mit der Entwicklung eines neuen Motoraggregats stellt sich häufig die Frage nach der Auswahl der richtigen Werkstoffe. Neben Anforderungen, die sich aufgrund konstruktiver Gegebenheiten stellen, müssen auch Umweltverträglichkeit und Recyclefähigkeit in die Überlegungen einbezogen werden. Im Rahmen einer ganzheitlichen Bilanzierung ist es notwendig, Energiebedarf und Abfallaufkommen in der Herstellungsphase gegen den Bedarf an Energie und die Abfallmenge in der Nutzungs- und Entsorgungsphase abzuwägen.

Damit Entsorgung bzw. Recyclefähigkeit eines Altfahrzeugs in günstigem Verhältnis zum Gesamtaufwand und damit zum Energieeinsatz erscheint, müssen einige entscheidende Fragen positiv beantwortet werden. So darf der Zeitbedarf für die Demontage nicht zu groß und die gewinnbare Menge an wiederverwendbarem Material nicht zu klein sein. Sowohl der Zeit- als auch der Energieaufwand zur Materialtrennung von Verbunden ist nicht zu hoch anzusetzen. Zu bedenken sind daneben auch Eigenschaften, Preis und Verwendungsmöglichkeiten des Recyclats.

Abbildung 3-15 zeigt den Kreislauf des Recyclings von Fahrzeugen. Bei der Demontage wird in wiederverwendbare und nichtwiederverwendbare Komponenten getrennt. Die wiederverwendbaren Teile kommen der Gebraucht-Ersatzteilgewinnung zugute. Die nichtwiederverwendbaren Teile werden für die Aufbereitung verschiedenen Prozeßschritten unterzogen. Hierbei unterscheidet man Verfahren zur Zerkleinerung wie Schreddern, Scheren oder Zerdiratoren. Als Trennverfahren kommen Magnettrommel, Windsichten oder das Schwimm/Sinkverfahren zur Anwendung. Dabei ist die Klassifizierung der Werkstoffe von Bedeutung, weil sich danach das Wiederaufbereitungsverfahren richtet. Ferromagnetische Bestandteile wie Blech, Schmiedeteile oder Guß können im Stahlwerk oder der Gießerei wiederaufbereitet werden. Nichteisenmetalle gelangen in Umschmelzbetriebe oder in die Verhüttung. Nichtmetallische Werkstoffe wie Textilteile, Schaum- oder Kunststoffe können auf der Hausmülldeponie entsorgt werden.

Leider werden diese Maßnahmen bei der heutigen Motorenentwicklung nicht in angemessener Art und Weise beachtet. Hier besteht Nachholbedarf, um die Wertigkeit der Forderungen stärker in den Vordergrund zu stellen. Abbildung 3-16 zeigt die wiederverwendbaren Komponenten nach Zerlegen eines Fahrzeugs.

Politisches Umfeld

Auch sonstige Rahmenbedingungen und das politische Umfeld spielen eine wichtige Rolle bei der Erfüllung bestimmter Umweltforderungen. In den einzelnen Län-

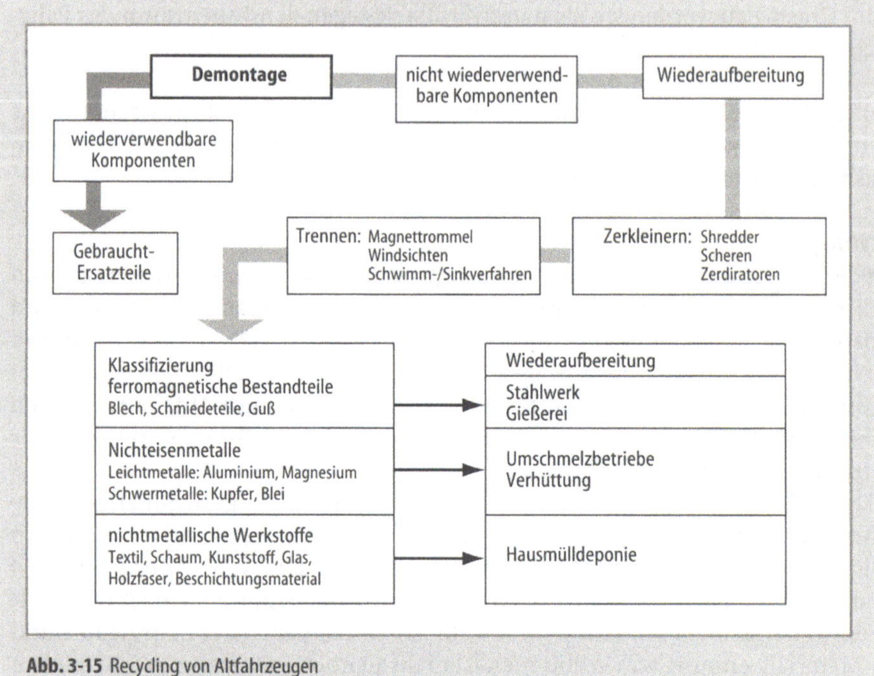

Abb. 3-15 Recycling von Altfahrzeugen

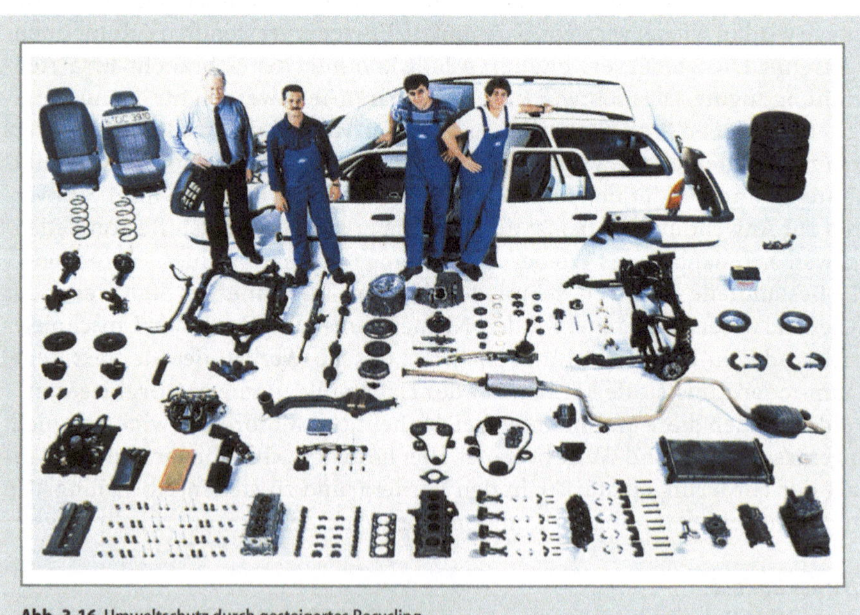

Abb. 3-16 Umweltschutz durch gesteigertes Recycling

dern gelten z. B. verschiedene Versicherungsklassen. Auch die Besteuerung für Diesel und Benzin bzw. die KFZ-Steuern sind unterschiedlich. Bemerkenswert ist das Bestreben, die Besteuerung in Abhängigkeit vom Emissionsausstoß des jeweiligen Fahrzeuges durchzuführen. Mit Emissionen sind sowohl die Schadstoffemissionen CO, HC, NO_x und Partikel als auch die CO_2-Emissionen gemeint. Gesellschaftliche und politische Trends beeinflussen ebenfalls den Umgang mit umweltrelevanten Fragen.

3.1.3 Qualitätsplanung

Der Begriff „Qualität" hatte früher eine andere Bedeutung als heute. In der traditionellen Begriffsbestimmung wurde unter Qualität die Übereinstimmung des Entwicklungsergebnisses mit Konstruktionsmerkmalen verstanden, die durch Zeichnungen, Spezifikationen und ähnliche Dokumente beschrieben wurden. Heute ist der Begriff wesentlich weiter zu fassen und wird in erster Linie vom Kunden bestimmt. Der Kunde definiert, was Qualität bedeutet; er erwartet Produkte und Dienstleistungen, die seinen Bedürfnissen und Erwartungen entsprechen, und das zu einem dem Gegenwert angemessenen Preis.

Qualität kann der Kunde – im wahrsten Sinne des Wortes – erfahren, erfühlen und ertasten. Das Geräusch beim Schließen einer Tür erzeugt bereits einen Qualitätsunterschied. Das leise Ticken des Blinkgebers kann als Qualität empfunden werden – oder nicht. Neue Merkmale tragen heute zur Definition des Qualitätsbegriffs bei. Eine wesentliche Voraussetzung hierzu ist die Kundenzufriedenheit. Sie kann durch Befragung verschiedener Kunden zu ihrem Fahrzeug gemessen werden.

Tabelle 3-1 zeigt die Kundenzufriedenheit der Gesamtautomobilindustrie nach einer Erhebung des Deutschen Marktes für das Jahr 1997. Bemerkenswert ist, daß selbst bei keiner Beanstandung nur 55 % der Befragten vollkommen zufrieden wa-

Tabelle 3-1 Kundenzufriedenheit in der Gesamtautomobilindustrie (in %)

	bei keiner Beanstandung	bei einer und mehr Beanstandungen	Durchschnitt aller Kunden
vollkommen zufrieden	55	29	37
sehr zufrieden	40	50	47
ziemlich zufrieden	4	16	13
ein wenig unzufrieden	–	3	2
vollkommen unzufrieden	–	1	1
	100 %	100 %	100 %

(Quelle: QAS Deutscher Markt)

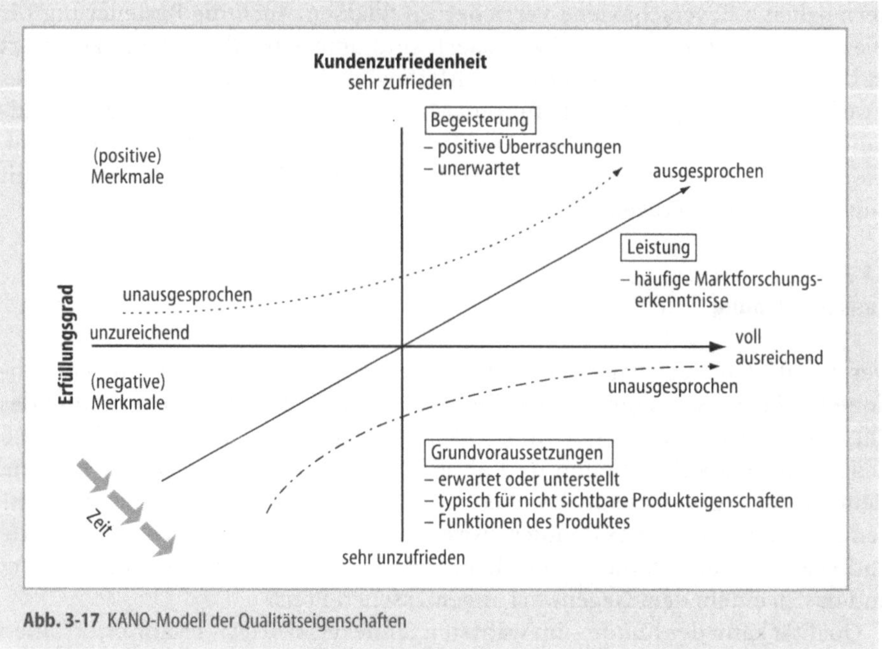

Abb. 3-17 KANO-Modell der Qualitätseigenschaften

ren. Qualitätseigenschaften eines Produkts, ausgedrückt durch Kundenzufriedenheit, lassen sich am KANO-Modell (Abb. 3-17) ablesen. Es verdeutlicht, daß die Anzahl der Beanstandungen keineswegs als Maß für die Qualität eines Fahrzeugs geeignet ist. Das Modell versucht, die Kundenzufriedenheit anhand des Erfüllungsgrades mit positiven Qualitätsmerkmalen zu verbinden. Die vier Quadranten geben eine Aussage über die entsprechenden Leistungsmerkmale, wobei zum ersten Mal auch Grundvoraussetzungen einbezogen werden, d.h. unausgesprochene Wünsche, die vom Kunden zwar erwartet, aber nicht ausgesprochen werden (rechter unterer Quadrant). Diese Grundvoraussetzungen werden unterstellt, sind typisch für die Eigenschaften und die Funktion des Produkts und werden heute vom Kunden einfach vorausgesetzt.

Erst wenn das Produkt Leistungen oder Merkmale aufweist, die vom Kunden nicht erwartet werden und zu einer positiven Überraschung führen, ergibt sich hieraus ein zufriedener Kundenstamm. Diese Leistungsmerkmale werden vom Kunden nach ausführlicher Befragung geäußert, durch Marktforschungen analysiert und schließlich für den allgemeinen Qualitätseindruck herangezogen. Beispiele hierfür können sein: der Einbau einer Klimaanlage als serienmäßiges Extra oder eine Servolenkung bei Kleinwagen.

Das KANO-Modell zeigt im linken unteren Quadranten negative Merkmale, die der Kunde ablehnt und die möglichst zu vermeiden sind. Im linken oberen Quadranten sind positive Merkmale aufgeführt, die jedoch nicht ausreichen, um beim Kunden einen vorteilhaften Gesamteindruck zu erzeugen. So wird z.B. heute bei allen Fahrzeugen ein gutmütiges Fahrverhalten vorausgesetzt, ohne daß dieses Merkmal bereits zu einer positiven Gesamteinschätzung führt.

Es ist daher notwendig, verstärkt für Voraussetzungen zu sorgen, die ein Produkt in den rechten oberen Quadranten bewegen und damit zu einer angenehmen Überraschung beim Kunden führen können. Im Laufe der Zeit nimmt die Erwartungshaltung des Kunden mehr und mehr zu, d.h., positive Überraschungen, die heute im rechten oberen Quadranten angesiedelt sind, wandern in den rechten unteren Quadranten, weil sie vom Kunden als Selbstverständlichkeit vorausgesetzt werden.

Kundenforderungen müssen in technisch umzusetzende und meßbare Ziele übersetzt werden. An ein neues Fahrzeug stellt der Kunde u.a. folgende Anforderungen:

- gutes Startverhalten,
- gutes Fahrverhalten,
- geringer Kraftstoffverbrauch,
- niedrige Betriebskosten,
- hohe Dauerhaltbarkeit,
- geringe Geräuschemissionen,
- geringe Schadstoffemissionen,
- hoher Wiederverkaufswert.

Jede einzelne Anforderung muß wiederum speziellen Kriterien genügen. Im folgenden wird diese Umsetzung am Beispiel des Motorstartverhaltens beschrieben. So erwartet der Kunde

- einen einfachen Startvorgang,
- einen schnellen Start beim ersten Versuch,
- zuverlässiges Starten unter allen Bedingungen, bei warmem und kaltem Motor,
- geringe Geräusche und Vibrationen,
- schnelles Hochlaufen zu einem geschmeidigen, gleichförmigen Leerlauf.

Aus diesen Erwartungen lassen sich für die Produktentwicklung konkrete Ziele und Konstruktionsmerkmale für das Startverhalten des Motors herleiten. Dazu zählen:

- die Startdauer,
  die Anzahl der Startversuche,
- die Starterdrehzahl,
- die Dauer der Unterstützung durch den Startermotor,
- der Kompressionsdruck,
- das Benzin-/Luftgemisch an der Zündkerzenelektrode,
- die Luftmenge,
- die Zündfunkenenergie,
- der Zündzeitpunkt und
- der Elektrodenabstand der Zündkerze.

Beim Vergleich der bisherigen Forderungen an die Startzeit eines Motors mit den neu definierten Anforderungen gibt es einen drastischen Einschnitt bei Temperaturen unter -15 °C (Abb. 3-18). Reichte die frühere Anforderung nur bis zu Temperaturen von -18 °C mit Startzeiten von ca. 13 s, so soll jetzt der Motor bei Temperaturen von -28 °C nach 12 s starten können. Der beste Wettbewerber konnte die bisherigen Anforderungen durchschnittlich gut erfüllen, reicht aber an die neue Vorgabe nicht heran. Der neue Motor unterschreitet die neuen Forderungen um ein Vielfaches. Die Erwartungsachse zeigt z.B. eine Motorstartzeit bei -15 °C nach 2 s (Forderung: 5,5 s) und bei -25 °C nach 5 s (Forderung: 10 s).

Der Kundenwunsch „hohe Lebensdauer“ muß ebenfalls in meßbare technische Anforderungen übersetzt werden. Ein Hilfsmittel ist die Lebensdaueranalyse nach WEIBULL. In dieser Analyse (Abb. 3-19) zeigt die durchgezogene Linie die tatsächlichen Ausfälle des Motors. Jede Reklamation eines Kunden wird bereits als Ausfall gewertet. Eine Ausfallrate von 10 % tritt z.B. bereits nach 50 000 km auf. Ein neues Entwicklungsziel könnte sein, diese 10 % Ausfälle erst nach 160 000 km zu erreichen. Der Vergleichswert nach 100 000 km läge dann bei 6 % Motorenausfällen und würde somit den bisherigen Wert von 20 % um mehr als die Hälfte unterschreiten.

Zu beachten ist, daß die tatsächlichen Ausfälle, dargestellt im WEIBULL-Diagramm, die Ableitung neuer Lebensdauerzielsetzungen ermöglichen. Sie lassen jedoch keine Vorhersagen für die Ausfallraten bei höheren Laufleistungen zu, z.B. durch Extrapolation. Hierfür ist es erforderlich, die einzelnen Ausfälle zu analysieren. Nur die Kenntnis der Ausfallursachen sowie deren Randbedingungen (Fahrzyklus, Kundenbeanspruchung usw.) ermöglicht den Ingenieuren die Entwicklung spezieller Dauerhaltbarkeitstests, die eine Vorhersage der Dauerhaltbarkeit eines Bauteils für hohe Laufleistungen (z.B. 300 000 km) zulassen.

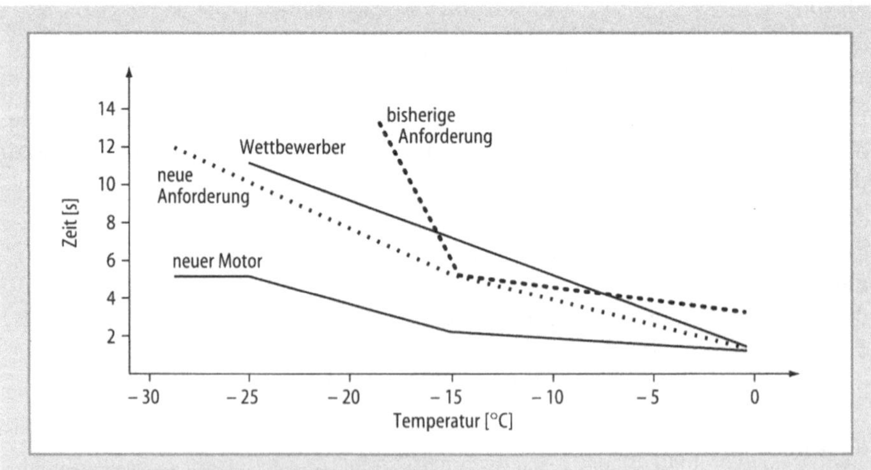

Abb. 3-18 Motor-Startzeit im Vergleich

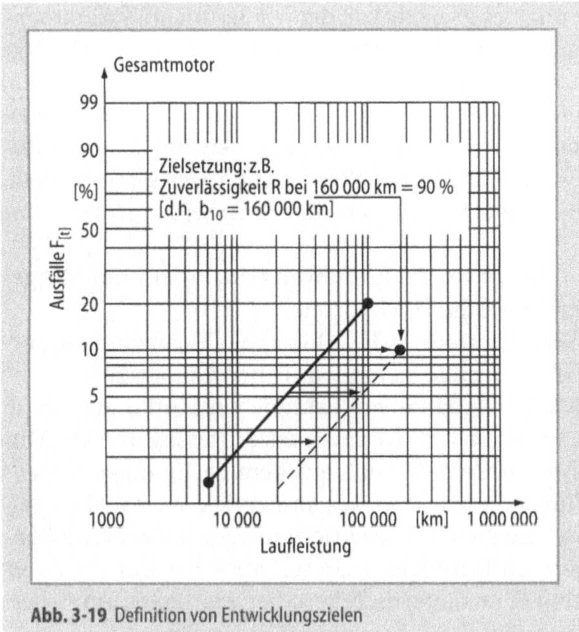

Abb. 3-19 Definition von Entwicklungszielen

Der erste Schritt ist daher die Analyse der Felddaten, z. B. aus 3-Jahres-Garantieverträgen und der Befragung von Kunden, deren Pkw Laufleistungen von über 100 000 km aufweisen. Da Ausfälle sehr häufig durch bestimmte Fahrweisen, Umgebungsbedingungen (z.B. häufige Kaltstarts und Kurzstreckenbetrieb) und die damit verbundenen Verschleißmechanismen verursacht werden, ist eine Analyse derselben unabdingbar. Die Aufgabe besteht nun darin, Prüfstandstests zu entwickeln und durchzuführen, die insbesondere die Konstruktion hinsichtlich der im Feld festgestellten Ausfälle überprüfen und darüber hinaus eine genaue Abschätzung der Zuverlässigkeit ermöglichen. In diesem Zusammenhang sei auf Abschn. 4.2.2.2 verwiesen; die hier behandelte Radio-Nuklid-Verschleißmessung ermöglicht eine kontinuierliche Messung des Verschleißes und liefert Verschleißraten, aus denen die Lebensdauer berechnet werden kann.

3.1.4 Finanzanalyse

Neben der Notwendigkeit, ein effizientes Qualitätsmanagement einzuführen, wird der Kostendruck auf Automobilfirmen, die international agieren, immer größer. Eine genaue Finanzanalyse muß daher alle konstruktiven Maßnahmen einer Neuentwicklung begleiten. Vier Hauptphasen kennzeichnen die Finanzanalyse.

Die 1. Phase enthält die Programmeinführung, wobei die Festlegung des Finanzrahmens mit einer Kostenzielermittlung durchgeführt wird. Diese Phase gibt den

Gesamtrahmen der Finanzierung des Projekts vor, der wiederum im Zusammenhang mit anderen, langfristig geplanten Projekten des Unternehmens festgelegt wird.

In der 2. Phase der Programmgenehmigung werden die Gesamtaufwendungen ermittelt, die durch Investitionen entstehen. Auch die einzelnen Stückkosten fliessen in die Berechnungen ein. Diese Phase ist deshalb so wichtig, weil sie sicherstellt, daß das Programm von der Kostenseite her eine sinnvolle Entscheidung für das Unternehmen darstellt.

Die 3. Phase überprüft unmittelbar vor der Einführung des Programms die getätigten Investitionen und verifiziert die Stückkosten.

Mit dem Abschluß des Projekts kontrolliert die 4. Phase der Finanzanalyse parallel zur Durchführung der Fertigung alle laufenden Kosten (Abb. 3-20).

Die Gültigkeit einer Finanzanalyse hängt von zahlreichen Einflußgrößen ab (Abb. 3-21). Im Rahmen eines Simultaneous-Engineering-Prozesses arbeiten Mitarbeiter aus dem Rechnungswesen, dem Einkauf, aus dem Fertigungsgruppenstab und der Produktentwicklung in einem Team zusammen. Dieses Team beschäftigt sich mit Kostenanalysen der eigenen Konstruktion, aber auch von Fremdkonstruktionen, wie sie im Rahmen von Teamdatenanalysen vorliegen. Daneben werden Bezugsquellenanalysen erstellt und interne Zeitstudien erarbeitet, um sicherzustellen, daß die vorgegebenen Randbedingungen erfüllt werden.

Abb. 3-20 Aufgaben der Finanzanalyse

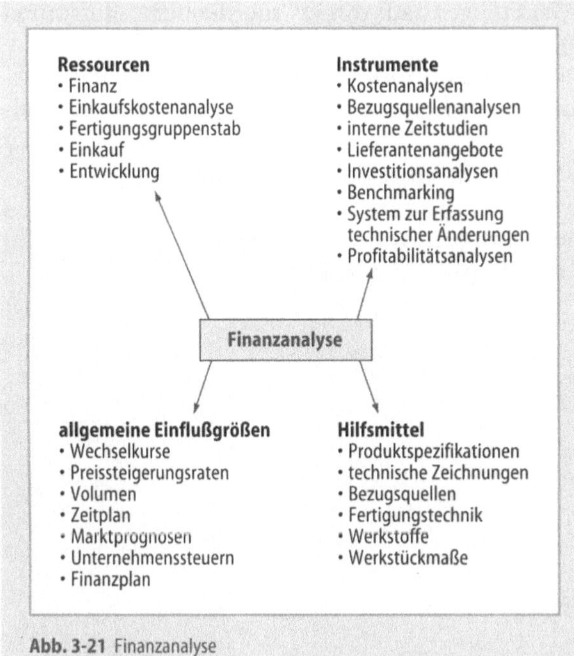

Abb. 3-21 Finanzanalyse

Benchmarking-Studien, d.h. Studien, die einen Einblick in das Konkurrenzverhalten geben sollen, begleiten sämtliche Analysen. Außerdem werden Systeme zur Erfassung der technischen Änderungen eingerichtet, die im Laufe der Zeit vervollständigt werden. Die Grundlage für das weitere Vorgehen auf der Kostenseite des Gesamtprojekts bilden sog. Profitabilitäts-/Rentabilitätsanalysen. Dabei sind nicht nur produktspezifische Merkmale wie technische Zeichnungen, Bezugsquellen, Werkstücke, Werkstoffe und die gewählte Fertigungstechnik zu berücksichtigen, sondern auch Einflußgrößen aller Art, die von außen auf das Unternehmen einwirken. Hierzu zählen z.B. Wechselkurse, Preissteigerungsraten, Marktanalysen, Prognosen, aber auch Unternehmenssteuern und Angaben darüber, in welchem Zeitraum das Produkt verkauft werden soll.

Wichtig ist die Gegenüberstellung von Stückkosten und Investitionen. Zu den Stückkosten zählen folgende Kostenarten:

- *Materialkosten:* Summe aller Einzelteilkosten (Rohstoffe, fremdbezogene Kaufteile),
- *Transportkosten:* Kosten des Materialtransports vom Lieferanten zur Produktionsstätte,
- *direkte Lohnkosten:* Arbeitszeit in Minuten multipliziert mit kostenstellenspezifischen Faktoren (Bearbeitungszeit, Montagezeit),
- *Lohnnebenkosten:* vom Unternehmen zu leistende Sozialabgaben und freiwillige Leistungen,

- *Fertigungsgemeinkosten:* Werkzeuge und direkt zuordenbare Hilfsmittel (Schmiermittel, Klebstoffe),
- *fixe und nichtvariable Kosten:* Kosten für Abschreibungen, Produktionshilfsmaterial, Instandhaltung und Energie sowie Aufwendungen für Stabsabteilungen,
- *Kapitalbindungskosten:* Kosten des im Material gebundenen Kapitals.

Aufwendungen fallen an für notwendige Investitionen, für die Fertigung, die Zulieferer, die Entwicklung und den Programmanlauf.

Tabelle 3-2 Stückkosten

Materialkosten Halbfertigteil bezogen vom Lieferanten	DM 260,00
Transportkosten LKW-Transport von England nach Köln	DM 4,00
Direkte Lohnkosten Bearbeitung und Montage des Halbfertigteils	DM 3,50
Lohnnebenkosten	DM 3,30
Fertigungsgemeinkosten	DM 6,00
Fixe und nichtvariable Kosten	DM 3,90
Kapitalbindungskosten entgangener Zinsertrag für DM 260,00	DM 0,70
Totale Stückkosten	DM 281,40

Tabelle 3-3 Aufwendungen

Investitionen	**Fertigung** (in Mio.)	**Zulieferer** (in Mio.)	**Gesamt** (in Mio.)	**Auslöser/ Ursache**
Zylinderkopf	DM 100	DM 10	DM 110	Neue Konstruktion
Zylinderblock	40	4	44	Änderungen
Kurbelwelle	3	–	3	Änderungen
Nockenwelle	30	3	33	Neue Konstruktion
Integralpleuel	1	–	1	Änderungen
Gesamtinvestitionen	**DM 174**	**DM 17**	**DM 191**	
Programmanlauf	17	–	17	Training etc.
Entwicklung	30	–	30	
Gesamtaufwendungen	**DM 221**	**DM 17**	**DM 238**	

Am Beispiel des 4,0-l-V6-SOHC-Motors lassen sich die Stückkosten von zwei Zylinderköpfen ermitteln (Tabelle 3-2). Die Materialkosten des halbfertigen, angelieferten Rohlings sind mit DM 260,– der größte Kostenblock; alle anderen Kosten, wie Transport- oder Lohnkosten, nehmen sich dagegen sehr gering aus.

Tabelle 3-3 zeigt, wie der Finanzrahmen für ein einzelnes Bauteil ermittelt werden kann. Ausgangspunkt ist hierbei ein vorhandenes Programm, das an den neuen Motortyp angepaßt und modifiziert werden muß. Es ist zu erkennen, daß Investitionen nicht nur für die eigene Fertigung, sondern auch für die Zulieferer eingeplant werden müssen. Der Kostenaufwand für die Zulieferer beträgt in diesem Beispiel ca. 8 %.

Die Finanzanalyse ist ein begleitendes Instrument während des gesamten Entwicklungsprozesses und daher von besonderer Wichtigkeit. Sie ist die Grundlage dafür, daß nicht nur die konstruktiven Maßgaben erreicht, sondern die vorgegebenen technischen Randbedingungen in einem dem Unternehmen angemessenen Kostenrahmen erfüllt werden.

3.1.5 Fertigungsstrategie

Innerhalb der Programmplanung ist bereits die Fertigungsstrategie festzulegen. In der Zeitschiene der Produktentwicklung, die vom Programmstart über die Programmgenehmigung bis zur Investitionsgenehmigung läuft, führen die Qualitäts-, Kosten- und Funktionalitätsziele zu einer Durchführbarkeitsanalyse. Mit dieser Analyse muß die Fertigungsstrategie übereinstimmen; erst dann fließen die Ergebnisse in das Produktionssystem ein.

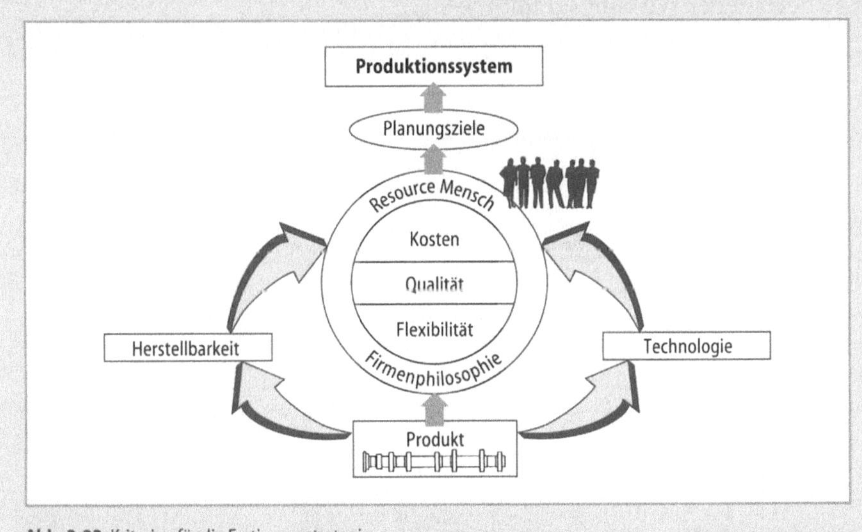

Abb. 3-22 Kriterien für die Fertigungsstrategie

Um die Strategie für die Fertigung bestimmen zu können, sind verschiedene Kriterien zu berücksichtigen. Oberstes Ziel ist die konstant gleiche, gute Fertigungsqualität der Produkte bei hoher Flexibilität und geringen Kosten (Abb. 3-22). Um dieses Ziel zu erreichen, sind der Ausbildungsstand der Mitarbeiter, deren Motivation und andere firmeninterne Gesichtspunkte zu beachten. Ein Werk in Brasilien wird anders aufzubauen sein als ein Werk in Deutschland oder im asiatischen Raum.

Das Produkt selbst ist von der Herstellbarkeit her zu prüfen. Die entsprechende Fertigungstechnologie, die verwendet werden soll, muß darauf abgestimmt werden. Alle diese Einzelziele bestimmen die Planungsziele, die letztendlich in das Produktionssystem einfließen.

Zu den Parametern, die in die Fertigungsstrategie einfließen, gehört das Produktionsvolumen, das natürlich bei einer Großserie anders aussieht als bei einer Kleinserie (Abb. 3-23). Als Großserie bezeichnet man die Produktion ab 300 000 Einheiten pro Jahr, wobei aus Fertigungssicht nach oben keine Grenzen gesetzt sind. 100 000 bis 200 000 Einheiten pro Jahr kennzeichnen eine mittlere Serie, alle darunterliegenden Produktionseinheiten werden als Kleinserie bezeichnet. Weitere Parameter sind die Anzahl der Arbeitstage pro Jahr und die zur Verfügung stehenden Arbeitsstunden pro Tag. In Deutschland rechnet man derzeit mit 225 Arbeitstagen pro Jahr bei 22,5 Stunden pro Tag im Dreischichtsystem. Steht die Fabrik in einem anderen Land, ändern sich diese Werte entsprechend den dortigen Gegebenheiten.

Der Begriff „Uptime“ in Abb. 3-23 ist ein Wirkungsgrad, der die Anzahl der tatsächlich produzierten Teile auf die theoretisch mögliche Anzahl der zu produzierenden Teile bezieht. Bei einer Taktzeit von 1 Minute könnten in einer Stunde theoretisch 60 Einheiten hergestellt werden. Sind aber nur 50 Einheiten erreichbar, so beträgt der Wirkungsgrad 83,3 %.

Produktionsvolumen @			
Einheiten/ Jahr	Einheiten/ Stunde	Taktzeit/ Einheit [min]	
600.000	119,6	0,405	
500.000	99,0	0,486	Groß-Serie
400.000	79,0	0,607	
300.000	59,0	0,810	
200.000	40,0	1,215	
100.000	20,0	2,430	
50.000	10,0	4,860	Klein-Serie

@ 225 Arbeitstage
22,5 Std./Tag
Uptime 80 %

Abb. 3-23 Das Produktionsvolumen bestimmt die Fertigungsstrategie

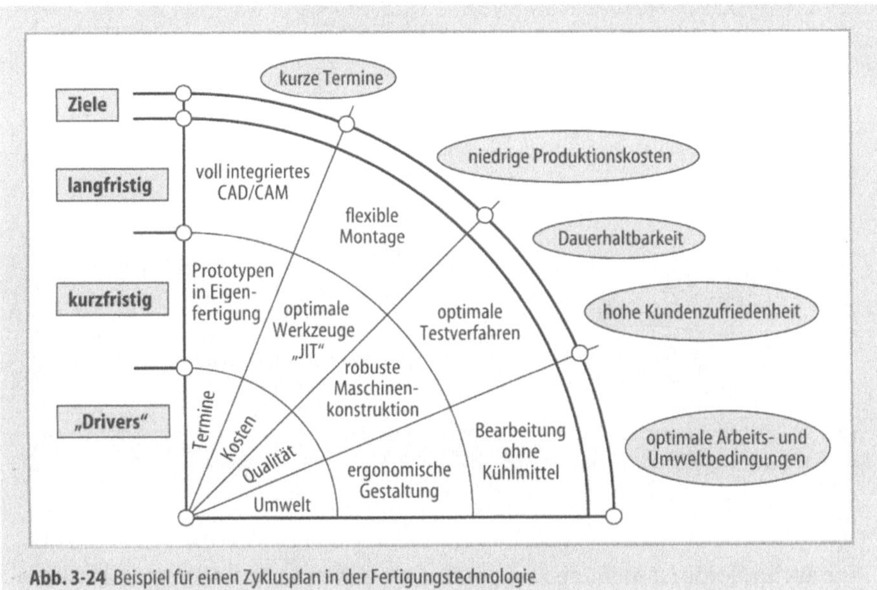

Abb. 3-24 Beispiel für einen Zyklusplan in der Fertigungstechnologie

In die Bestimmung der Fertigungstechnologie greifen wesentliche Faktoren ein. Der Viertelkreis in Abb. 3-24 ist von innen nach außen zu lesen. „Drivers" bezeichnet die Hauptparameter, die dafür verantwortlich sind, wie die einzelnen Zielvorgaben erreicht werden sollen. Hierzu gehören Umwelt, Qualität, Kosten und Termine. Das sich aus dem Parameter Umwelt ergebende Ziel heißt z. B. „optimale Arbeits- und Umweltbedingungen". Um das zu erreichen, können kurzfristig bzw. langfristig bestimmte Maßnahmen ergriffen werden. Ein kurzfristig zu verwirklichender Schritt wäre z. B. die ergonomische Gestaltung der Arbeitsplätze. Werden ergonomische Vorgaben außer acht gelassen, sind Krankheiten oder körperliche Schäden programmiert. Eine langfristige Zielvorgabe ist z. B. die Bearbeitung ohne Kühlmittel, die eine wesentlich geringere Umweltbelastung nach sich ziehen würde, da die Entsorgung des Kühlmittels entfällt.

Ebenso verhält es sich mit den Zielvorgaben „kurze Termine", „niedrige Produktionskosten", „Dauerhaltbarkeit und hohe Kundenzufriedenheit", die jeweils mit kurzfristigen und langfristigen Maßnahmen zu erreichen sind.

Ausgehend vom Simultaneous-Engineering-Prozeß, d. h. dem unmittelbaren Kommunikationsprozeß zwischen Fertigung, Zulieferern und Produktentwicklung, bestimmen die „Drivers" die Konstruktionsmerkmale und damit die Festlegung der Fertigungstechnologie (Abb. 3-25). Auf der rechten Seite ist die Entscheidungsmatrix eingetragen. Ist die Technologie neu, muß ein sog. Back-up-Plan vorhanden sein, der auch dann die Fertigung garantiert, wenn die neue Technologie zum vorgegebenen Zeitpunkt (Fahrzeug-Programmkontrollpunkt <H> bzw. <7> für Motorprogramm) ein zu hohes Risiko aufweist. In diesem Fall muß auf Vorhandenes mit Hilfe des zusätzlichen Back-up-Planes zurückgegriffen werden.

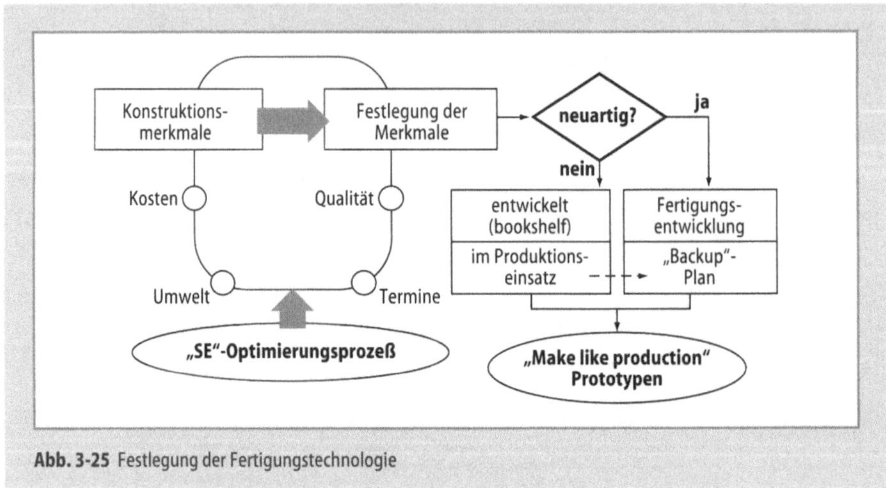

Abb. 3-25 Festlegung der Fertigungstechnologie

Eine Technologie ist nicht neuartig, wenn sie entweder aus dem „Regal" (Bookshelf) genommen werden kann oder sich bereits im Produktionseinsatz befindet. Im Falle einer neuen Technologie muß zu hohem Risiko sowohl diese neue als auch die Back-up-Technologie in der Prototypenphase getestet bzw. verifiziert werden.

Ist die Fertigungstechnologie festgelegt, darf sie nicht so starr sein, daß auf plötzliche Einflüsse von außen nicht mehr geantwortet werden kann. *Fertigungsflexibilität* drückt die Fähigkeit von Produkt **und** Fertigung aus, innerhalb kürzester Zeit auf Marktanforderungen mit einem profitablen Produkt, das den Kundenwünschen entspricht, zu reagieren.

Ausgehend von einem gemeinsamen Konstruktions- und Fertigungskonzept wird zwischen *Stückzahl-* und *Produktflexibilität* unterschieden. Unter Stückzahlflexibilität ist das Fertigen von Produktvarianten innerhalb der maximalen Fertigungskapazität zu verstehen. Werden z. B. OHV- und SOHC-Motoren auf der gleichen Linie gefertigt, muß die Flexibilität so groß sein, daß es gleichgültig ist, in welchem Verhältnis die Anzahl der jeweiligen Einheiten steht. Bei einer maximalen Stückzahl/Jahr von 650 000 Einheiten, können das je nach Markterfordernis 100 000 OHV-Motoren und 550 000 SOHC-Motoren sein oder umgekehrt.

Produktflexibilität bedeutet, daß neue Produktvarianten bei minimalen Kosten und Planungszeiten eingesetzt werden können. Hiermit ist z. B. die schnelle Umrüstung von der Herstellung eines Vierzylinder-Motors auf die Produktion eines Dreizylinder-Motors gemeint.

Abbildung 3-26 definiert die fertigungstechnischen Anforderungen genauer. Die Produktflexibilität für die Varianten 1 bis n ist in gleiche, ähnliche oder ungleiche Bauformen, Basiskomponenten und Anbauteile unterteilt. Was damit gemeint ist, zeigt Abb. 3-27. Die einzelnen Bauteilgruppen unterscheiden sich in ihren Konstruktionsmerkmalen, die für die Herstellung der jeweiligen Varianten

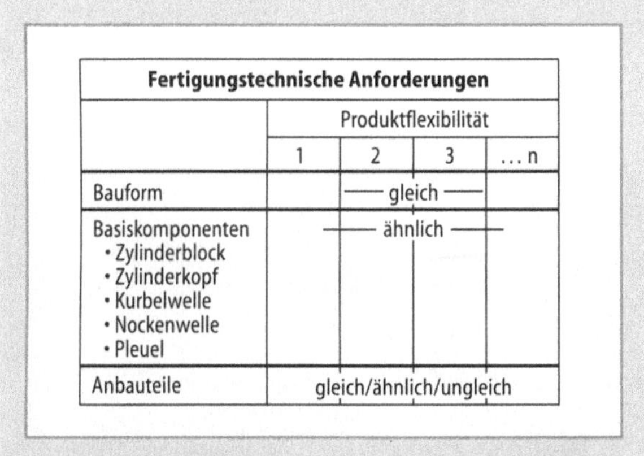

Fertigungstechnische Anforderungen				
	Produktflexibilität			
	1	2	3	... n
Bauform		— gleich —		
Basiskomponenten • Zylinderblock • Zylinderkopf • Kurbelwelle • Nockenwelle • Pleuel	— ähnlich —			
Anbauteile	gleich/ähnlich/ungleich			

Abb. 3-26 Modularer Aufbau einer Motorenfamilie für die Großserie

Bauteilgruppe	Zylinderblock	Kurbelwelle	Ventiltrieb	...	Kurbelwelle
Konstruktionsmerkmale – nichtvariierbar	Zylinderanordnung	Kröpfung	Bauform		Bauform
	Material	Material	Antrieb		Material
	Zylinderabstand	Wellenzapfen-Ø			Nockenwellenlager-Ø
	Kurbelwellenlager-Ø	Kurbelzapfen-Ø			
Konstruktionsmerkmale – variierbar	Deckhöhe	Hub			Anzahl d. Ventile
	Zylinder-Ø	Lochbild der Schwungscheibenbefestigung			Ventilabstand
			Nockenform		Ventil-Ø

Abb. 3-27 Definition ähnlicher Basiskomponenten

variierbar oder nichtvariierbar sind. Unter den Begriff „ähnlich" sind z.B. alle Komponenten des Zylinderblocks zu klassifizieren, auch wenn nur die Deckhöhe und der Zylinderdurchmesser variierbar sind, die Zylinderanordnung, das Material, der Zylinderabstand und der Kurbelwellen-Lagerdurchmesser aber nicht. Diese nichtvariierbaren Konstruktionsmerkmale des Zylinderblocks zeigt Abb. 3-28. Variieren lassen sich die Komponenten in Abb. 3-29. Im Rahmen vorgegebener Grundmaße kann der Kolbendurchmesser verändert werden, und die Deckhöhe ist auf zwei verschiedene Einheiten einstellbar, um mehr Hubraum zu erreichen. Des weiteren sind zwei unterschiedliche Pleuellängen möglich sowie verschiedene Kurbelradien.

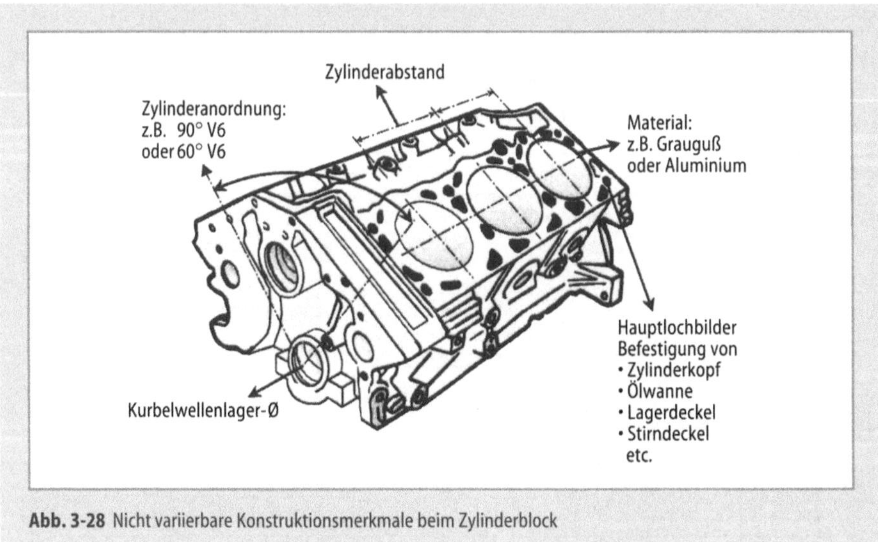

Abb. 3-28 Nicht variierbare Konstruktionsmerkmale beim Zylinderblock

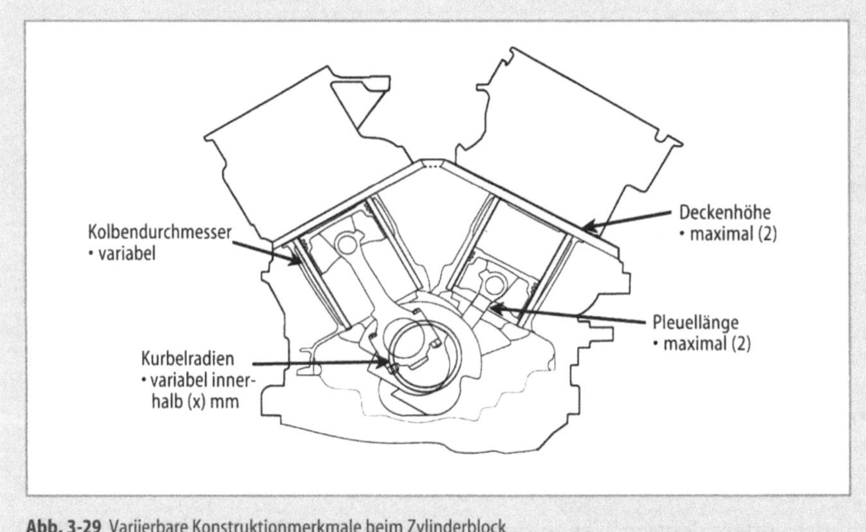

Abb. 3-29 Variierbare Konstruktionmerkmale beim Zylinderblock

Ein weiteres Kriterium bei der Ausarbeitung der Fertigungstechnologie sind fest vorgegebene Positionen wie die Lage der obenliegenden Nockenwelle. Abbildung 3-30 zeigt links die Zwei-Ventil-Ausführung und rechts die Vier-Ventil-Ausführung. Erkennbar ist, daß die Position der Nockenwelle für beide Varianten gleich ist. Somit wird die Flexibilität dadurch erreicht, daß relativ kurzfristig und ohne große Investitionen von Zwei- auf Vierventiler umgestellt werden kann, sollte das Lastenheft dies erfordern.

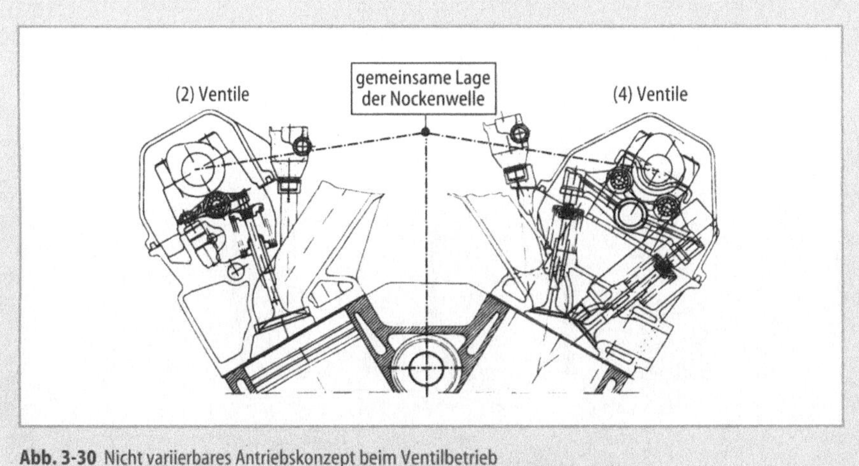

Abb. 3-30 Nicht variierbares Antriebskonzept beim Ventilbetrieb

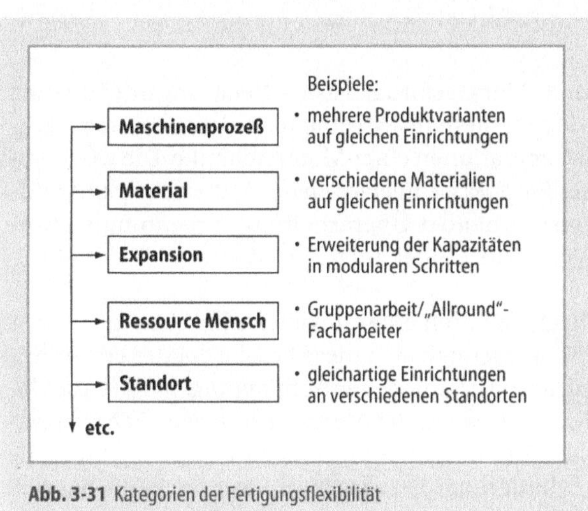

Abb. 3-31 Kategorien der Fertigungsflexibilität

Die Kategorien der Fertigungsflexibilität wie Maschinenprozeß, Material, Expansion, Standort und Ressource Mensch müssen bestmöglich genutzt werden. Einige Beispiele zeigt Abb. 3-31. So lassen sich mehrere Produktvarianten auf gleichen Einrichtungen bauen, wie dies bei einer Motorenfamilie mit 1,6, 1,8 und 2,0 l Hubraum der Fall ist. Überlegungen müssen auch angestellt werden hinsichtlich der Ausbildung der Facharbeiter. Je nach Lohn- und Nebenkostenstruktur muß der Automatisierungsgrad gestaltet werden.

Ein weiterer wesentlicher Gesichtspunkt für die Auslegung der Fertigungsstrategie ist die Maschinenflexibilität. Arbeitet eine Fertigungsstraße über einen Zeitraum von 10 bis 15 Jahren, wird die Produktentwicklung innerhalb dieser Zeit

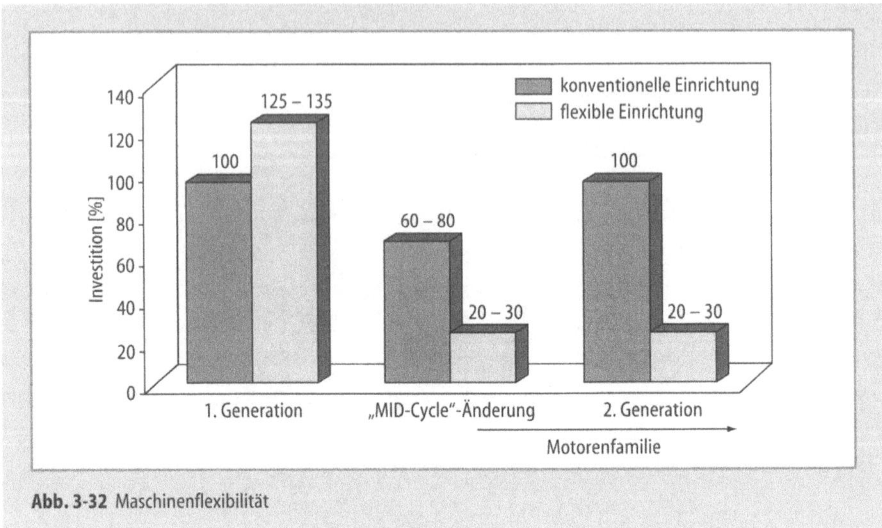

Abb. 3-32 Maschinenflexibilität

gezwungen sein – bedingt durch Markterfordernisse – Neuerungen einfließen zu lassen. Die Frage ist nun, wie sich diese Investitionen im Gesamtsystem rechnen. Abbildung 3-32 zeigt drei Generationen einer Motorenfamilie. Die 1. Generation ist die Neuinstallation eines Produkts. Ungefähr in der Mitte des Zyklus würde eine erste Änderung mit entsprechender Überarbeitung vorgenommen werden, eine weitere Änderung würde zur 2. oder auch zur 3. Generation der Motorenfamilie führen.

Müssen zunächst für die Neuinstallation einer flexiblen Einrichtung 25 – 35 % mehr Kosten veranschlagt werden, rechnen sich diese bereits bei der ersten Änderung, die z. B. durch das Anbringen verschiedener Aufhängungspunkte am Motorblock hervorgerufen werden kann, wenn der Motor in eine neue Fahrzeugvariante eingebaut werden soll. Bei der nächsten Modifikation, die z. B. durch die Umstellung auf einen neuen Zylinderkopf hervorgerufen werden kann, hat sich die anfänglich höhere Investition vollkommen amortisiert. Die Auslegung der Fertigungsstrategie sollte daher die Möglichkeiten zur späteren Adaption auf zu erwartende Marktanforderungen einschließen. Hieraus entstehen Vorteile nicht nur bezüglich der Kostenstruktur, sondern auch im Hinblick auf die Schnelligkeit der Umsetzung.

3.1.6 Alternative Konzepte

Um alternative Konzepte erarbeiten zu können, bedarf es in der frühen Phase grundlegender Entscheidungen. Es muß z. B. der Beschluß gefaßt werden, welches Motorkonzept entwickelt werden soll: Zweitakter, Viertakter, Vierzylinder, Sechszylinder, V10, V8 oder V12. Abbildung 3-33 verkörpert einen Entscheidungs-

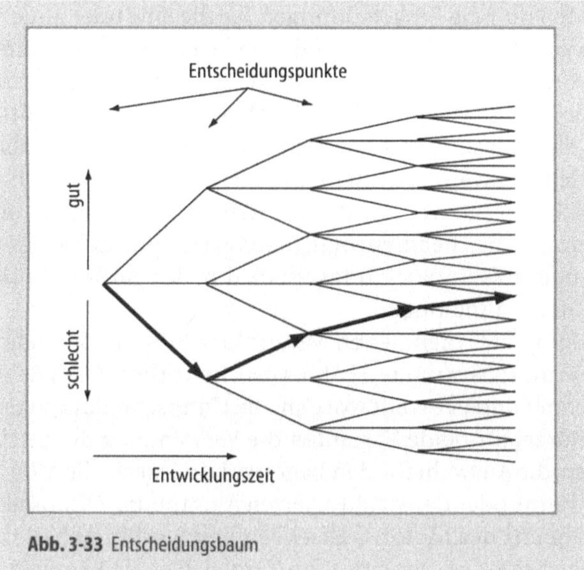

Abb. 3-33 Entscheidungsbaum

baum, der die verschiedenen Entscheidungen (durch einen Knotenpunkt verdeutlicht) darstellt, die über die Dauer der Entwicklungszeit getroffen werden. Entscheidungen können gut oder schlecht sein – die Richtigkeit der Bewertung wird sich in der Regel erst im nachhinein herausstellen. Deshalb ist der frühe Zeitpunkt der Entscheidungsfindung von immenser Wichtigkeit; der Nachteil, der durch eine einmal getroffene schlechte Entscheidung (erster fetter Pfeil) entstanden ist, kann in der Summe auch durch mehrere gute nicht mehr aufgeholt werden. Der Idealfall wäre eine Folge von Entscheidungen auf der nach oben führenden äußersten Linie. Würde man sich z. B. beim Bau eines „3-l-Autos" (3 l Kraftstoffverbrauch/100 km) zu Beginn der Entwicklungszeit für einen 1,8-l-Vierzylinder-Motor entscheiden, kann keine noch so „gute" Technologie diese falsche Entscheidung ausgleichen. Jeder Konkurrent, der mit einem Dreizylinder oder einem Vierzylinder unter 1 l Hubraum arbeitet, wird besser sein.

Nicht nur das Motorkonzept als Ganzes, sondern auch jedes Element eines Motors muß in der frühen Phase festgelegt werden. Als Beispiel soll hier die Konzeptfindung für die Motorblockstruktur betrachtet werden. Für die Blockstruktur eines neuen Motors müssen folgende strategische Entscheidungen getroffen werden, *bevor* die Konstruktion im Detail begonnen wird:

- *Blockstruktur:* kurze oder lange Schürze,
- *Material:* Aluminium oder Grauguß,
- *Hauptlageranbindung:* einzelne Lagerdeckel oder Lager-Längsverbund oder ein sog. Lagergürtel,
- *Typ der Ölwanne:* Stahlblech oder tragende Aluminiumstruktur.

Nach welchen Kriterien werden nun die Entscheidungen für die eine oder andere Alternative getroffen? Ein wichtiges Kriterium sind die Biegeeigenfrequenzen des Triebwerks, die anhand von CAE-Berechnungen (FEM) ermittelt werden. Das abgestrahlte Geräusch läßt sich ebenfalls anhand von FEM-Berechnungen ermitteln, wie das Bauteilgewicht, das sich aus der Auswertung des CAD/CAE-Modells ergibt. Die Beurteilung des Dichtungsverhaltens wird gestützt durch CAE-Berechnungen hinsichtlich der Flächenpressung und des Ausdehnungsverhaltens; in erster Linie gilt aber noch immer die Ingenieurbeurteilung. Der Entwicklungsingenieur entscheidet auch über das Entwicklungsrisiko, d.h. den Aufwand für Entwicklung und Fertigung der Maßnahme.

Bei der Entscheidungsfindung für einen neuen Motorblock hilft die Betrachtung der verschiedenen Konstruktionsvarianten (Abb. 3-34). Im vorliegenden Beispiel sind 20 Varianten berechnet und beurteilt worden: die Unterscheidung zwischen kurzer und langer Schürze, für beide Varianten die Verwendung der zwei unterschiedlichen Materialien, die Auswahl für den Lagerverbund sowie die Möglichkeiten der Stahlblech-Ölwanne oder der strukturierten Aluminium-Ölwanne.

Die Relevanz der Biegefrequenz der Motor-Getriebeeinheit wird in Abb. 3-35 deutlich. Sie zeigt die Pendelachsen-Lagerposition im Vergleich zu den konventionellen Motorlagerpositionen für Vierzylinder-Reihenmotoren. Bei den meisten Pkw wird der Frontantrieb gewählt, wobei der Motor quer im Fahrzeug eingebaut wird. Die Lager, die die Motorgetriebeeinheit aufnehmen, sind analog zu einer sog. Pendelachse angeordnet. Liegen die Lagerposition im Bereich des Zylinderblockes oder -kopfes und die Lagerposition im Bereich des Getriebes sehr weit auseinander, wird die Biegeschwingung des Triebwerks kritisch. Die hinsichtlich der Schwingungen um die Pendelachse unempfindlichen Pendelachsen-Motorlager reagieren sensitiv auf Biegeschwingungen. Das bedeutet, daß die kritischen Biegeeigenfrequenzen außerhalb des Betriebsbereichs des Motors liegen müssen, anders ausgedrückt: sie müssen möglichst hoch liegen.

In Abhängigkeit von der maximalen Motordrehzahl ergibt sich die höchste Anregungsfrequenz entsprechend der 2. Motorordnung bei Vierzylindermotoren (Abb. 3-36), bei 6000 min^{-1} z.B. 200 Hz. Wichtig ist ein entsprechender Sicherheitszuschlag, da durch das verwendete Material und die Detailstruktur eine Eigendämpfung auftritt, die zu einer Abflachung der Resonanzschwingung führt mit dem Effekt, daß die Anregung bereits bei niedrigen Frequenzen bzw. Motordrehzahlen erfolgen kann. Die Triebwerksschwingungen lassen sich anhand von Simulationsberechnungen ermitteln (Abb. 3-37).

So zeigt z.B. Fall Nr. 1 eine Biegefrequenz von 136 Hz. Dieses Minimum ist nicht zu tolerieren, da hier eine entsprechende akustische Überhöhung auftritt, die im Fahrzeug z.B. bei Geschwindigkeiten von 130 km/h zu einer „Brummfrequenz" führen kann. Ersetzt man, wie in Fall Nr. 2, die Stahlblech-Ölwanne durch eine strukturierte Aluminium-Ölwanne, erreicht man 276 Hz.

Wie bereits erwähnt, ist die Dichtigkeit ein weiteres wichtiges Kriterium. Jede Dichtung muß auch bei großen Stückzahlen für eine Lebensdauer von 10 bis 15 Jahren sowohl von der km-Leistung als auch von der Standzeit her absolut dicht sein.

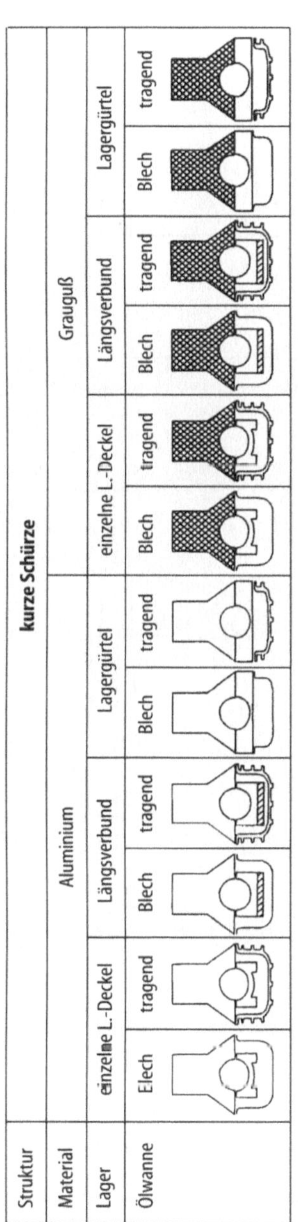

Abb. 3-34 Konstruktionsvarianten

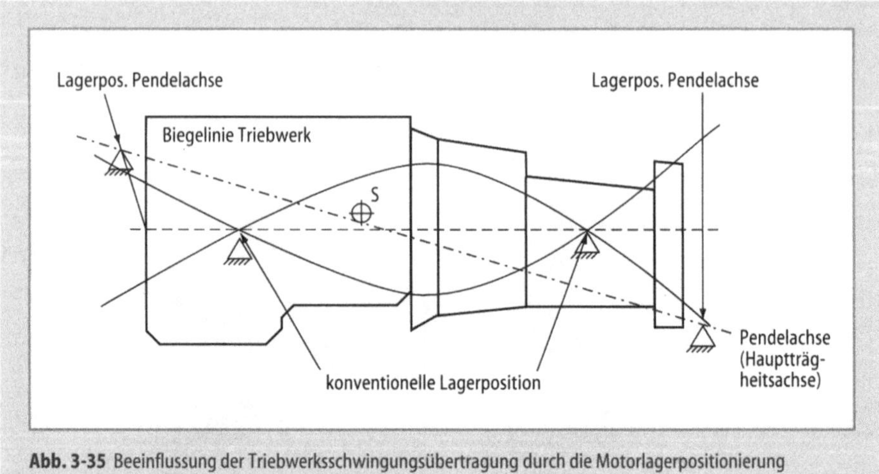

Abb. 3-35 Beeinflussung der Triebwerksschwingungsübertragung durch die Motorlagerpositionierung

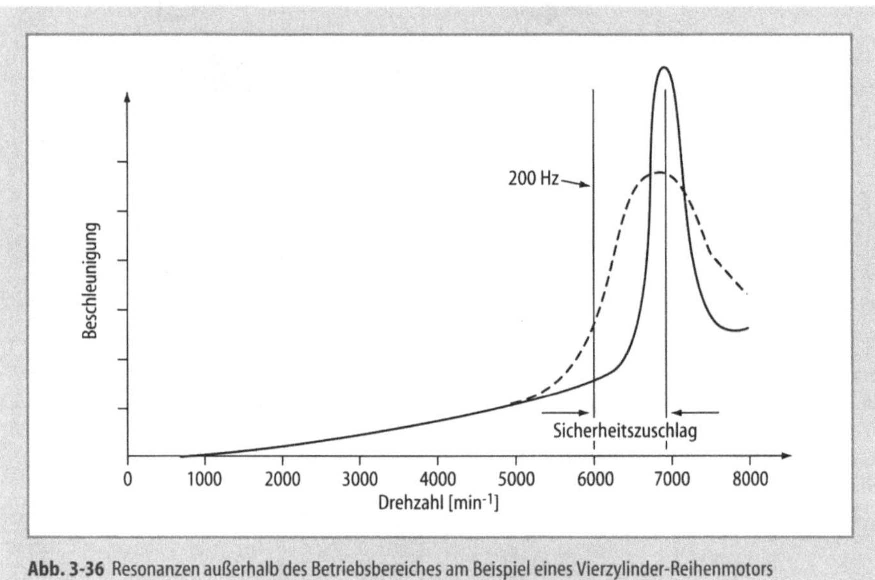

Abb. 3-36 Resonanzen außerhalb des Betriebsbereiches am Beispiel eines Vierzylinder-Reihenmotors

Die Dichtigkeit wird als potentielles Problem angesehen, wenn

- die Dichtflächen nicht eben sind (z. B. um die Hauptlager bei kurzer Schürze),
- mehrere Flächen abzudichten sind (z. B. hat der Lagergürtel Dichtflächen zum Block *und* zur Ölwanne),
- T-Joints (Verbindungen, die an drei Stellen gleichzeitig abgedichtet werden müssen) vorliegen.

Nr.	Schürze	strukturierte Ölwanne	Lager-gürtel	CAE/Ingenieur-beurteilung	Biegefrequenz [Hz]	Bemerkungen/ Schlußfolgerungen
1	kurz	Nein	Nein	CAE	136	erwartetes Minimum
2	kurz	Ja	Nein	CAE	276	erwartetes Maximum
3	lang	Nein	Nein	CAE	180	kostengünstig, aber Biegefrequenz zu niedrig
4	lang	J	Nein	Beurteilung (CAE)	276 (292)	Erwartung: steif wie Nr. 2
5	kurz	Nein	Ja	CAE	260	Nur Lagergürtel?
6	kurz	Ja	Ja	Beurteilung (CAE)	276 (297)	Erwartung: steif wie Nr. 2

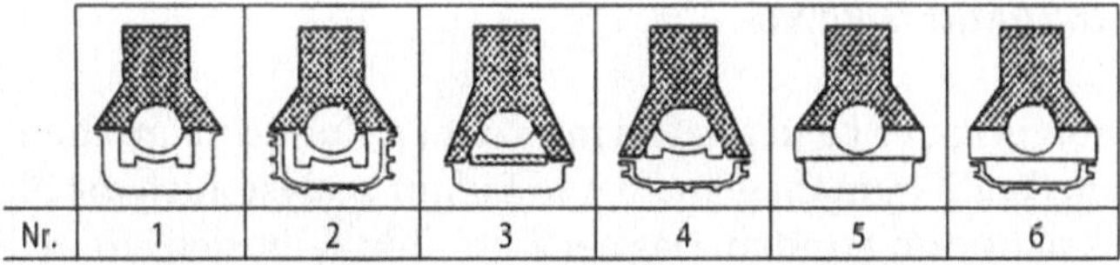

Abb. 3-37 Simulationsberechnungen für Triebwerksschwingungen

Struktur	kurze Schürze				lange Schürze			
Material	Grauguß				Grauguß			
Lager	einzelne L.-Deckel		Lagergürtel		einzelne L.-Deckel		Längsverbund	
Ölwanne	Blech	tragend	Blech	tragend	Blech	tragend	Blech	tragend
Biegefreq. Ziel: 240 Hz	NOGO 136	+ + 276	+ 260	+ + > 270	NOGO 180	+ + > 270	NOGO > 170	+ + > 270
Dichtung		0	–	–		+ +		+ +
Gewicht		0	0	0		0		0
Geräusch		I	0	+ +		0		+

– – – 0 + + +
negativ positiv

Abb. 3-38 Entscheidungsmatrix

Eine T-Joint-Konstruktion sollte nach Möglichkeit vermieden werden, da im Gegensatz zum Prototypenbau, wo alles von Hand zusammengebaut wird, bei einer Produktion von 2000 Stück pro Tag drei gemeinsame Dichtungsstellen Probleme bereiten können.

Um letztendlich zu einer Entscheidung über die Ausstattung des Motorblocks zu kommen, liefert die Auswertung der Beurteilungspunkte in einer Matrix das Ergebnis (Abb. 3-38). Für die Varianten mit Graugußblock entfallen bereits die Alternativen, die die Zielvorgabe von 240 Hz Biegeeigenfrequenz nicht erfüllen (Nogo-Decision). Die meisten Positivpunkte hat in diesem Fall die Variante mit der langen Schürze im Lager-Längsverbund mit Aluminium-Ölwanne.

3.1.7 Firmenstrategische Gesichtspunkte

Zur Vervollständigung des Lastenheftes muß neben Kundenwünschen, Umweltgesichtspunkten, Qualitätsmanagement und Finanzanalyse auch die Firmenphilosophie Berücksichtigung finden. Das neue Produkt reiht sich ein in die Strategie des Gesamtunternehmens. Die Vision für den Automobilhersteller Ford lautet: Wir betrachten uns als Hersteller von Produkten und Dienstleistungen von hoher Qualität zu niedrigen Kosten. Hieraus entwickeln sich der Auftrag und die Verpflichtung, die Ford-Produkte und -Dienstleistungen ständig zum Vorteil und Nutzen der Kunden zu verbessern.

Aus dem Auftrag und der Verpflichtung werden Grundwerte und Leitsätze abgeleitet. Folgende Grundwerte gehören zur Firmenphilosophie:

Menschen	Unsere Mitarbeiter sind unsere Stärke. Engagement und Zusammenarbeit gehören für uns zu den wichtigsten Werten.
Produkte	Sie sollen den Wünschen der Kunden entsprechen. So wie unsere Produkte gesehen werden, so werden auch wir gesehen.
Erträge	Erträge sind der Maßstab der Kundenzufriedenheit. Gewinne sind notwendig für das Bestehen am Markt.

Aus den sich daraus ergebenden Leitsätzen können je nach Unternehmensstruktur andere Formen oder Gedanken abgeleitet werden:

- Der Kunde steht im Mittelpunkt unserer Arbeit.
- Qualität ist unser oberstes Gebot.
- Ständiges Streben nach Verbesserung ist wesentlich für den Erfolg.
- Händler und Lieferanten sind unsere Partner.
- Integrität erlaubt keine Kompromisse.
- Die Mitarbeiter einzubeziehen, ist uns eine Selbstverständlichkeit.

Zentraler Punkt einer jeden Firmenphilosophie ist die Zielsetzung, unter der das Unternehmen gesamtwirtschaftlich geführt werden soll. In den 80er Jahren kam es in den USA vermehrt zu Unternehmensübernahmen durch sog. Raider, die an der Börse unterbewertete Unternehmen aufkauften, sanierten und mit Gewinn weiterveräußerten. In Deutschland wurde zu dieser Zeit bei einem sehr hohen Zinsniveau, welches mit einer Konkurrenz um Eigenkapital zwischen den Unternehmen einherging, eine solche Vorgehensweise nicht gesehen.

Sowohl in Deutschland als auch in den USA ließ sich jedoch ableiten, daß die Interessen der Eigenkapitalgeber, der sog. Shareholders, verstärkt in den Mittelpunkt unternehmerischen Handels treten müssen. Hieraus wurde die wertorientierte Unternehmensführung - auch unter dem Schlagwort „Shareholder Value" bekannt - in den Mittelpunkt unternehmerischen Denkens und Handelns gestellt.

Nach dem Konzept des Shareholder Value hat sich die Ausrichtung eines Unternehmens in erster Linie am Kapitalmarkt zu orientieren. Ein Unternehmen muß eine Rendite erwirtschaften, die über den üblichen Marktzinsen zusätzlich eines Risikozuschlages liegt. Wird dies erreicht, so steigt der Wert des Unternehmens, was sich üblicherweise auch in steigenden Börsenkursen niederschlägt.

Der Shareholder Value wird dabei so berechnet, daß der heutige Barwert der künftigen Überschüsse, d.h. der sog. Cashflow, als Saldo aus allen Aus- und Einzahlungen unter Einbeziehung einer Verzinsung des eingesetzten Kapitals ermittelt wird. Das Verfahren an sich ist nicht neu und basiert auf traditionellen Ertragswertmethoden, die auch von Firmenverkäufen bekannt sind. Neu in diesem Ansatz ist allerdings, daß mit den Ertragswerten das gesamte Unternehmen oder einzelne Geschäftsbereiche strategisch gesteuert und kontrolliert werden können. Das Konzept erlaubt der Unternehmensführung abzuschätzen, welche Konzernteile rentabel arbeiten und welche die Kapitalkosten nicht erbringen. Dementsprechend lassen sich die Investitionen so steuern, daß sie automatisch dorthin geleitet werden, wo sie den Wert des Unternehmens vergrößern.

Grundsätzlich läßt sich das Shareholder-Value-Konzept in drei Schritte aufteilen. Der erste Schritt bewertet sämtliche Geschäftsbereiche. Im zweiten Schritt werden Werterzeuger und sog. Wertvernichter identifiziert. Basierend auf diesem zweiten Schritt wird im dritten Schritt die Definition von Kernkompetenzen und Entscheidungen über Investitionen, Wachstum und Akquisitionen unter strategischen Gesichtspunkten vorgenommen. Die Bruchteilung der einzelnen Geschäftsbereiche ist dabei relativ, d.h. aus unternehmens- und umfeldspezifischer Sicht zu werten und kann je nach Unternehmen unterschiedlich ausfallen. Zur Umsetzung des Shareholder-Value-Konzepts sind entsprechende Anreize für sämtliche Ebenen bei den einzelnen Mitarbeitern erforderlich. Es ist notwendig, daß die Mitarbeiter durch entsprechende Schulungsmaßnahmen nicht nur den wahren Wert des Unternehmens bewußt erleben, sondern darüber hinaus z.B. durch Aktienoptionen an der Wertorientierung und dem Wachstum des Unternehmens aktiv beteiligt werden.

3.2 Umsetzung des Lastenheftes

Die Analyse von Kundenwünschen, die Qualitätsplanung, Umweltgesichtspunkte, die Finanzanalyse, die Planung der Fertigungsstrategie, alternative Konzepte sowie die Berücksichtigung firmenstrategischer Gesichtspunkte münden in ein vorläufiges Lastenheft.

Tabelle 3-4 zeigt einen Auszug aus dem Lastenheft für einen 2,0-l-Benzinmotor. Der nächste Schritt ist die Planung der Umsetzung des Lastenheftes.

Tabelle 3-4 Lastenheft eines 2,0-l-Benzinmotors

Attribute	Zielvorgaben
• **Qualität**	
• Kundenzufriedenheit	> 95%
• Garantieleistungen (R/1000, 12 MIS)	70
• Kundenbeanstandungen (TGW/1000, 12 MIS)	30
• **Motorkenndaten**	
• Leistung und Drehmoment	
+ max. Leistung	100 kW
+ max. Drehmoment	190 Nm
+ max. Drehmoment bei 1500 min^{-1}	145 Nm
• Verbrauch	
+ spez. Verbrauch im WWMP (1500 min^{-1}, 2,62 bar)	320 g/kWh
+ Reibung (pmr bei 1500/4000 min^{-1})	0,97/1,69 bar
• Leerlauf	
+ Drehzahl	700 min^{-1}
+ Stabilität (Std. Abw. von p_{mi})	< 0,10 bar
• Abgasemissionen (Rohemissionen)	
+ CO (MVEG)	< 8,0 g/km
+ HC + NO_x (MVEG)	< 3,1 g/km
• Motorgeräusch	
+ Geräuschabstrahlung bei 3000 min^{-1} Vollast	< 87 dB(A)
+ Geräuschabstrahlung bei 3000 min^{-1} ohne Last	< 82 dB(A)
• Vibrationen	
+ Biegeeigenfrequenz Antriebsstrang	> 300 Hz
+ Eigenfrequenz Hilfsantriebe	> 300 Hz
• Gewicht	< 100 kg
• Startzeit	
+ bei heißem Motor	90 % < 0,5 s, 1 s max.
+ bei −20 °C Außentemperatur	< 2,5 s
• **Finanzen**	
• Stückkosten	1000 DM/Einheit
• Entwicklungskosten	120 Mio. DM
• Investitionskosten	1,8 Mrd. DM
• **Zeitplan**	Programmkontrollpunkte

Das Lastenheft beinhaltet alle funktionalen Zielsetzungen (Qualitätsziele, Motorkenndaten), finanzielle Zielsetzungen und die Zeitplanung – hier ausgedrückt durch die Terminierung der Programmkontrollpunkte.

3.2.1 Prozeßablaufplanung

Der Prozeßablaufplan enthält die theoretischen Grundlagen über den Gesamtablauf des Entwicklungsprozesses. Er gibt Auskunft über die Planung der Einzelaktivitäten des Entwicklungsprozesses, darf aber nicht mit dem Ablaufplan des Fertigungsprozesses verwechselt werden. Zur Planung des Entwicklungsprozesses ist es notwendig, die Veränderungen der Modifikationsfreiheit über der Zeit zu berücksichtigen. Unter Modifikationsfreiheit soll hierbei die Möglichkeit zu Umgestaltungen während der Entwicklungsphase verstanden werden. Der Prozeßablaufplan startet nach Abschluß bzw. auf Basis der Programmplanung und enthält die Konzeptauswahl, die Konstruktionsphase und die Verifikation (Abb. 3-39). Letztere bedeutet die Überprüfung der Zielsetzung anhand von Prototypentests. Nach Durchlauf dieser Schritte endet der Entwicklungsprozeß in der Produktion (Job 1).

In der Definitionsphase ist die Modifikationsfreiheit des Entwicklungsingenieurs relativ hoch. Während der Konzeptauswahlphase kann noch zwischen den „schubladenreifen" Technologien, die beim Programmstart identifiziert worden sind, gewählt werden. Je weiter der Entwicklungsprozeß fortschreitet, um so geringer wird die Entscheidungsfreiheit. Kurz vor der Produktionseinführung ist diese Freiheit – und auch die Notwendigkeit dafür – nicht mehr gegeben.

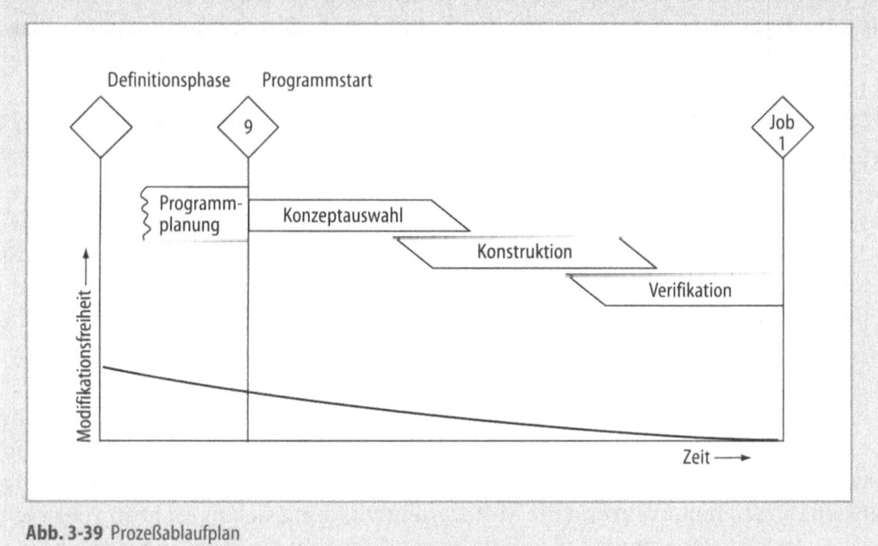

Abb. 3-39 Prozeßablaufplan

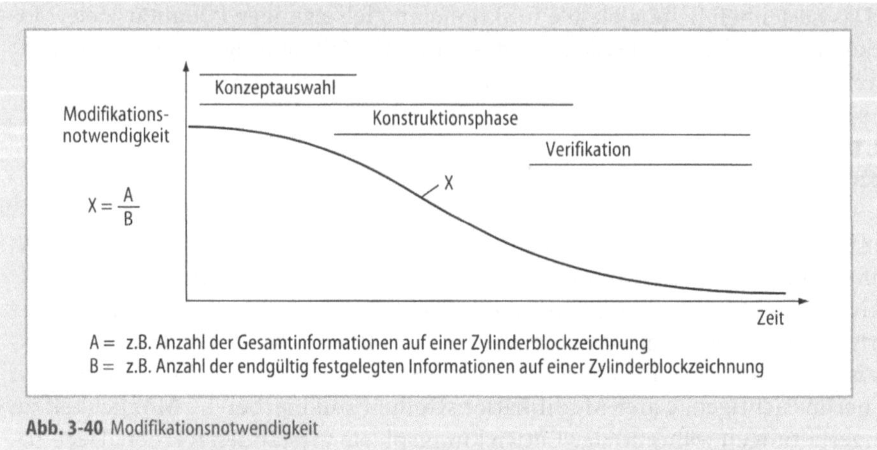

Abb. 3-40 Modifikationsnotwendigkeit

Die mit fortschreitender Zeit abnehmende Kurve verdeutlicht Abb. 3-40. Eine wichtige, wenn auch selbstverständliche Grundvoraussetzung ist die Tatsache, daß Berechnungsergebnisse und Testresultate den Ingenieur immer näher an die Zielvorgabe heranbringen. Die Notwendigkeit für Modifikationen läßt sich mathematisch begründen. A bedeutet hier die Anzahl der Gesamtinformationen, z. B. auf einer Zylinderblockzeichnung; diese ist spätestens zu Beginn der Konstruktionsphase konstant. B ist definiert als die Anzahl der endgültig festgelegten Informationen. Dazu gehören wesentliche Maße wie der Zylinderbohrungsabstand oder die Zylinderblockhöhe, wobei andere Detailmaße zu diesem frühen Zeitpunkt noch nicht bekannt sein müssen. Je weiter die Modifikationsnotwendigkeit X abnimmt, um so mehr Disziplin ist von seiten der Entwicklung notwendig, um Job 1 zu erreichen. Selbst wenn ein Konkurrent während dieser späten Phase ein völlig anderes Konzept vorstellt, darf die einmal eingeschlagene Richtung nicht verlassen werden.

Die Modifikationsfreiheit (hier: Y) wird durch Planung und Erstellung der Fertigungsanlagen eingeschränkt (Abb. 3-41). Zu Beginn des Entwicklungsprozesses fordern Planung, Konstruktion und Ausführung der Produktionseinrichtungen eine geringe, aber ständig steigende Anzahl endgültig festgelegter, sog. eingefrorener, Produktdefinitionen bzw. -merkmale oder -parameter (stufenweise Datenfreigabe). Um den notwendigen Maschinenpark für die Fertigung zu bestellen, benötigt der Fertigungsingenieur zu einem bestimmten Zeitpunkt nicht mehr veränderbare Daten. Die hierdurch definierte Grenzkurve muß vom Entwicklungsingenieur eingehalten werden.

Eine weitere Einschränkung der Modifikationsfreiheit (hier: Z) wird aber nicht nur von der Fertigungsseite her, sondern auch durch die Fahrzeugentwicklung hervorgerufen (Abb. 3-42). Das Gesamtfahrzeug ist in die Motorenentwicklung stets einzubeziehen. Während die Motorenentwicklung sich in Richtung der vorgegebenen Motorenentwicklungsziele bewegt, arbeitet die Fahrzeugentwicklung

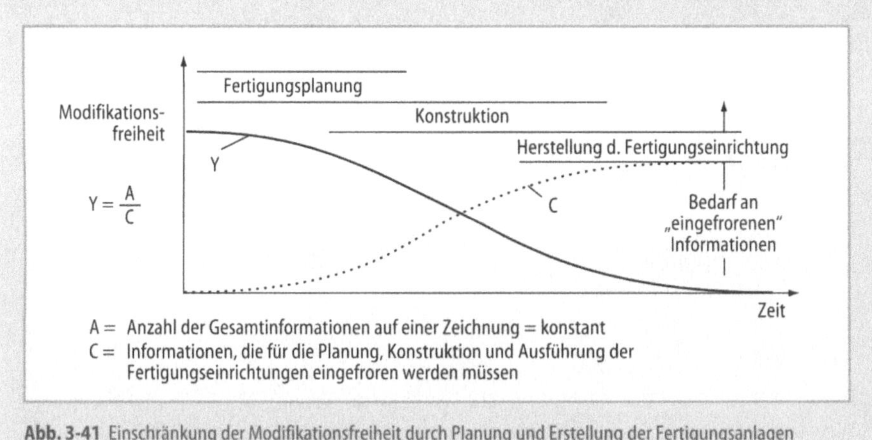

Abb. 3-41 Einschränkung der Modifikationsfreiheit durch Planung und Erstellung der Fertigungsanlagen

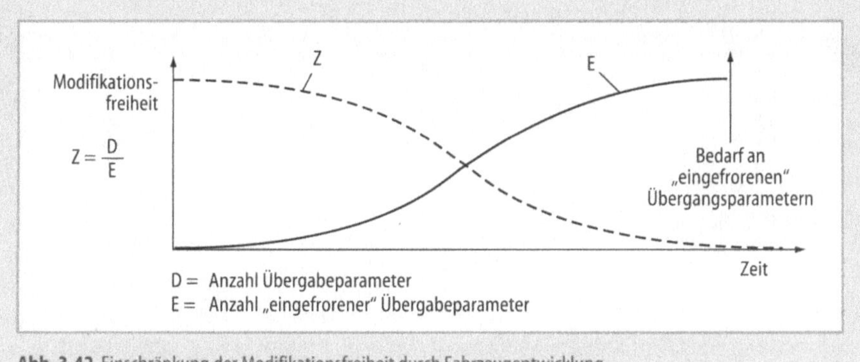

Abb. 3-42 Einschränkung der Modifikationsfreiheit durch Fahrzeugentwicklung

an der Optimierung des Gesamtsystems, d.h., der Motor ist nur ein Untersystem wie das Getriebe oder die Chassisteile. Die Fahrzeugentwicklung fordert zu Beginn des Entwicklungsprozesses eine geringe, aber ständig steigende Anzahl endgültig festgelegter, sich nicht verändernder Motoreigenschaften. Damit sind nicht nur Brennstoffverbrauch, Drehmoment oder Leistung gemeint, sondern z.B. auch die Information, wie groß das Aggregat (Package) sein muß bzw. darf. Der Einbaurahmen für einen Vierzylinder kann später nicht für einen Sechszylinder-Reihenmotor geändert werden.

Der ständige Kontakt zur Fahrzeugentwicklung ist ebenso wichtig wie zur Fertigung: beide Seiten fordern von der Motorenentwicklung eine stufenweise Datenfreigabe. In einem simultan aufgebauten Entwicklungsprogramm beeinflussen sich die Modifikationskurven und resultieren in einer Einschränkung der Modifikationsfreiheit durch Produktionsvorbereitung und Gesamtsystementwicklung (Abb. 3-43). Das Integral unter den Kurven X, Y und Z ergibt die verbleibende Modifikationsfreiheit.

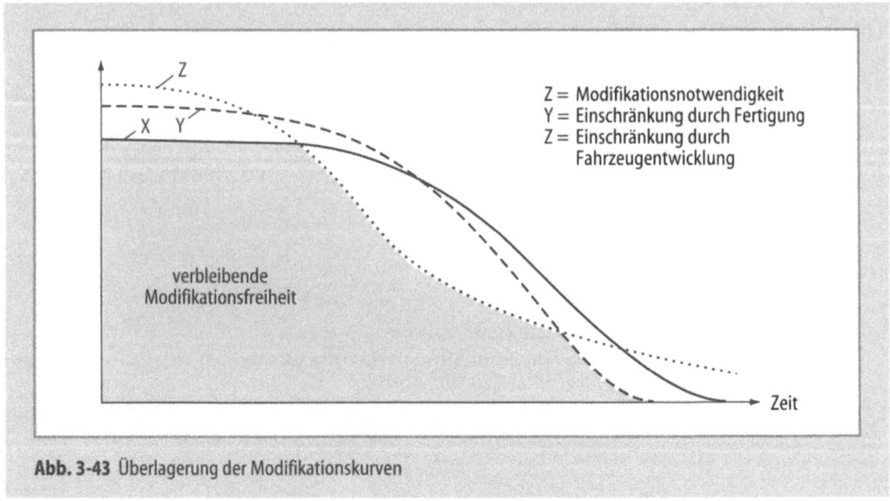

Abb. 3-43 Überlagerung der Modifikationskurven

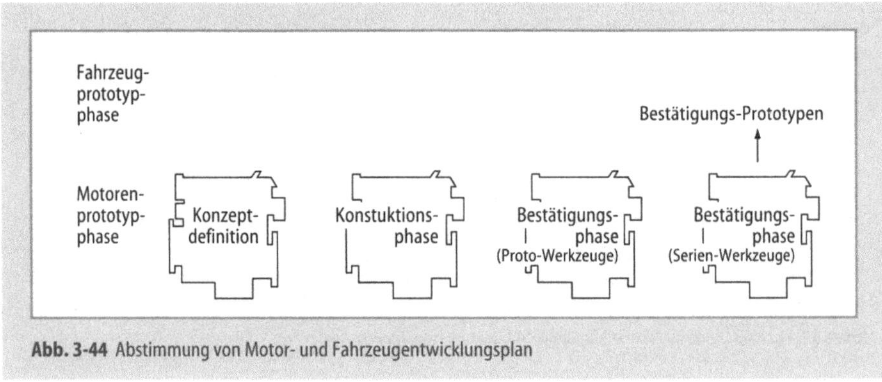

Abb. 3-44 Abstimmung von Motor- und Fahrzeugentwicklungsplan

Zur Abstimmung von Motor- und Fahrzeugentwicklungsplan wird in der Konstruktionsphase der Motor entwickelt und als Prototyp gebaut (Abb. 3-44). Die Motorenprototypen werden neben motorspezifischen Verifizierungstests auf dem Motorprüfstand auch in die Bestätigungs-Prototypen-Fahrzeuge eingebaut und Fahrzeugtests unterzogen. Diese Bestätigungs-Prototypen-Fahrzeuge und Motorenprototypen zeichnen sich dadurch aus, daß sie aus Serienwerkzeugen hergestellt worden sind, die später beim Produktionsanlauf zur Anwendung kommen.

Bei der Erstellung des Prozeßablaufplans ist es sinnvoll, mit dem Produktionsanlauf (Job 1) zu beginnen und alle Prozeßschritte rückwärts zu betrachten (Abb. 3-45). Vor der Produktion liegt der Funktionsbau, den die ersten Fahrzeuge durchlaufen, um zu überprüfen und sicherzustellen, daß die Mechaniker die Teile tatsächlich so zusammenbauen können, wie es sich der Konstrukteur vorgestellt hat. Analog zum Aufbau des Gesamtfertigungssystems baut sich die Motorenentwicklung auf. Geht man von der Fahrzeugproduktion aus, so läßt sich erkennen, daß

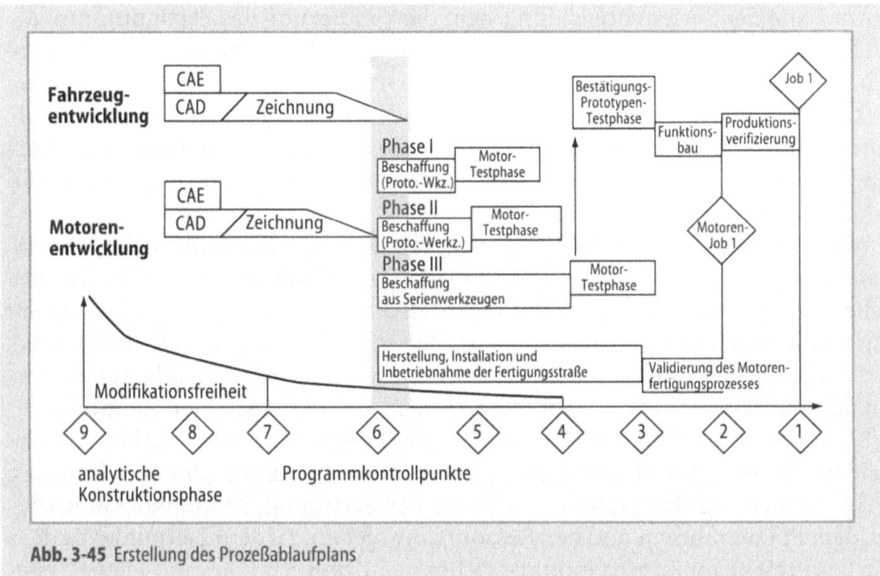

Abb. 3-45 Erstellung des Prozeßablaufplans

der Anlauf für die Motorenproduktion früher erfolgen muß. Ein wichtiger Punkt ist die Bedingung, daß der Produktionsanlauf für die einzelnen Komponenten stets vor dem Gesamtsystem festgelegt zu sein hat. Für den Fertigungsingenieur steht vor dem Job 1 die Validierung des Motorenfertigungsprozesses, davor wiederum die Herstellung, Installation und Inbetriebnahme der Fertigungsstraße. Damit dies zeitgerecht geführt werden kann, müssen die Konstruktionsdaten während der Entwicklung stufenweise freigegeben werden. Das bedeutet auch, daß es einen Zeitpunkt geben muß (Kontrollpunkt <4>), ab dem keine Veränderung mehr zulässig ist, selbst wenn der Entwicklungsingenieur Merkmale seines Produkts, die sich im Laufe der Entwicklung und Verifizierung als weniger günstig darstellen, noch verbessern möchte.

Um Beschaffungs- und Testzeit zu optimieren, werden Prototypen mit unterschiedlichen Herstellungsverfahren (unterschiedlicher Herstellungszeit), jedoch nach derselben Zeichnung gefertigt. Die ersten Prototypen (Phase 1) werden mit produktionsnahem Design unter Anwendung von Freiform-Fabrikationsmethoden (Rapid Prototyping) auf der Basis von 3D-Festkorpermodellen und CAM hergestellt. Die folgenden Prototypen (Phase 2) basieren auf produktionsnahen Fertigungsverfahren. Die dritte und letzte Phase verlangt, daß alle Motorbauteile inklusive aller Bauteile zur Installation des Motors ins Fahrzeug (Schnittstellenkomponenten: z.B. Motoraufhängung) durch produktionsrepräsentative Verfahren gefertigt werden. Die Prototypenteile werden entsprechend ihrer geplanten Verfügbarkeit für die Komponenten-, System-, Motor- und Fahrzeugtests verwendet. Alle drei Prototypphasen unterstützen *eine* Testphase, die ausschließlich der Verifizierung dient.

Am Ende der Serienentwicklung steht die Validierung des Fertigungsprozesses. Die simultane Planung, Bestellung, Herstellung, der Aufbau und Test der Fertigungseinrichtung sowie der parallele Start der Serienwerkzeugherstellung unterstützen zeitlich optimal die Fertigstellung der Serienwerkzeuge nach der endgültigen Freigabe (Kontrollpunkt <2>). Daraus ergibt sich rückwirkend der Aufbau des Prozeßablaufplans, die Beschaffung der Serienwerkzeuge sowie die Motor- und Fahrzeugtestphase.

Wie wird nun ein Prozeßablauf gesteuert bzw. kontrolliert? Mit Hilfe der Programmsteuerung bzw. -kontrolle ist zu jedem Zeitpunkt erkennbar, an welcher Stelle sich der Entwicklungsablauf befindet, d.h., welche Forderung bislang erfüllt wurde und wo noch eingegriffen werden muß. Die Programmkontrollpunkte <1> bis <9> in Abb. 3-45 definieren bestimmte Maßnahmen, d.h. Zulieferungen oder konkrete Forderungen von außen zu einem festgelegten Zeitpunkt.

Ein Beispiel für die Erstellung der Programmkontrolle wird in Abb. 3-46 anhand des Kontrollpunktes <7> gezeigt. Hierfür sind spezielle Abnahmekriterien nötig, die sich aus der Technik selbst, aus der Fertigung, den Entwicklungszielen, dem Finanzrahmen und den Ressourcen ergeben. Zu dem Zeitpunkt, zu dem sich das Projekt am Kontrollpunkt <7> befindet, muß z.B. klar sein, wieviel Ingenieure das Projekt benötigt und ob diese Anzahl auch wirklich zur Verfügung steht, wieviele CAE-Ressourcen erforderlich sind und ob diese auch wirklich bereitstehen. Das zu erstellende Abnahmeprotokoll für den Kontrollpunkt <7> sieht für Technik und Fertigung bestimmte Kriterien vor.

Technik

- Material- und Herstellungsprozeßauswahl für Hauptkomponenten beendet,
- Analyse der Verluste an Reibung und Hilfsantrieben,
- Wärmebilanz abgeschlossen,

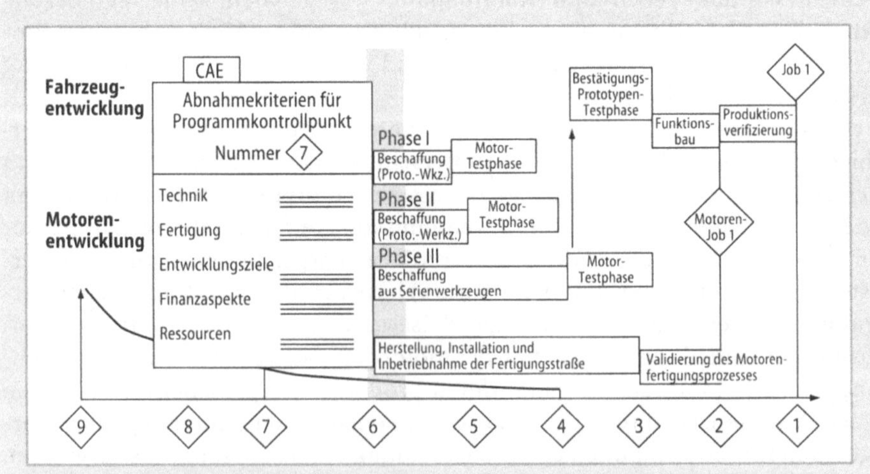

Abb. 3-46 Erstellung der Programmkontrolle

- Fahrzeug-Packageuntersuchungen,
- Analyse des Schmiersystems beendet,
- Grundabstimmung des Motors durchgeführt.

An dieser Stelle muß z.B. die Frage nach der Verwendung von Aluminium- oder Graugußblock beantwortet sein. Es ist wichtig, sich Schritt für Schritt durch die einzelnen Checklisten durchzuarbeiten, so darf z.B. eine Wärmebilanz nicht erst später durchgeführt werden, da hierdurch die Fahrzeugentwicklung – in diesem Fall die Kühlsystementwicklung – möglicherweise unter falschen Randbedingungen weiterentwickeln würde oder ihren Zeitplan nicht einhalten kann.

Fertigung
- Maschinenlieferanten ermittelt,
- Arbeitspläne für Planung, Herstellung und Aufbau der Fertigungsstraße fertiggestellt.

Hier muß z.B. festgelegt sein, welcher Lieferant die Maschinen für die Kurbelwellenlinie liefert, da sonst die Aufstelltermine für die Maschinen in Frage gestellt werden.

In der Phase, in der Kontrollpunkt <7> durchlaufen wird, müssen die Ziele mit einer „relativen Genauigkeit" erreicht werden. Als Anhaltspunkte können die folgenden Vorgaben gelten.

Zielbereich	*Genauigkeit des Ziels*
- Hilfsaggregateleistungsaufnahme	± 5 %
- Kraftstoffverbrauch	± 5 %
- Leistungsverlust über das Abgassystem	± 5 %

geschäftliche Aspekte	*Genauigkeit des Ziels*
- variable Kosten ermittelt	± 10 %
- Investitionskosten	± 10 %

Die Arbeits- bzw. Ressourcenplanung ist ebenfalls in den Gesamtentwicklungsplan einzubeziehen. Fehlen die nötigen Arbeitsmittel zu dem Zeitpunkt, zu dem sie gebraucht werden, kann das Programm nicht entsprechend den einzelnen Abnahmekriterien durchgeführt werden. Anhand der Programmkontrollpunkte kann die Grobplanung für die Entwicklungsarbeiten erfolgen. Zur Feinplanung für die nahe Zukunft dienen sog. Ressourcenprofile. Diese unterteilen sich wiederum in Profile für die einzelnen Bereiche, z.B. Konstruktion oder Beschaffung (von Prototypenteilen). Dem jeweiligen Kontrollpunkt entsprechend, müssen die Ressourcen für die analytische Konstruktion (Konstrukteure mit CAD-Stationen) sowie für die CAE-Anwendungen (CAE-Spezialisten inkl. Computerausrüstung) und später auch die Prüfstandsplanung miteinbezogen werden.

Im Zuge der Gesamtplanung dürfen Störungen im Entwicklungsprozeß nicht außer acht gelassen werden. Zwischen Theorie und Praxis gibt es selten Deckungsgleichheit. So wird es kaum ein Programm geben, daß ohne unvorhergesehene

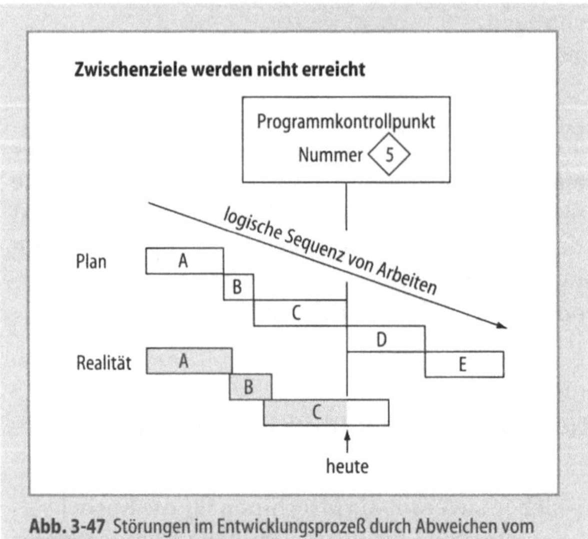

Abb. 3-47 Störungen im Entwicklungsprozeß durch Abweichen vom Zeitplan

Störeinflüsse von außen ablaufen kann. Abbildung 3-47 zeigt den Kontrollpunkt <5>, bei dessen Bearbeitung festgestellt wird, daß ein Zwischenziel nicht erreicht wurde. Der Plan gibt die logische sequentielle Abarbeitung der Einzelaktivitäten von A nach E vor. In der Realität sieht es bereits bei Aktivität A so aus, daß dieser Teil des Programms länger dauerte als vorgesehen, was wiederum Auswirkungen auf die nachfolgenden Aktivitäten hat. Zum Kontrollzeitpunkt ist der Teil C noch nicht abgeschlossen, obwohl der Plan bereits den Beginn des Teils D vorsieht.

Jetzt gibt es verschiedene Möglichkeiten, die Störung im Entwicklungsprozeß zu eliminieren oder – falls dies nicht möglich ist – zu minimieren. Die gezeigten Auswege sind aber nicht nur von Vorteil, sondern bergen auch erhebliche Nachteile in sich.

Maßnahmen	*Auswirkungen*
1. Folgeaktivitäten werden im selben Maß verschoben	– Verschiebung des Job 1 – Verschiebung der Aktivitäten in Parallelabteilungen – neue Ressourcenprofile passen nicht mehr zur Ressourcenbereitstellung
2. logische Sequenzen werden nicht eingehalten, Arbeiten finden parallel statt	– Erhöhung des Risikos, Fehler zu spät zu entdecken, Tests wiederholen zu müssen, bestellte Werkzeuge oder Prototypenteile verschrotten zu

	müssen, im Extremfall späte Verschiebung des Job 1 – Reduzierung der Qualität
3. Umplanung der Folgeaktivitäten (kürzer, andere Sequenz), um nach kurzer Zeit wieder den Originalplan zu erreichen	– oft nicht möglich (wenn der Ausgangsplan schon zeit- und ressourcenoptimiert war) – erhöhter Bedarf an Ressourcen (Mitarbeiter, Material, Einrichtungen) – eventuell Reduzierung der Qualität

Verschieben sich wie in 1. alle Folgeaktivitäten, und nimmt man in Kauf, daß das neue Fahrzeug z.B. nicht im Frühjahr, sondern erst im Herbst auf den Markt kommt, ist das zwar möglich, aber für den Verkauf i.d.R. nicht akzeptabel. Werbung, Pressemeldungen und andere Aktivitäten haben sich auf das Frühjahr konzentriert; wird dieser Termin nicht gehalten, ist mit großen Verlusten zu rechnen. Da in der Motorenentwicklung sehr viele Projekte gleichzeitig laufen, hätte eine Verschiebung von Aktivitäten in andere Abteilungen zur Folge, daß dort eine Kettenreaktion eintritt, die wiederum andere Projekte gefährdet.

Die Nichteinhaltung der logischen Sequenzen in 2. kann eine hohe Fehlerquote mit sich bringen. Müssen bestellte Teile verschrottet werden, ist der finanzielle Verlust groß, wenn man bedenkt, daß ein Prototypenmotor zwischen 100 000,– und 300 000,– DM kosten kann. Ebenso können zusätzliche Kosten für Werkzeugänderungen (im Extremfall sogar die Neuerstellung des Werkzeugs) anfallen. Das Ergebnis kann im ungünstigsten Fall – genau wie bei 1. – eine Verschiebung des Job 1 sein. Eine Reduzierung der Qualität ist immer auszuschließen, da sonst vorgegebene Qualitätskriterien von vornherein nicht eingehalten werden können.

Am sichersten erscheint die Umplanung von Folgeaktivitäten, die kürzer ausfallen oder in anderen Sequenzen ablaufen können. In den meisten Fällen ist aber der Ausgangsplan schon zeitoptimiert, so daß hier kaum noch Möglichkeiten bestehen. Trotz eines erhöhten Bedarfs an Mitarbeitern, Ressourcen, Einrichtungen und Material kann es auch hier u.U. zu einer Beeinträchtigung der Qualität kommen.

Was passiert, wenn Ziele während des Programms verändert werden? Der Entwicklungsprozeß soll flexibel sein, damit auf Kundenwünsche bzw. Anforderungen, die durch Mitbewerber kommen, reagiert werden kann. Dennoch ist eine neue Zielsetzung eine Störung im Entwicklungsprozeß und verlangt eine Modifikation außerhalb der vereinbarten Modifikationsfreiheit (Abb. 3-48). Die Folge wäre, daß Testergebnisse, Berechnungen und bereits durchgeführte Arbeiten in den unterschiedlichen Abteilungen unbrauchbar würden. So könnte z.B. die Getriebeabteilung nicht ohne Konsequenzen für den rechtzeitigen Beginn von Job 1 reagieren, wenn mitten in der Entwicklung eines Getriebes das Drehmoment des Motors deutlich höher wird, z.B. durch Hubraumvergrößerung oder Aufladung.

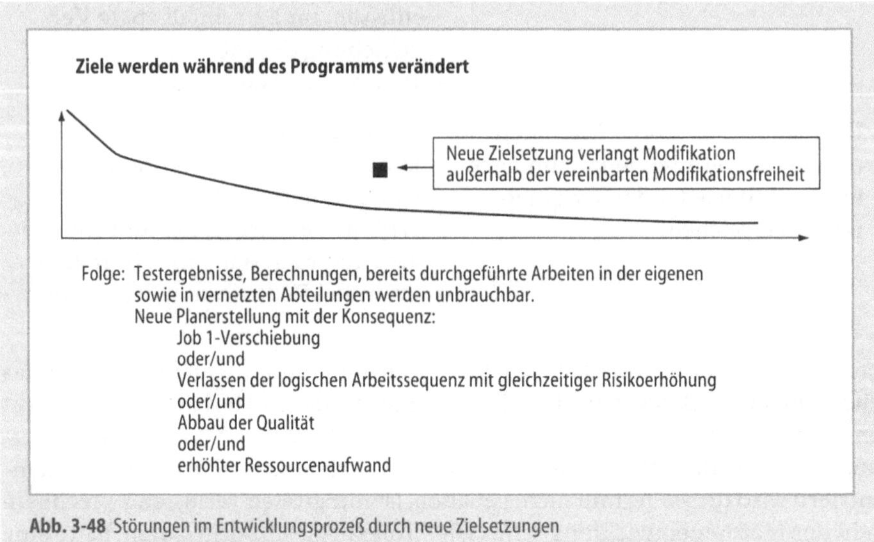

Abb. 3-48 Störungen im Entwicklungsprozeß durch neue Zielsetzungen

Hieraus ergibt sich der Anspruch, schon während der Programmplanung eine auf zukünftige Anforderungen ausgerichtete Zielsetzung so zu definieren, daß nach Möglichkeit Veränderungen außerhalb der vereinbarten Modifikationsfreiheit auszuschließen sind.

3.2.2 Interne Entwicklungs- und Fertigungsplanung

Wichtigster Bestandteil sowohl der internen als auch der externen Entwicklungs- und Fertigungsplanung ist die frühe simultane Zusammenarbeit von Entwicklungs- und Fertigungsingenieuren. Schon in der Layoutphase muß der Konstrukteur die fertigungstechnischen Belange berücksichtigen, d.h., es findet bereits ein Aushandeln bzw. Optimieren der Konstruktion statt, das auf die Funktion des jeweiligen Bauteils gerichtet ist. Gleichzeitig werden Anforderungen der Fertigung einbezogen, die auf robuste und kostengünstige Prozesse abzielen. Als Beispiel soll im folgenden das Layout eines Zylinderkopfes aus der Sichtweise des Konstrukteurs mit der des Fertigungsprozeß-Ingenieurs verglichen werden.

Die von der Produktentwicklung gewünschte Konstruktion eines Zylinderkopfes für einen Zweiventiler ist auf der linken Seite in Abb. 3-49 zu erkennen. Die Zahlen 1–7 zeigen die verschiedenen Bearbeitungsebenen an. Für sieben Bearbeitungsebenen wird eine entsprechend große Anzahl von Maschinen benötigt, die wiederum hohe Investitionen erforderlich macht.

Der Vorschlag der Fertigung sieht dagegen nur zwei Bearbeitungsebenen vor. Um zu erreichen, daß der Zylinderkopf so hergestellt werden kann, daß die Anforderungen beider Seiten – Produktentwicklung und Fertigung – berücksich-

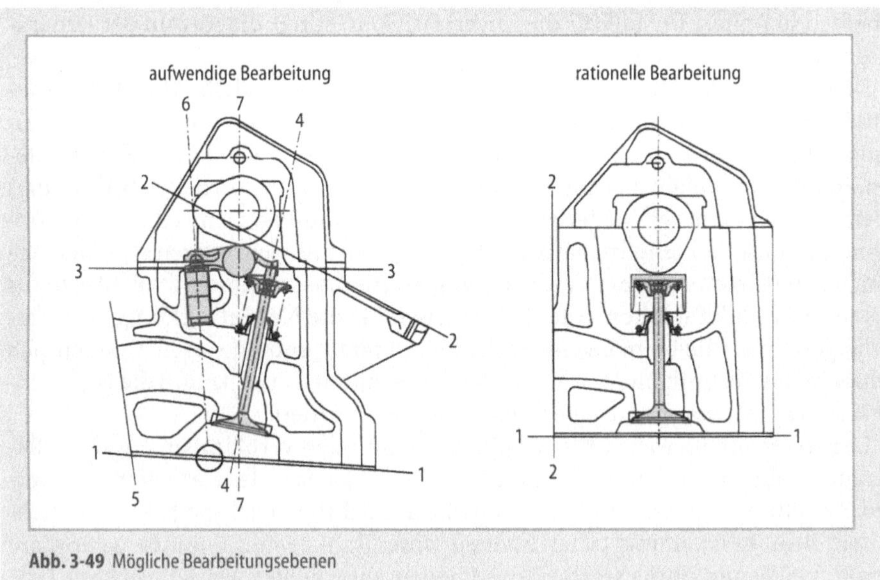

Abb. 3-49 Mögliche Bearbeitungsebenen

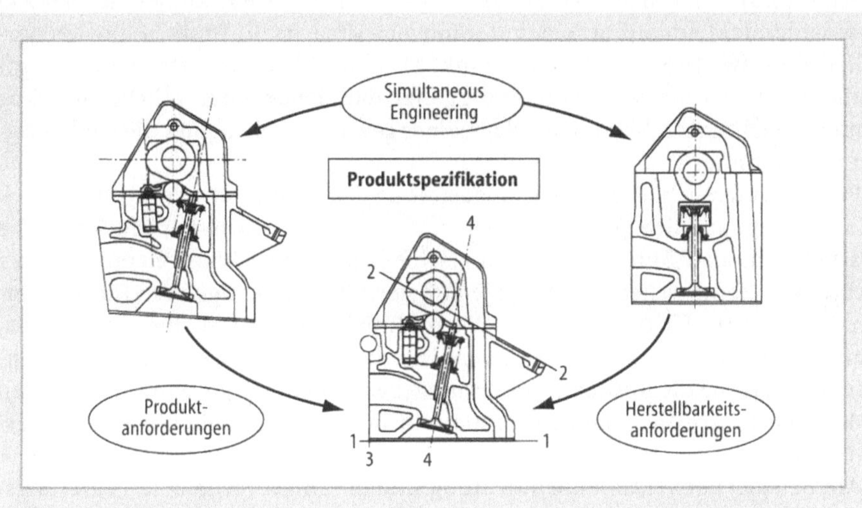

Abb. 3-50 Optimierungsprozeß

tigt werden können, ist ein Kompromiß erforderlich. Die Anforderungen sowohl an das Produkt als auch an dessen Herstellbarkeit lassen vier Bearbeitungsebenen zu (Abb. 3-50). In dieses Ergebnis fließt auch der Qualitätsanspruch ein, der zunächst von einem „absolut zuverlässigen" Fertigungsprozeß bestimmt wird. Das erste Teil, das produziert wird, muß die gleiche Qualität erreichen wie das millionste Teil. Fehler, die in der Vergangenheit aufgetreten sind, müssen mit der neuen Produktlinie vermieden werden. Hier spielt die Zuverlässigkeit eine entscheidende Rolle. Ein Maß für die Zuverlässigkeit ist z. B. die Anzahl der Reparaturen pro 1000 Einheiten.

Diesen Grad der Qualitätsplanung macht Abb. 3-51 deutlich. Alle Motorreparaturen, in Untersysteme aufgeteilt, werden für ein Produkt A aus eigener Fertigung mit einem Produkt B aus einer Fremdfertigung verglichen. So läßt sich ablesen, an welchen Stellen das Eigenprodukt besser (Struktur, Kurbeltrieb, Kühlung) oder nur unwesentlich schlechter (Ventiltrieb, Zündung, Gemischbildung) abschneidet. Entscheidend ist, daß damit auch größere Abweichungen sichtbar werden, wie in diesem Fall bei den Dichtungen. Hieraus lassen sich Soll-Werte für das neue Produkt ableiten. Alle Zielvorgaben für die Neuentwicklung sind besser angesetzt als sie beim eigenen oder beim Fremdprodukt waren. Obwohl sich Fehler in der Technik nicht 100prozentig ausschließen lassen, muß die Null-Fehler-Strategie als übergeordnetes Ziel angestrebt werden.

Um zu ermitteln, weshalb z. B. bei den Dichtungen verhältnismäßig viele Reparaturen aufgetreten sind, muß eine Analyse des Ist-Standes vorgenommen werden. Abbildung 3-52 zeigt die eventuellen Ölundichtigkeiten und Fehlermöglichkeiten, die in Erscheinung treten können. Unter Punkt 1 sind T-Joints zusammengefaßt, bei denen drei verschiedene Ebenen abgedichtet werden müssen (vgl. Abschn. 3.1.6). Toleranzen, wie sie bei Großserien auftreten, können hierbei von entscheidender Bedeutung sein und somit eine Ursache für Undichtigkeiten darstellen. Eine zweite Schwachstelle (Punkt 2) ist der Ölstand in der Zylinderkopfhaube, welche so auf dem Zylinderkopf sitzt, daß die dort befindliche Dichtung immer mit Öl beaufschlagt wird. Nach einer gewissen Zeit ist hier die Undichtigkeit programmiert.

Punkt 3 untersucht die Materialausdehnung. Auch wenn sowohl Zylinderblock als auch -kopf aus Grauguß hergestellt sind, besteht die Zwischenbrücke für die Ansaugkanäle aus Aluminium. Die unterschiedlichen Ausdehnungen müssen über Dichtungen kompensiert werden, die ihrerseits zu Undichtigkeiten führen können. Ein weiteres Kriterium ist die Wärmeeinleitung, die z. B. durch die Abgaskrümmer hervorgerufen werden kann. Hierdurch werden Temperaturgradienten aufgebaut, die die Ausdehnung der umgebenden Bauteile negativ beeinflussen und wodurch u. U. die zulässige Temperatur in der Ventilhaubendichtung überschritten wird.

Am Beispiel der Ventilhaubendichtung sind die eingebrachten Verbesserungsmaßnahmen zu erkennen (Abb. 3-53). Die beiden Aussparungen im Dichtungsmaterial haben zur Folge, daß sich hinter der ersten Abdichtebene noch eine zweite befindet. Das Trägerblech stellt sicher, daß die Dichtung immer richtig montiert wird. Die Dichtungsfunktion wird zusätzlich mit einer Körperschall-Entkopplung kombiniert.

In Abb. 3-54 finden sich links die Fehlerquellen aus Abb. 3-52 wieder. Die Mängel der Vergangenheit wurden in der Neukonstruktion (rechts) berücksichtigt und beseitigt. So ist Fehler 3 insofern behoben, als auch die Zylinderköpfe aus Aluminium gefertigt werden, so daß kein unterschiedlicher Ausdehnungskoeffizient zwischen den Materialien auftreten kann.

Zuverlässigkeit Reparaturen/1000	Ist-Stand A Eigenprodukt	B Fremdprodukt	… etc.	Soll neues Produkt
Struktur	3,00	4,00		2,00
Kurbeltrieb	0,30	1,00		0,50
Ventiltrieb	1,20	1,00		1,00
Dichtungen	16,50	5,00		2,00
Kühlung	1,60	2,00		1,00
Schmierung	2,50	2,50		1,00
Zündung	2,00	1,00		1,00
Gemischbildung	7,50	6,00		5,50
Total	34,60	22,50		14,00

alle Werte fiktiv

Abb. 3-51 Qualitätsplanung

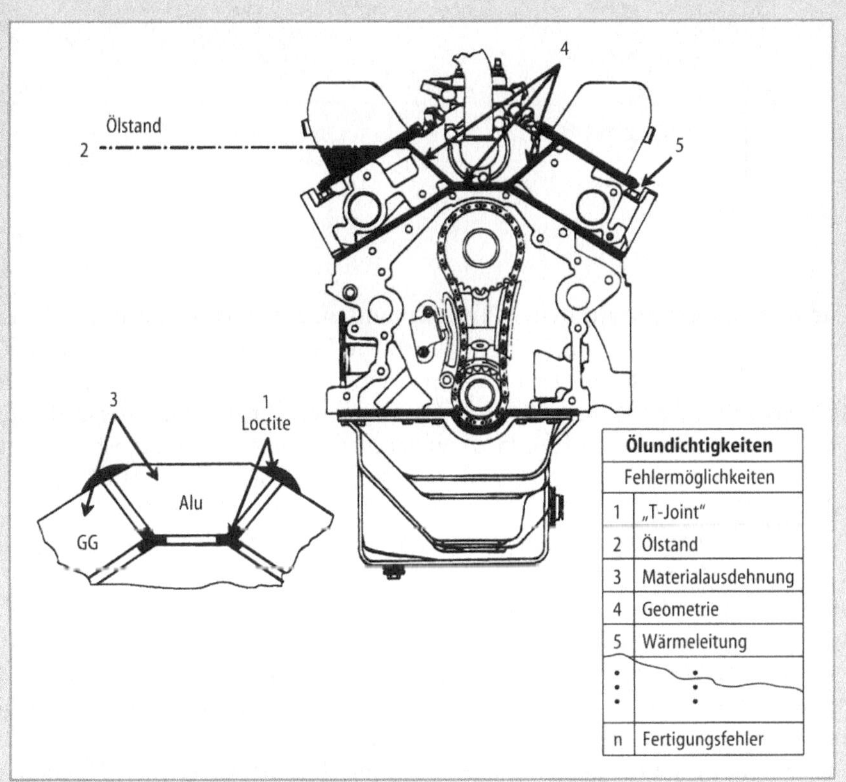

Abb. 3-52 Analyse des Ist-Standes für die Qualitätsplanung

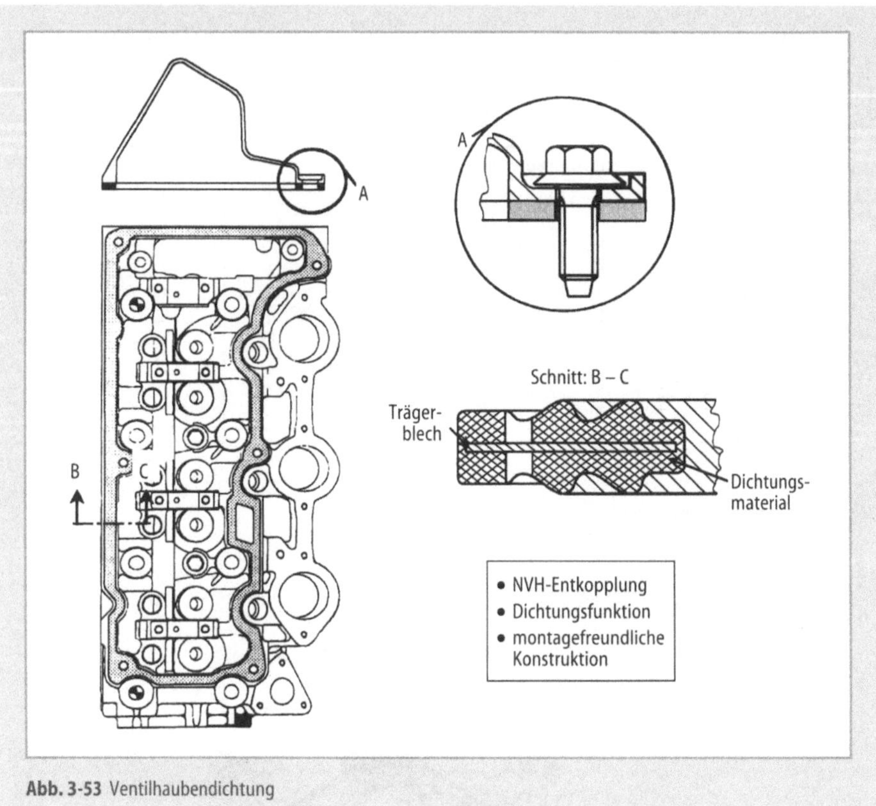

Abb. 3-53 Ventilhaubendichtung

Die Zielvorgabe für ein neues Produkt muß zu einer „Optimierung" führen. Der ständige Vergleich mit dem Wettbewerb, die Gegenüberstellung der Produktmerkmale, der Qualität, der Fertigungsprozesse und Kosten wird unter dem Begriff *Benchmarking* zusammengefaßt. Hiernach werden alle Planungsziele ausgerichtet, um klassenbeste Standards zu erreichen. Dieser Vorgang ist nicht singulär, sondern ein ständiger Prozeß, bei dem jeder Schritt einzeln betrachtet werden muß.

Anhand des Planungsziels Produktivität werden in Abb. 3-55 die Fertigungszeit einzelner Motorteile sowie die Montage des Motors untersucht. Die Zielvorgabe wird aufgrund von Benchmarking für verschiedene Fertigungslinien (A–D) festgelegt. Hierbei sind sowohl Fertigungslinien aus dem eigenen Haus als auch die von Konkurrenzunternehmen gemeint. Im vorliegenden Fall kann eine höhere Kapazität erzielt werden, wenn die Richtzeit z. B. mit 2,3 Stunden für die gesamte Motorfertigung vorgegeben ist und alle bisherigen Zeiten bei 3–4 Stunden lagen. Eine höhere Produktivität wird auch durch einen geringeren Flächenbedarf erzielt. Wie bei allen Planungszielen ist hier der Vergleich der verschiedenen Unternehmen der Ausgangspunkt für das Benchmarking (Abb. 3-56).

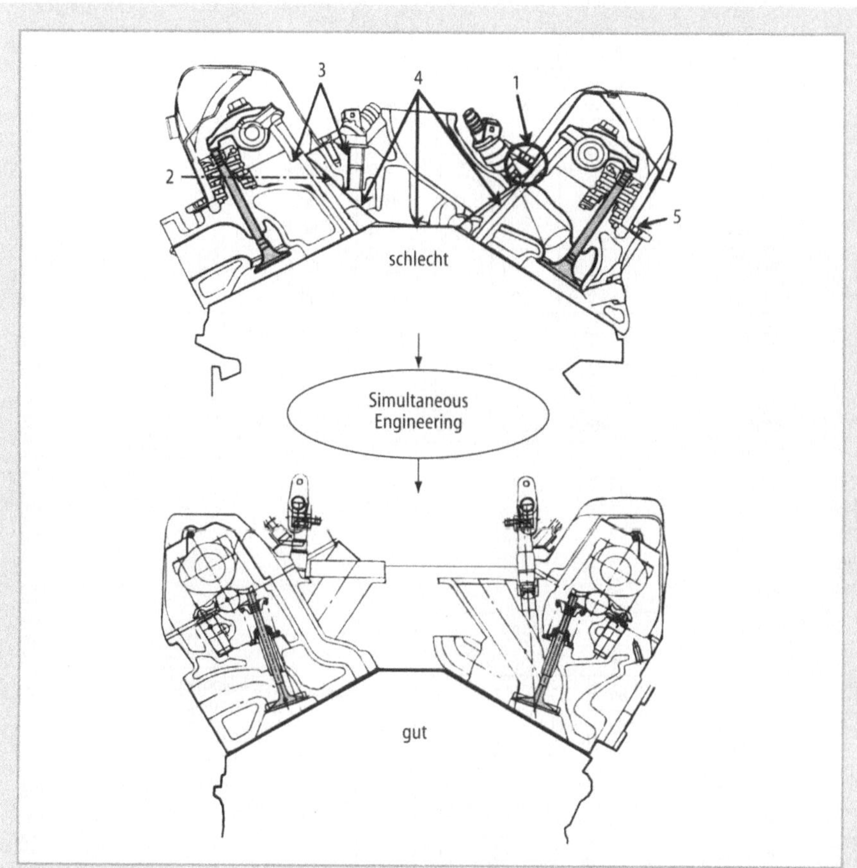

Abb. 3-54 Optimierte Dichtungssysteme

Fertigungslinie \ Firma	Fertigungszeit [Std.]				
	A	B	C	D	
Zylinderblock	0,19	0,22	0,20	0,17	0,16
Zylinderkopf	0,18	0,19	0,19	0,15	0,15
Kurbelwelle	0,19	0,24	0,20	0,12	0,16
Nockenwelle	0,12	0,22	0,14	0,13	0,10
Pleuel	0,14	0,18	0,16	0,11	0,10
Motormontage	1,63	2,05	1,85	1,23	1,25
Indirekte Funktionen	0,55	0,88	0,76	1,09	0,38
Total	**3,00**	**4,00**	**3,50**	**3,00**	**2,30**

Zielvorgabe Benchmark

Fertigungszeit Stunden/Motor

alle Werte fiktiv

Abb. 3-55 Planungsziel: Fertigungszeit

Fertigungslinie \ Firma	Flächenbedarf [m²]				
	A	B	C	D	
Zylinderblock	4300	4000	3400	4400	2800
Zylinderkopf	2800	3100	2700	3500	2500
Kurbelwelle	4600	4500	2300	3000	2000
Nockenwelle	3500	3400	1200	1500	1000
Pleuel	1300	1200	900	1200	700
Motormontage	8000	7000	5900	7500	5000
Sub.-total	**24500**	**23200**	**16400**	**21100**	**14000**
Servicebetriebe	6500	5300	4800	6100	4000
Wege	7000	7900	3800	4200	3500
Total	**37000**	**36400**	**25000**	**31400**	**21500**

alle Werte fiktiv

Zielvorgabe Benchmark (→ 21500)

Abb. 3-56 Planungsziel: Flächenbedarf

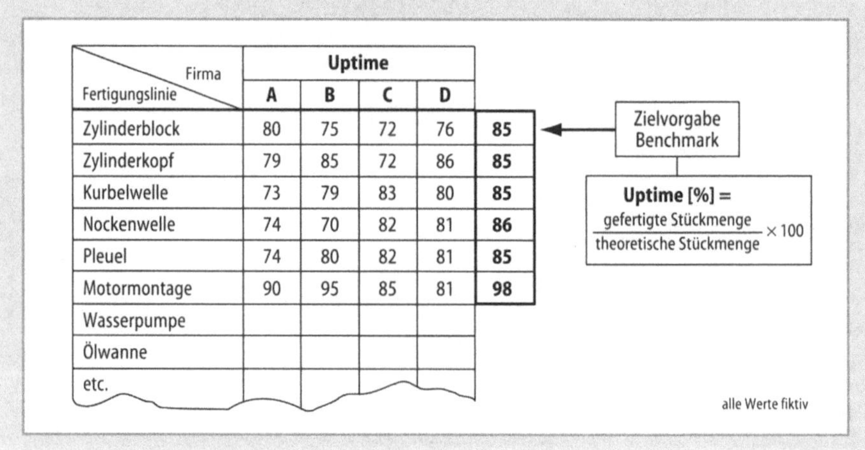

Fertigungslinie \ Firma	Uptime				
	A	B	C	D	
Zylinderblock	80	75	72	76	**85**
Zylinderkopf	79	85	72	86	**85**
Kurbelwelle	73	79	83	80	**85**
Nockenwelle	74	70	82	81	**86**
Pleuel	74	80	82	81	**85**
Motormontage	90	95	85	81	**98**
Wasserpumpe					
Ölwanne					
etc.					

Abb. 3-57 Planungsziel: Uptime

Für die Auslegung der Fertigungseinrichtung ist der erreichbare Wirkungsgrad der Fertigung ausschlaggebend. Üblicherweise wird hierfür das aus dem englischen Sprachgebrauch abgeleitete Wort *Uptime* verwendet. Die Definition für Uptime ist der Quotient aus gefertigter Stückmenge und theoretischer Stückmenge multipliziert mit 100 %. Die Zielvorgaben liegen wiederum höher als bei bisherigen Fertigungseinrichtungen. Die Motormontage soll bei 98 % Zeitauslastung liegen (Abb. 3-57).

Abbildung 3-58 zeigt einen Vergleich zwischen japanischen und europäischen Fertigungsstraßen über einen Zeitraum von zehn Jahren. Bei den europäischen

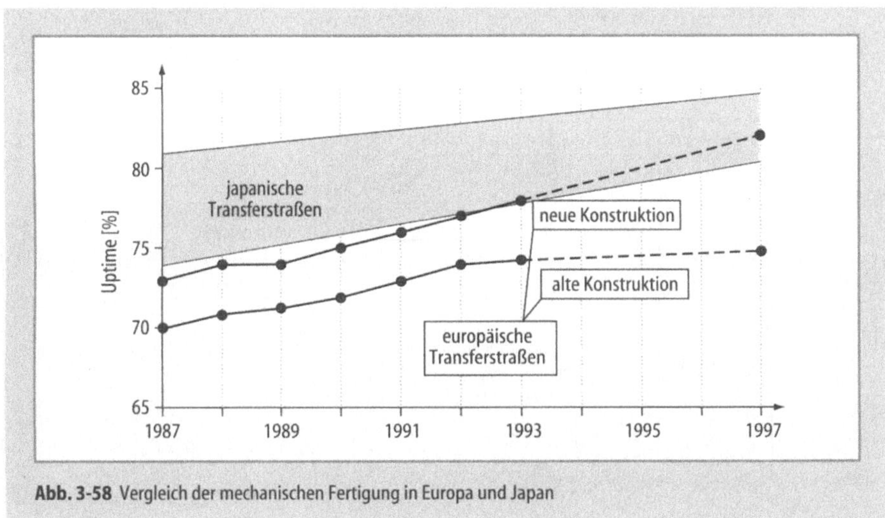

Abb. 3-58 Vergleich der mechanischen Fertigung in Europa und Japan

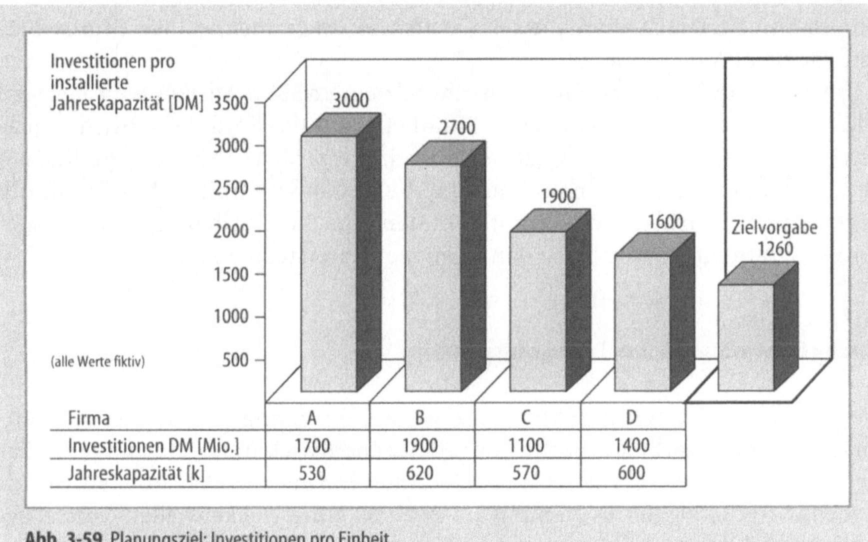

Firma	A	B	C	D
Investitionen DM [Mio.]	1700	1900	1100	1400
Jahreskapazität [k]	530	620	570	600

Abb. 3-59 Planungsziel: Investitionen pro Einheit

Transferstraßen wird zwischen neuen Konstruktionen und bereits vorhandenen Anlagen (alte Konstruktionen), die im Laufe der Jahre überarbeitet wurden, unterschieden. Generell läßt sich erkennen, daß die Uptime der japanischen Einrichtungen über der der europäischen liegt. Erst neuere Anlagen ab ca. 1993 erreichen die Uptime-Werte der japanischen Fertigungslinien.

Ein weiteres wichtiges Planungsziel sind die Investitionen pro Einheit (Abb. 3-59). Vier Unternehmen werden hinsichtlich ihres Gesamtinvestitionsvolumens und ihrer Jahreskapazität untersucht. Daraus ergeben sich die Jahresinvestitio-

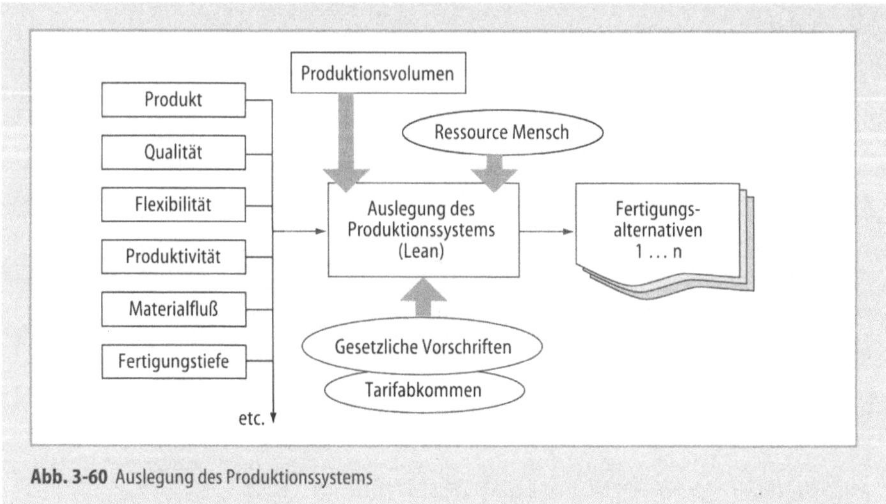

Abb. 3-60 Auslegung des Produktionssystems

nen pro Einheit. Die Zielvorgabe sieht auch hier ein geringeres Investitionsvolumen vor als bislang erreicht.

Um das Produktionssystem entsprechend dem Produktionsvolumen auslegen zu können, müssen die untersuchten Parameter, wie das Produkt selbst, die Qualität, Flexibilität und Produktivität, berücksichtigt werden (Abb. 3-60). Einfluß auf die Auslegung haben auch Bedingungen, die das äußere Umfeld bestimmt, z.B. gesetzliche Vorschriften und Tarifabkommen. Aus diesen Überlegungen entstehen Fertigungsalternativen, die dann genauer untersucht werden müssen.

3.2.3 Externe Entwicklungs- und Fertigungsplanung

Entsprechend der internen Entwicklungs- und Fertigungsplanung ist die frühzeitige Zusammenarbeit zwischen der Motorenentwicklung/-fertigung und der Fertigung des Zulieferers bzw. Unterlieferanten von enormer Wichtigkeit. Im folgenden wird diese externe Planung am Beispiel eines Nockenwellen-Verstellsystems betrachtet.

Abbildung 3-61 zeigt eine Übersicht der Ressourcen sowohl für die Entwicklung als auch für die Produktion. Das Projektmanagement überwacht nicht nur das Gesamtumfeld im Zusammenhang mit der Motorenentwicklung, sondern auch die Abstimmung zwischen Konstruktion, Tests, elektronischer Regelung und Verifizierung sowie der Motorenendmontage. Diese Hauptverantwortung muß als Kernkompetenz im eigenen Unternehmen verbleiben.

Dem Projektmanagement untergeordnet ist ein Systemlieferant, der die Verantwortung für Konstruktion, Vor- und Serienentwicklung sowie Montage dieses speziellen Systems trägt. Er liefert das Nockenwellensystem als komplette Einheit, die in den Motor integriert wird. Um diese Einheit zu erhalten, läßt sich der

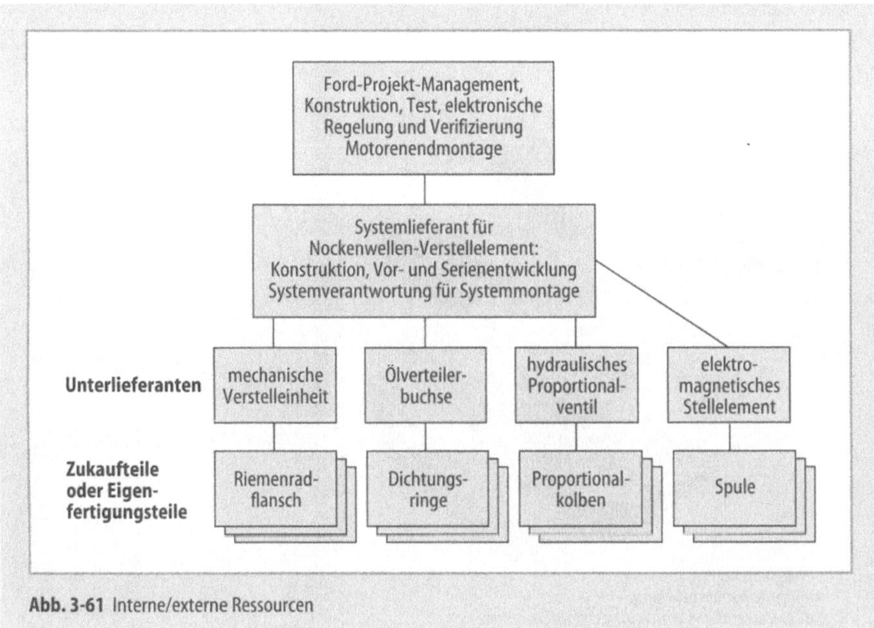

Abb. 3-61 Interne/externe Ressourcen

Systemlieferant einzelne Teile zuliefern. In der Verantwortung der Unterlieferanten liegt wiederum, auf welche Art und Weise sie z. B. das elektromagnetische Stellelement erhalten, ob in Eigenfertigung oder durch sog. Zukaufteile.

In Abb. 3-62 ist eine Nockenwellen-Verstelleinheit zu sehen, die auf der Einlaßnockenwelle eines 1,6-l-DOHC-Motors verwendet wird. Diese VCT-Einheit (Variable Cam Timing) besteht aus zwei Segmenten mit Schrägverzahnung, wodurch die Verdrehung der Nockenwelle erreicht wird. Je nach Auslegungskriterien läßt sich die Nockenwelle relativ zur Kurbelwelle und damit unabhängig von der Motordrehzahl oder der Last verstellen, was zu einer Optimierung des Motorverhaltens führt. Dies verdeutlicht das Diagramm in Abb. 3-63, in dem Drehmoment und Leistungskurve mit optimierten Einlaßsteuerzeiten im Vergleich zu Standardsteuerzeiten ohne VCT dargestellt sind. Die optimierten Einlaßsteuerzeiten durch Verdrehen der Einlaßnockenwelle bewirken einen Drehmomentzuwachs im gesamten Drehzahlbereich.

Die variable Nockenwellenverstellung bietet darüber hinaus weitere Vorteile:

- Absenkung des Kraftstoffverbrauchs und damit des CO_2-Ausstoßes,
- Reduktion der CO-, HC- und NO_X-Rohemissionen,
- Verbesserung der Leerlaufqualität,
- Potential zur Absenkung der Leerlaufdrehzahl,
- extrem schnelle Anpassung der Abgasrückführrate im Transientbetrieb.

Es gibt verschiedene Möglichkeiten, wie man eine variable Ventilsteuerung auslegen kann. Entscheidet man sich, wie in Abb. 3-64 ablesbar, für eine Verdrehung

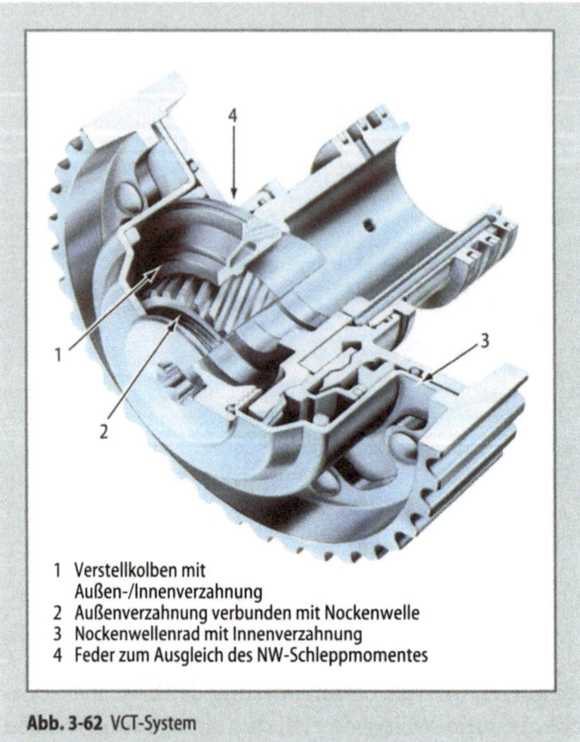

Abb. 3-62 VCT-System

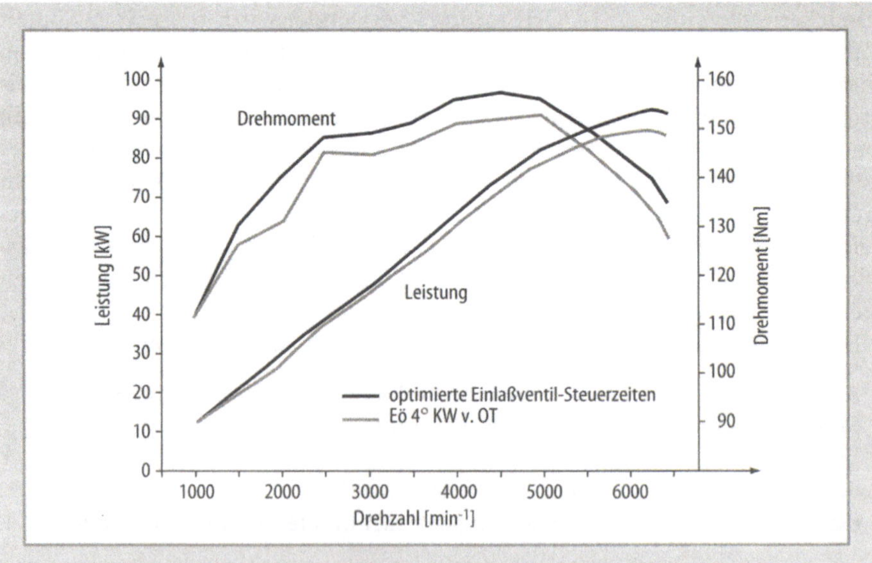

Abb. 3-63 Drehmoment- und Leistungskurven für optimierte (mit VCT) und „feste" Einlaß-Steuerzeiten

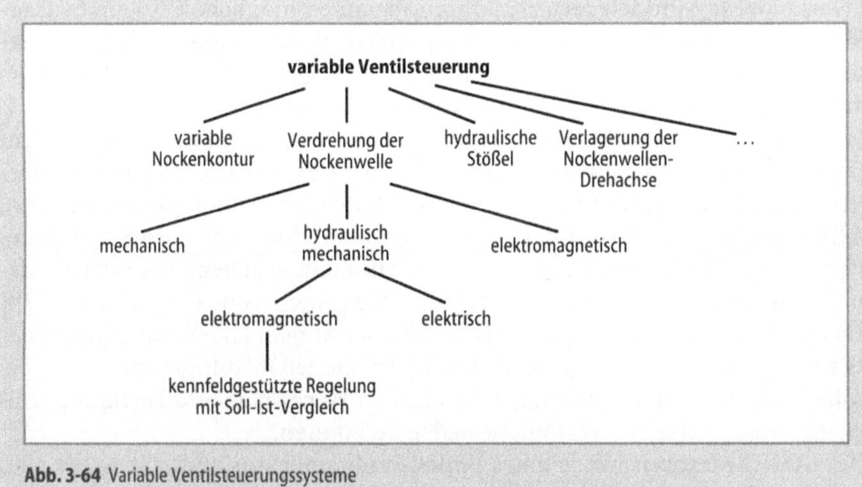

Abb. 3-64 Variable Ventilsteuerungssysteme

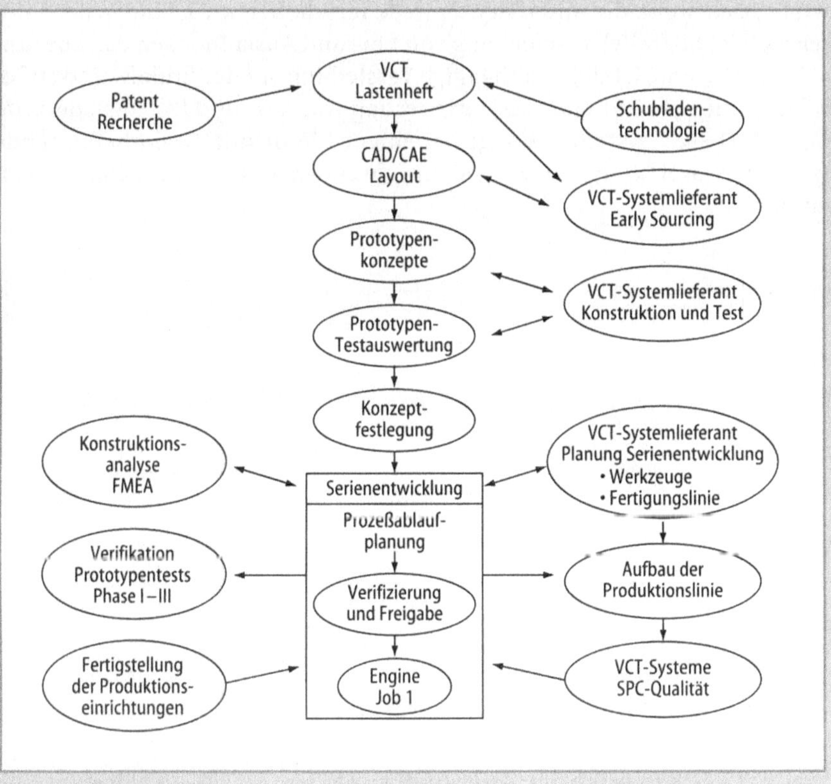

VCT Lastenheft
Patent Recherche
Schubladen-technologie
CAD/CAE Layout
VCT-Systemlieferant Early Sourcing
Prototypen-konzepte
VCT-Systemlieferant Konstruktion und Test
Prototypen-Testauswertung
Konzept-festlegung
Konstruktions-analyse FMEA
Serienentwicklung
VCT-Systemlieferant Planung Serienentwicklung
• Werkzeuge
• Fertigungslinie
Prozeßablauf-planung
Verifikation Prototypentests Phase I–III
Verifizierung und Freigabe
Aufbau der Produktionslinie
Fertigstellung der Produktions-einrichtungen
Engine Job 1
VCT-Systeme SPC-Qualität

Abb. 3-65 VCT-Entwicklungsprozeß

der Nockenwelle, sind wiederum mehrere Varianten möglich. Wird ein hydraulisch/mechanisches System gewählt, kann dieses elektromagnetisch oder elektrisch geregelt werden. Die elektromagnetische Regelung kann kennfeldunterstützt und mit einem Soll/Ist-Vergleich ausgestattet werden.

Wie der Entwicklungsprozeß für ein solches System aussieht, verdeutlicht Abb. 3-65. Die Erstellung eines Lastenheftes (Abb. 3-73) wird durch Patentrecherchen (Anmeldung eigener Patente) und sog. Schubladentechnologien unterstützt. Parallel dazu sollte es bereits in dieser frühen Phase Kontakte zum Systemlieferanten geben, um einerseits Verbesserungsmaßnahmen seitens des Systemlieferanten umsetzen zu können und andererseits die gemeinsame Entwicklung frühzeitig zu starten. Ausgehend vom Lastenheft kommt man über erste Prototypentests zu einer Konzeptfestlegung. Während der Prozeßablaufplanung ist der Systemlieferant ständiger Partner, um die eigenen Werkzeuge und Fertigungslinien planen und später zur Verfügung stellen zu können.

Bei DOHC-Motoren mit je einer Einlaß- und einer Auslaßnockenwelle sind grundsätzlich vier verschiedene Konzepte der Nockenwellenverstellung denkbar. In der linken oberen Darstellung von Abb. 3-66 wird die Einlaßnockenwelle verschoben, so daß sich eine größere Ventilüberschneidung ergibt. Der gleiche Effekt wird erzielt, wenn die Auslaßnockenwelle verschoben wird. Eine weitere Möglichkeit stellt die Parallelverschiebung von Ein- und Auslaßnocken dar. Die funktional beste Variante ist die unabhängige Verstellung auf der Einlaß- und auf der Auslaßseite, die eine individuelle Optimierung von Aus- und Einlaßsteuerzeiten ermöglicht. Dieses System verlangt bei einem Motor mit zwei obenliegenden Nockenwellen zwei komplette Verstelleinrichtungen und ist damit entsprechend kostenintensiv.

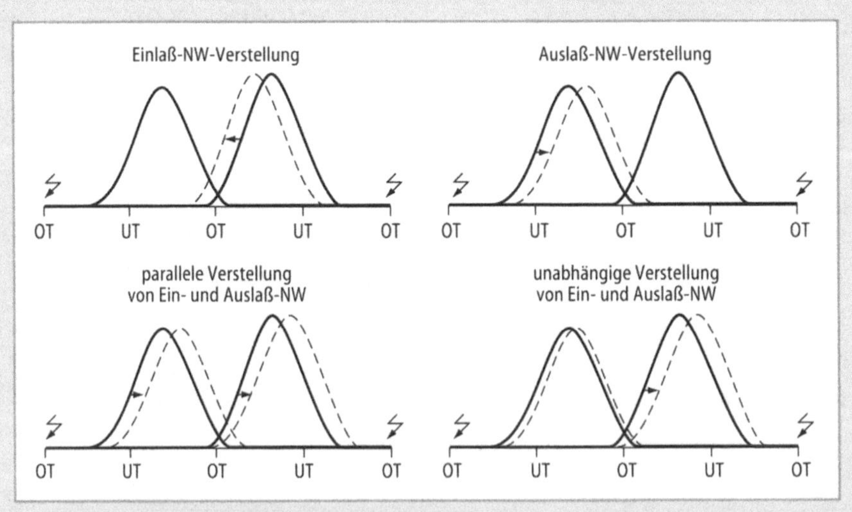

Abb. 3-66 Konzepte für Nockenwellenverstellung beim DOHC-Motor

Zum gleichen Resultat kommt man bei der Auswertung von Tabelle 3-5, in der wichtige Entscheidungskriterien betrachtet werden. Läßt man die – bis auf die Kosten – ideale Variante beiseite, gestattet ein Vergleich zwischen Einlaß- und Auslaß-Nockenwellenverstellung interessante Rückschlüsse. Bei der Einlaß-Nokkenwellenverstellung ist die Drehmomentüberhöhung der entscheidende Pluspunkt. Alle anderen Bewertungsparameter fallen bei der Auslaß-Nockenwellenverstellung günstiger aus. Abbildung 3-67 zeigt die Vorteile der Auslaß-Nockenwellenverstellung anhand einer Ladungswechselverlust-Analyse. Die Ladungswechselschleife im oberen Diagramm ist im unteren Teil noch einmal vergrößert dargestellt. Man erkennt die Verlängerung der Expansionsphase infolge des späteren Auslaß-Öffnens, d.h., es wird mehr positive Arbeit am Kolben geleistet.

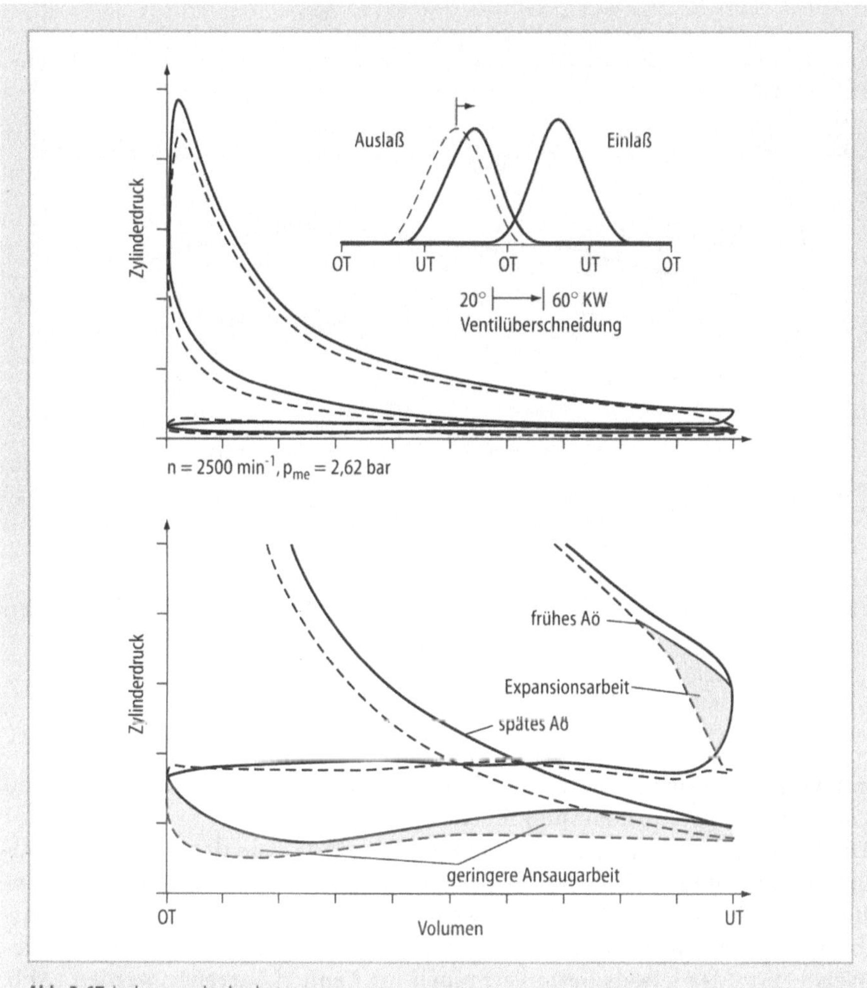

Abb. 3-67 Ladungswechselverluste

Tabelle 3-5 Variable Ventilsteuerung durch Verdrehung der Nockenwelle beim DOHC-Motor

	Einlaß-NW	Auslaß-NW	Ein- und Auslaß-NW parallel	Ein- und Auslaß-NW unabhängig
Drehmoment	+ +	o (+)	+	+ +
Verbrauch	+	+ +	+ +	+ + +
NO_x	+ +	+ + +	+ + +	+ + +
HC	+	+	+	+
Leerlauf	+ +	+ +	o	+ +
Kosten	–	–	– –[1)]	– – –

Bewertung: – – – – – – o + + + + + + (negativ … positiv)

[1)] Kettenbetrieb von Einlaß- zur Auslaß-NW erforderlich

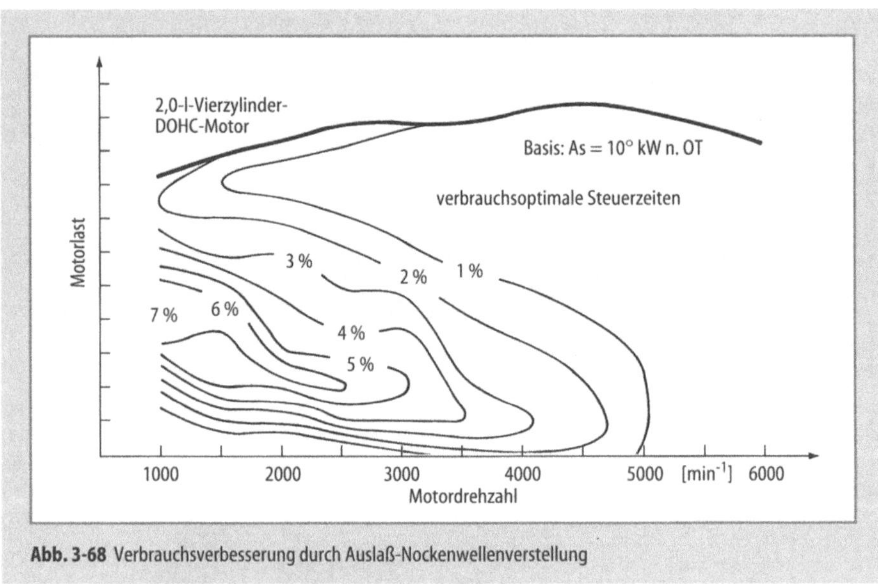

Abb. 3-68 Verbrauchsverbesserung durch Auslaß-Nockenwellenverstellung

Durch Vergrößerung der Ventilüberschneidung steigt der Saugrohrdruck an, und die negative Saugrohrarbeit nimmt ab.

Die Bilder 3-68 und 3-69 verdeutlichen – ausgehend von den verbrauchsoptimalen Steuerzeiten – die unterschiedlichen Auswirkungen des Auslaßnockenwellen-Verstellsystems anhand eines 2,0-l-Vierzylindermotors. Die Verbrauchsverbesserung in den einzelnen Kennfeldern liegt zwischen 1 % und 7 %. Auf diese Weise kann der jeweils beste Verbrauch im Kennfeld erreicht werden (Abb. 3-68). Bei einer mittleren Motorlast und einer mittleren Drehzahl beträgt die

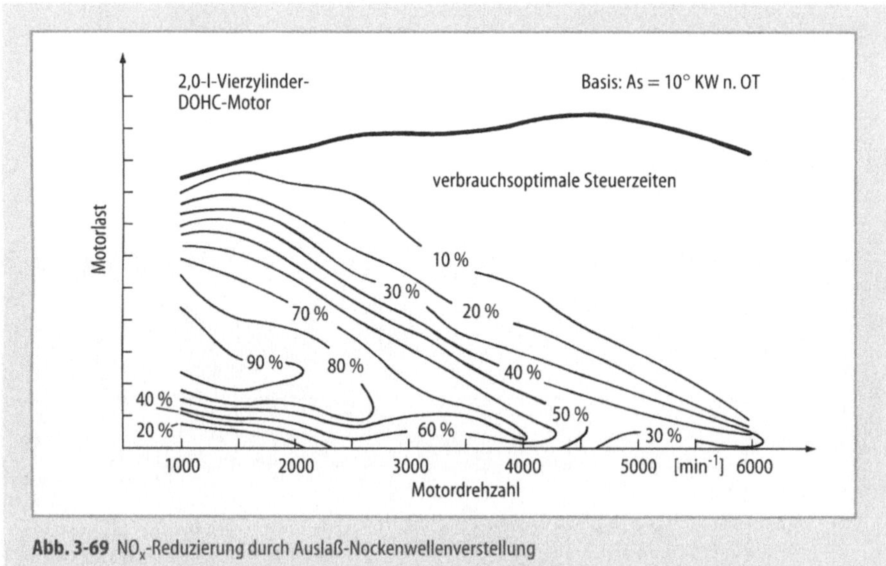

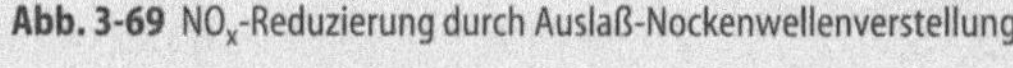
Abb. 3-69 NO_x-Reduzierung durch Auslaß-Nockenwellenverstellung

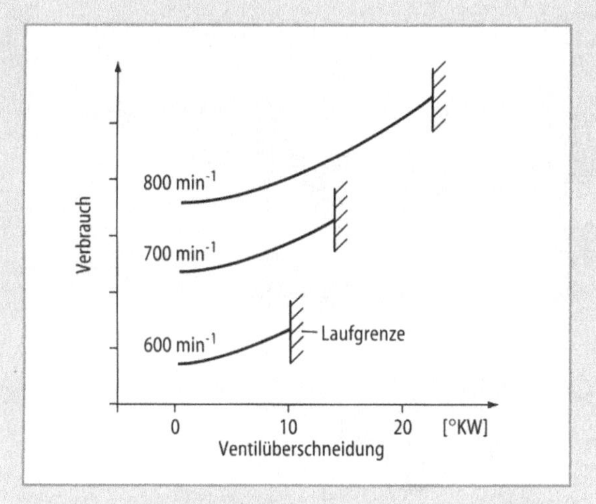

Abb. 3-70 Leerlaufdrehzahlabsenkung durch Auslaß-Nockenwellenverstellung

NO_x-Reduzierung etwa 70 %. Wie man sieht, lassen sich die Rohemissionen um bis zu 90 % senken (Abb. 3-69). Auch der Verbrauch im Leerlauf kann verringert werden. Bei drei unterschiedlichen Leerlaufdrehzahlen ist der Verbrauch jeweils bis zur Laufgrenze angegeben. So stellt sich z.B. bei der Absenkung der Ventilüberschneidung von 20° auf 0° bei 800 min^{-1} eine signifikante Verbrauchsreduzierung ein (Abb. 3-70). Darüber hinaus besteht die Möglichkeit, die Leerlauf-

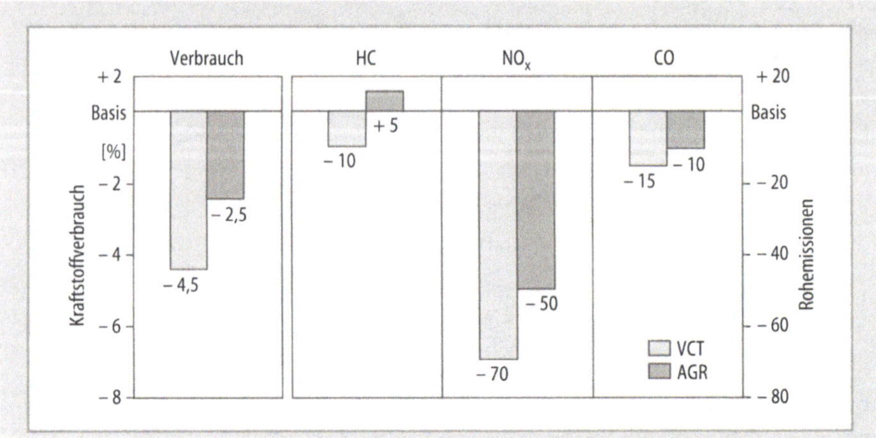

Abb. 3-71 Verbrauchs- und Rohemissionsverbesserung durch Auslaß-Nockenwellenverstellung (VCT) im Vergleich zur Abgasrückführung (AGR)

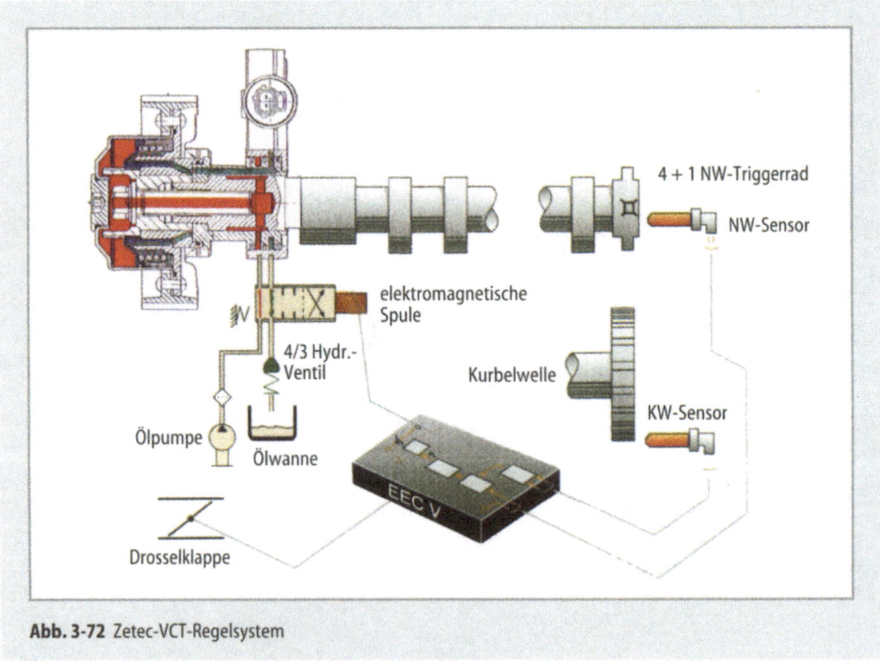

Abb. 3-72 Zetec-VCT-Regelsystem

Drehzahl abzusenken. Bei einer Ventilüberschneidung von 0° Kurbelwellenwinkel ist der Motor noch mit einer Leerlaufdrehzahl von 600 min^{-1} mit ausreichendem Abstand zur Laufgrenze zu betreiben.

Abbildung 3-71 zeigt das Verbrauchs- und Rohemissions-Absenkungspotential der Auslaß-Nockenwellenverstellung anhand der Ergebnisse von Simulationsrechnungen. Diese geben den Fahrzeugbetrieb im neuen europäischen Fahrzyklus wieder. Verglichen werden hier die Auslaß-Nockenwellenverstellung und die externe Abgasrückführung in das Plenum des Ansaugsystems. In allen Vergleichsfällen schneidet das VCT-System, das eine interne Abgasrückführung bewirkt, bedeutend besser ab als die externe Abgasrückführung.

Der Aufbau eines solchen VCT-Regelsystems ist in Abb. 3-72 zu erkennen. Eingabegrößen sind das Nockenwellen-Triggersignal vom Nockenwellensensor, die Kurbelwinkelsignale vom Kurbelwellensensor und das Drosselklappen-Positionssignal. Die Ausgabegröße (Steuersignal) wirkt auf die elektromagnetische Spule und steuert entsprechend das 4/3-Hydraulikventil. Die entstehende Verschiebung des Kolbens bewirkt die interne Verdrehung der Nockenwelle in Relation zur Kurbelwelle.

Abbildung 3-73 zeigt auszugsweise das VCT-Lastenheft in der Ausführung für einen 2,0-l-Vierzylinder-DOHC-Motor. Hier müssen sowohl die allgemeinen Anforderungen als auch die Bedingungen für die Zuverlässigkeit genau formuliert sein. Aus der Erfüllung dieser Anforderungen setzt sich letztendlich die Gesamtkonstruktion zusammen.

Aufgabenstellung:

Entwicklung eines Nockenwellenverstellers auf der Basis eines 2,0-l-Vierzylinder-DOHC-Motors

Anforderungen:

- auslaßseitige Verstellung
- hydraulisch betätigter Axialkolben
- Drehverstellung über zwei Schrägverzahnungspaare
- Ölversorgung aus Motorkreislauf
- kontinuierliche Winkeleinstellung der Nockenwelle
- Ansteuerung von Motorelektronik
- keine Beeinflussung der Ventildynamik
- minimale Konstruktionsänderungen am Motor

Verstellwinkel	60° Kurbelwinkel
Einstellgenauigkeit	1° Kurbelwinkel
Verstellzeit	< 1 s (Kühlwassertemperatur ab 60 °C)
Öldruck	< 1 bis 8 bar

Zuverlässigkeit:

Lebensdauer	> 10 Jahre
Schaltzyklen	> 10^7 Hübe
Notlaufposition (Ausfallschutz)	kleine Ventilüberschneidung
Betriebstemperatur	− 29 °C bis + 150 °C

Abb. 3-73 VCT-Lastenheft

3.2.4
Ressource Mensch

Die Umsetzung der Kundenwünsche geschieht mit technischem Know-how, mit Hilfe von CAE, CAD, CAM und Prüfständen. Dies ist ohne die Mitarbeiter des Unternehmens, die Menschen, die dahinterstehen, nicht zu leisten. Im innovativen Unternehmen hat der Mensch einen neuen Stellenwert erhalten. Er ist vom Produktionsfaktor in den 20er Jahren dieses Jahrhunderts zum Potentialfaktor geworden. Jeder Mitarbeiter bringt nicht nur die Kraft seiner Hände in das Unternehmen ein, sondern auch seinen Kopf, in dem ein Potential steckt, das für das Unternehmen von Nutzen ist. Unter dem Strukturwandel, dem die Weltwirtschaft unterliegt, ergeben sich neue Herausforderungen an die Unternehmen. Forderungen und Veränderungen wie

- Globalisierung,
- Lean Production, Lean Management,
- japanische Herausforderung,
- politischer Umbruch im Osten und
- Diskussion um den Standort Deutschland

rufen bei den Unternehmen neue Bedürfnisse hervor. Zur Bewältigung der gestiegenen Komplexität wirtschaftlicher Prozesse müssen sich die Firmen eines hohen Leistungsbeitrags aller Mitarbeiter versichern. Es ist Teamarbeit gefragt, die sich so auswirkt, daß der vom Konstrukteur vorgegebene Prozeßablauf kein Dogma ist, sondern auch die vom „Mitarbeiter am Band" vorgeschlagenen Verbesserungen des Ablaufs akzeptiert und integriert werden. Diese Vorgehensweise kommt auch den Bedürfnissen der Mitarbeiter entgegen, die sich in das Unternehmen „einbringen" wollen. Jeder hat den Wunsch nach Selbstverwirklichung, möchte an seinem Arbeitsplatz Sinnvolles leisten und im gesamten Gestaltungsprozeß verantwortlich handeln. Ist der Mitarbeiter am Band gehalten, lediglich seine Arbeit zu tun, auch wenn er weiß, wie man sie besser machen könnte, ist er als mitdenkender Teil des Unternehmens verloren.

Im Rahmen der Globalisierung wird die Notwendigkeit des Einsatzortwechsels des Mitarbeiters durch Förderung der Bereitwilligkeit des Mitarbeiters erfüllt.

Eines der Ziele eines modernen Unternehmens ist es heute, ein lernendes Unternehmen zu werden. Das ist erreichbar, indem folgende Prämissen beachtet werden:

- starke Kundenorientierung,
- flache Hierarchien,
- interdisziplinäres Arbeiten im Team,
- Entscheidungen von Experten,
- Prozeßorientierung mit kontinuierlicher Weiterentwicklung.

Die Kundenorientierung ist die Grundvoraussetzung für die Entscheidungen eines produzierenden Unternehmens. Wenn der Kunde einen preiswerten Kleinwagen für die Fahrt zum Arbeitsplatz und zurück haben möchte, wird er i. d. R. auf einen teuren Sechszylinder mit variabler Nockenwellenverstellung verzichten.

Flache Hierarchien erleichtern den Informationsaustausch und das Umsetzen von als richtig erkannten Maßnahmen. Interdisziplinäres Arbeiten hat den gleichen Effekt wie das anerkannte Mitdenken des Mitarbeiters am Band. Ohne die Fähigkeit, im Team zu arbeiten, können Konstrukteure, Mechaniker, Elektroniker und alle anderen am Projekt Beteiligten, komplexe Systeme heute nicht mehr schnell und kostengünstig umsetzen. Hier sind Schulungen und motivierende Maßnahmen besonders wichtig.

Entscheidungen sollten nicht von „oben" getroffen werden. Es genügt nicht, daß das Management eine Beurteilung vornimmt; die entsprechenden Experten - unabhängig von der Hierarchieebene - müssen zu Rate gezogen werden, um Fehlentscheidungen zu vermeiden. Der ständige Verbesserungsprozeß hört nicht mit dem Abschluß eines Projekts auf, sondern setzt sofort nach oder besser noch während dieses Projekts ein, damit für den Ablauf des nächsten weitere Verbesserungen vorgenommen werden können.

Die Rolle des Mitarbeiters hat sich gewandelt. Er soll sich nicht nur als Befehlsempfänger sehen, sondern das Gefühl haben, für „seine" Firma zu arbeiten. Das Wir-Gefühl motiviert ihn, mitzudenken und Verbesserungsvorschläge anzubringen, die auch Beachtung finden. Er läßt sich von folgenden Überlegungen leiten:

- Ziele bestimmen die Tätigkeiten,
- unternehmerisches Denken und Handeln,
- aktives Agieren,
- verantwortlicher „Subunternehmer",
- Nutzenorientierung, Mehrwert schaffen,
- Herausforderungen suchen.

Wichtig ist es, den Mitarbeiter in alle Fragen, die die Entwicklung eines neuen Fahrzeugs betreffen, einzubeziehen, seine eventuellen Einwände ernst zu nehmen und Vorschläge aufzugreifen. Wenn der Mitarbeiter aktiv tätig werden kann und darf, trägt dies zum Abbau bürokratischer Hürden, die in einem großen Unternehmen naturgemäß auftreten, bei. Agiert er als sog. Subunternehmer, ist die Verantwortung des einzelnen viel höher als bei bürokratischem Denkverhalten.

Das innovative Unternehmen setzt in erster Linie Vertrauen in seine Mitarbeiter. Es stellt einerseits hohe Ansprüche, bietet andererseits aber gute Möglichkeiten dafür, diese zu erfüllen und sich mit dem Produkt, das gefertigt werden soll, zu identifizieren. Merkmale für ein innovatives Unternehmen sind daher:

- Kunden- und Qualitätsorientierung,
- partnerschaftliche Führungsmodelle,
- Teamarbeit mit hoher Eigenverantwortlichkeit,
- Projektarbeit in flachen Hierarchien,
- Konzept der Kapital- und Gewinnbeteiligung.

Konzepte der Kapital- und Gewinnbeteiligung werden in den USA weitaus mehr anerkannt und praktiziert als in Deutschland. Über die Gewinnausschüttung in Form von Aktienpaketen oder -optionen partizipiert der Mitarbeiter direkt am Erfolg des Unternehmens und wird so motiviert, seinen Teil dazu beizutragen.

Flache Hierarchien sind deshalb so bedeutsam, weil auf diese Weise Informationen schneller dorthin gelangen, wo sie benötigt und umgesetzt werden. Die direkte Kommunikationskette von „oben nach unten", aber auch umgekehrt, darf nicht durch „Filter" unterbrochen werden. Fördert ein Unternehmen eigenverantwortliche Projektarbeit, gibt es seinen Mitarbeitern die Möglichkeit, zu lernen und sich weiterzuentwickeln. Zu einem motivierenden Umfeld gehören daher:

- umfassende Information,
- sinnvolle, ganzheitliche Aufgaben,
- permanente Förderung der Weiterbildung,
- Förderung der Persönlichkeitsentwicklung,
- Erfolge ermöglichen,
- Fehler als Lernchance sehen.

Es stört die Unternehmenskultur erheblich, wenn das Management z. B. die langfristige Strategie des Unternehmens entwickelt, der Mitarbeiter aber nur unzureichende Kenntnis davon erhält. Für ihn ist es genauso wichtig zu erfahren, wie sein Umfeld in den nächsten Jahren aussehen und ob sein Arbeitsplatz noch sicher sein wird. Seine Fragen erfordern Antworten, die er sich u. U. aus anderen Quellen holt, die aber falsch sein können. Das Bild, das sich der Mitarbeiter nunmehr macht, läuft dem Unternehmensbild diametral entgegen. Diese Situation ist nicht nur für den Mitarbeiter unbefriedigend.

Arbeitsaufgaben dürfen nicht so aufgesplittet sein, daß der einzelne nicht mehr erkennt, welchen Beitrag er zum Gesamtwerk geleistet hat. Er muß Erfolge erleben, die ihn motivieren, sich noch stärker „einzubringen". Liegen Wissenslücken vor, muß das Unternehmen unterstützend eingreifen und Schulungen, aber auch Weiterbildungsmaßnahmen, die die Persönlichkeitsentwicklung fördern, anbieten. Auf diese Weise kommt ein Geben und Nehmen zustande, das beiden Seiten Vorteile bringt.

Die aktive Einbeziehung aller Mitarbeiter muß daher einen festen Bestandteil der Unternehmenskultur bilden.

3.3 Produktvorentwicklung und Konzeptauswahl

In der Produktvorentwicklung wird auf der Basis eines vorläufigen Lastenheftes untersucht, welche technischen Konzepte am besten geeignet sind, die Systemziele für das Fahrzeug sowie für dessen Untersysteme, z. B. den Motor und dessen Untersysteme wie Ventiltrieb oder Kurbeltrieb, zu erfüllen.

3.3.1 Alternative Motorkonzepte

Für die Auswahl des Grundkonzepts werden verschiedene Alternativen am Beispiel von Ottomotoren untersucht. Hierzu gehören:

- Bauform/Zylinderanordnung,
- Hubvolumen,
- Zylinderzahl,
- Hub-/Bohrungsverhältnis,
- Ventilzahl,
- Ventiltriebskonzept,
- Art der Laststeuerung,
- $\lambda = 1$-Konzept,
- Magermotor,
- Zylinder bzw. Ventilabschaltung,
- Direkteinspritzung,

...

In einen Kleinwagen wird man kaum einen V6-Motor oder einen Reihen-Sechszylinder einbauen. Der gängige Vierzylinder erfordert wiederum Begrenzungen bezüglich des Hubvolumens; das Hubverhältnis beeinflußt die Bauhöhe, -länge und -breite des Motors. Entsprechend den Anforderungen an Drehmoment und Leistung wird die Ventilzahl gewählt, die wiederum bestimmend ist für das Ventiltriebskonzept.

Auch die Art der Laststeuerung hängt von bestimmten Faktoren ab. Das λ-1-Konzept ist beim Ottomotor an den Dreiwege-Katalysator gebunden. Für den Magermotor und den Direkteinspritzer-Ottomotor mit Schichtladung, d.h., den Betrieb des Motors mit Luftüberschuß, muß ein sog. Mager-Katalysator vorhanden

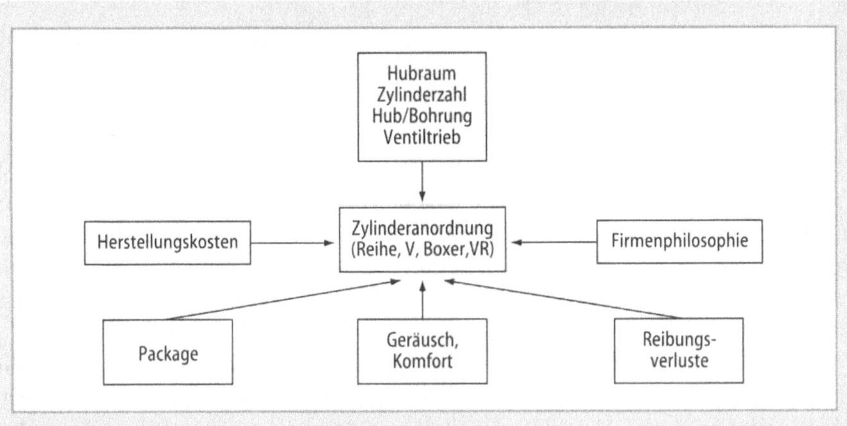

Abb. 3-74 Einflußgrößen bei der Festlegung der Zylinderanordnung

Bauart \ Zyl.-Zahl	2	3	4	5	6	8	12	16
Reihenmotor		X		X	X	X		
V-Motor						X	X	
Boxer-Motor und 180° V-Motor						X		
H-Motor								

Abb. 3-75 Verschiedene Bauformen

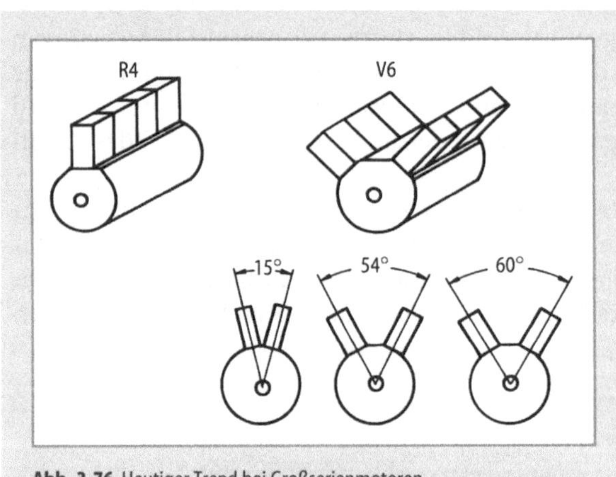

Abb. 3-76 Heutiger Trend bei Großserienmotoren

sein. Dieser weist aber noch nicht die Umsetzraten auf, die benötigt werden, um zukünftige verschärfte Abgasemissions-Gesetzgebungen zu erfüllen wie die Stufen 3 und 4 der europäischen Gesetzgebung für das Jahr 2000 und danach. Die Markteinführung des Magerkatalysators hängt u.a. davon ab, ob der Kraftstoff hinsichtlich seines Schwefelgehalts deutlich verbessert wird (unter 50 ppm).

Welche Einflußgrößen bei der Festlegung der Zylinderanordnung eine Rolle spielen, zeigt Abb. 3-74. In Abb. 3-75 sind die verschiedenen Motorbauformen aufgeführt, von denen der Vierzylinder-Reihenmotor die gängigste ist. Vermehrt werden jetzt Dreizylinder-Reihenmotoren eingesetzt. Als Sechszylinder gibt es

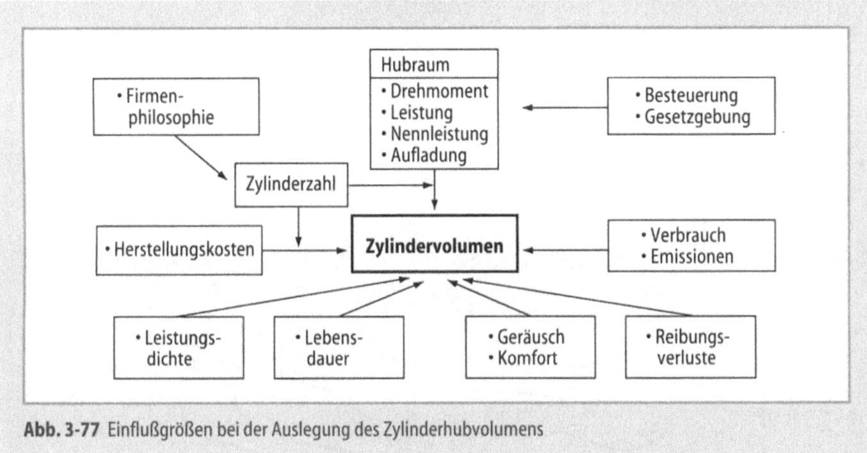

Abb. 3-77 Einflußgrößen bei der Auslegung des Zylinderhubvolumens

auch Boxermotoren, vorwiegend findet man aber V6-Motoren, die sich durch ihre besondere Kompaktheit auszeichnen. Hier haben sich verschiedene Hersteller auf unterschiedliche Winkel der Zylinderbänke konzentriert (Abb. 3-76).

Eine wichtige Größe ist die Auswahl des Hubvolumens. Auch an dieser Stelle treffen verschiedene Einflußgrößen zusammen (Abb. 3-77). In einen Mittelklassewagen lassen sich grundsätzlich Motoren mit unterschiedlichem Hubvolumen einbauen. Als Hersteller möchte man sowohl dem verbrauchsbewußten Kunden gerecht werden, der z.B. den 1,6-l-Motor bevorzugt, als auch dem sportlichen Fahrer, der sich für einen 2,5-l-Motor entscheidet. In Abb. 3-78 sind die Kennfelder für beide Motoren zu sehen. Ein bestimmter Betriebspunkt – hier 37 Nm und 2700 min^{-1} – entspricht in beiden Kennlinien einer Geschwindigkeit von 70 km/h im fünften Gang. Bei gegebener Übersetzung beträgt der Kraftstoffverbrauch beim 2,5-l-Motor 437 g/kWh und beim 1,6-l-Motor 332 g/kWh; das bedeutet einen Mehrverbrauch von 30 % beim 2,5-l-Motor. Beim größeren Motor stehen zum Beschleunigen 166 Nm zur Verfügung, beim 1,6-l-Motor dagegen nur 101 Nm; dies entspricht einem um mehr als 60 % höheren Beschleunigungspotential. Der Hersteller ist gut beraten, der beide Varianten anbietet, um sowohl den sportlichen als auch den ökonomisch denkenden Kunden zu bedienen.

Von welchen Einflußgrößen der Verbrauch abhängt, ist in Abb. 3-79 dargestellt. Es ist folgerichtig, daß Fahrzeuge mit geringem Gewicht auch geringere Hubvolumen aufweisen. Ein schweres Fahrzeug benötigt für vergleichbare Fahrleistungen eine höhere Antriebsleistung und damit mehr Hubvolumen. Das hat zur Folge, daß der Kraftstoffverbrauch sich verschlechtert. Auf der anderen Seite ist ein Trend abzulesen, der aussagt, daß der Kunde ein Fahrzeug mit geringem Kraftstoffverbrauch wünscht. Technisch bedeutet das, daß bei Kleinwagen das Fahrzeuggewicht deutlich unter 1000 kg und der Hubraum unterhalb von 1000 cm^3 liegen muß. Damit könnte ein Fahrzeug angeboten werden, das merklich weniger als 4 l/1000 km verbraucht. Dieser Trend enthält nicht nur die Aufforderung

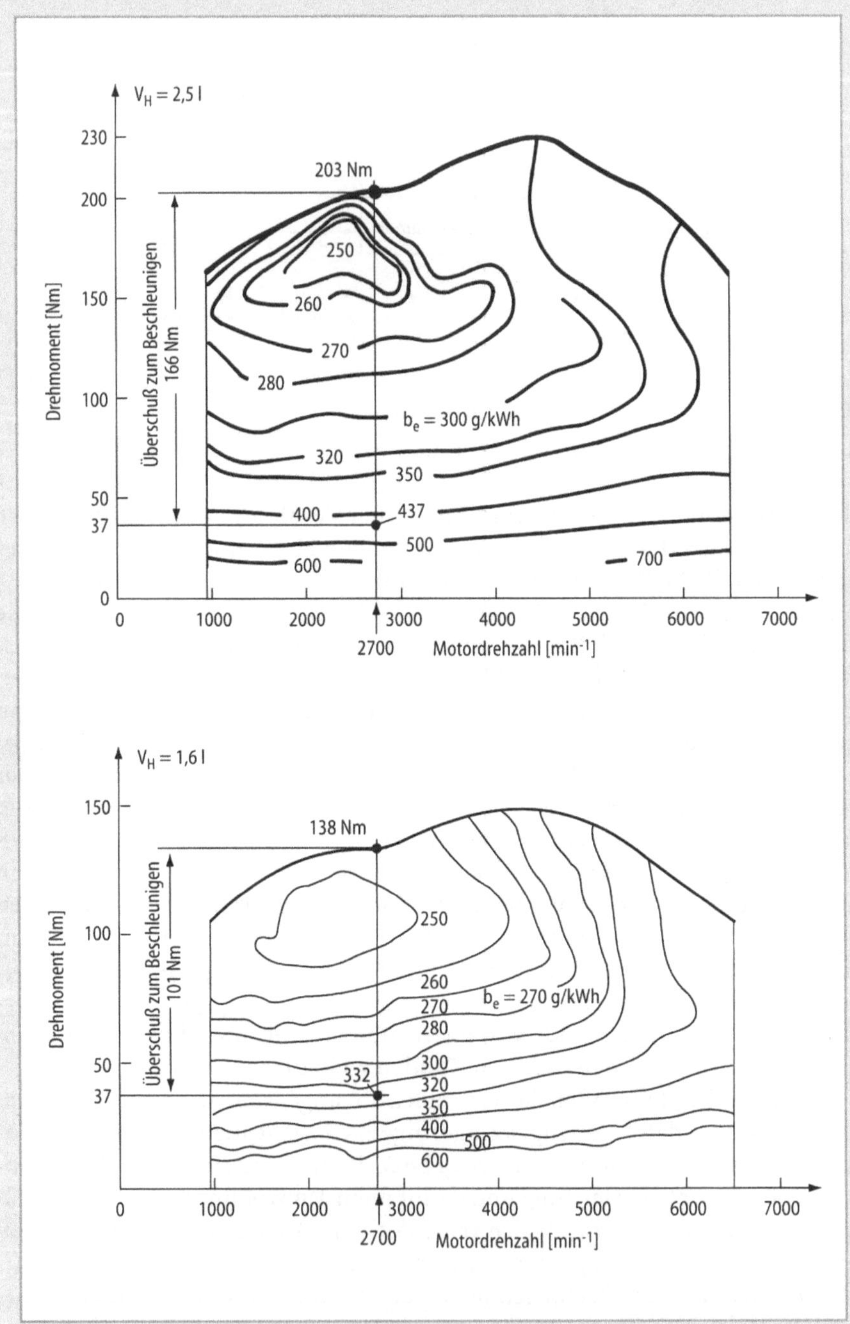

Abb. 3-78 Drehmomentreserve und Verbrauch bei gleicher Fahrgeschwindigkeit für verschiedene Motorhubvolumen

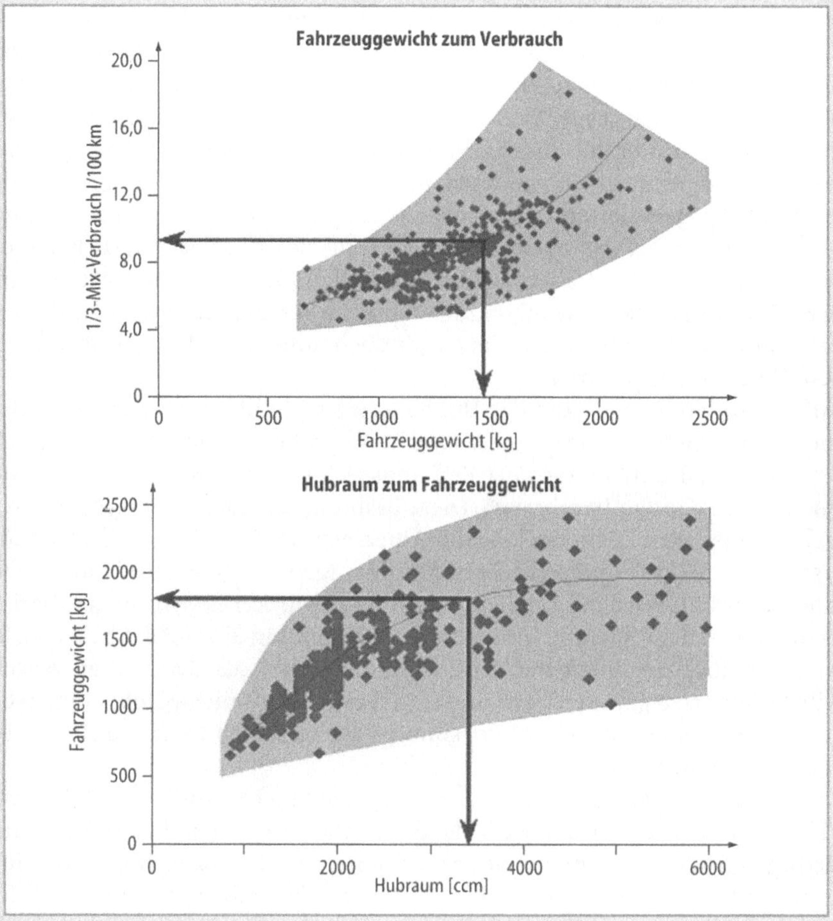

Abb. 3-79 Einfluß von Fahrzeuggewicht und Hubraum auf den Kraftstoffverbrauch

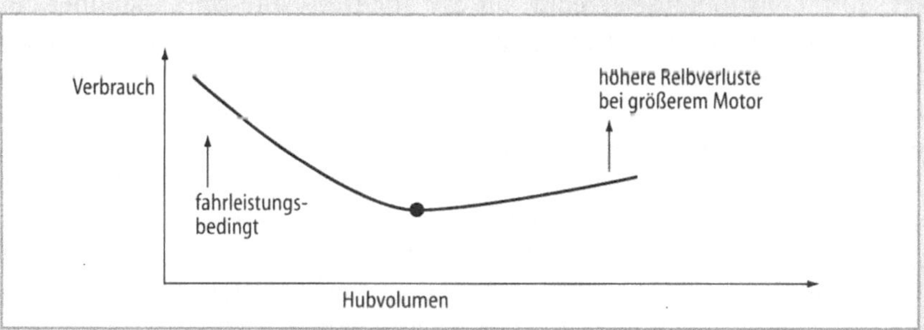

Abb. 3-80 Verbrauchsoptimiertes Hubvolumen bei identischem Fahrzeug und gleichen Fahrleistungsanforderungen

zur Weiterentwicklung im Kleinwagensegment, sondern auch den Anspruch, konsequente Verbrauchseinsparungen für alle Fahrzeugklassen durchzusetzen.

Bei gleichen Fahrzeugrandbedingungen wie Gewicht, Luftwiderstand und Rollwiderstand wird unter dem Gesichtspunkt des Kraftstoffverbrauchs ein optimales Motorhubvolumen gesucht, das ebenfalls die Fahrleistungsanforderungen erfüllt (Abb. 3-80). Unter der Randbedingung konstanter Fahrleistung ergibt sich ein verbrauchsoptimales Hubvolumen. Bei einem kleineren Hubvolumen würde sich infolge der geänderten Gesamtübersetzung der Motorbetriebsbereich ungünstig verschieben. Die Übersetzungsänderung ist jedoch erforderlich, um die Fahrleistung des Gesamtfahrzeugs beizubehalten. Ein zu kleiner Motor muß – kürzer übersetzt – bei hohen Drehzahlen und Lasten betrieben werden, die wirkungsgradungünstiger sind. Die Folgen sind ein höherer Verbrauch sowie meist höhere Geräuschemissionen.

Auf der anderen Seite kann das Hubvolumen nicht ohne weiteres vergrößert werden. Ein größerer Motor mit entsprechend größeren Bauteil- und Lagerabmessungen weist höhere absolute Reibungsverluste auf und verursacht daher einen höheren Kraftstoffverbrauch. Diese Reibungsverluste überlagern den verbrauchsmindernden Effekt der längeren Übersetzung (Getriebe- und/oder Achsübersetzung), die mit einem größeren Motor aufgrund des höheren Motordrehmoments gewählt werden kann. Darüber hinaus würden extrem lange Übersetzungen zu Anfahrproblemen führen und die Kupplung übermäßig belasten. Sie wirken sich auch ungünstig auf den Langsamkomfort aus, der im Stadtverkehr und im Staubetrieb gefordert ist. Für das verbrauchsoptimierte Hubvolumen bedeutet das, mit einem neuem Motorkonzept genau diesen Punkt zu finden, bei dem der Verbrauch minimal ist.

Das Hubvolumen hat, wie oben gezeigt, erheblichen Einfluß auf die Reibung. In Abb. 3-81 ist der Reibmitteldruck als spezifische Größe über dem Hubvolumen aufgetragen. So ist zu erkennen, wie der Reibmitteldruck mit zunehmendem Hubvolumen abnimmt. Ähnlich verlaufen die Werte beim Hub-/Bohrungsverhältnis. Die höchsten Reibwerte treten bei einem Verhältnis von 0,8 auf (kurzhubig), die niedrigsten bei 1,2 (langhubig).

Einen Kompromiß gilt es auch hier zu schließen, da auf der einen Seite ein langer Hub mehr Reibung erzeugt, auf der anderen Seite der Langhuber einen deutlich besseren inneren Wirkungsgrad erzielt. Weitere Vorteile des Langhubers sind in Abb. 3-82 zu erkennen, die ausdrückt, daß ein Hub-/Bohrungsverhältnis von 1,25 das Potential einräumt, im unteren Drehzahlbereich hohe Drehmomente zu erzeugen. Hiermit kann eine längere Getriebeübersetzung gewählt werden, die einen günstigeren Kraftstoffverbrauch erlaubt. Der Einfluß des Hub-/Bohrungsverhältnisses auf die Verbrennung ist ebenfalls zu berücksichtigen. Betrachtet man den Brennverlauf (Abb. 3-83), so läßt sich erkennen, daß der Langhuber ($s/D = 1{,}1$) höhere Umsatzraten erreicht. Bei 35° Kurbelwellenwinkel sind bereits 92 % des Brennraumvolumens von der Flammenfront erfaßt.

Nicht nur aus der Sicht des Entwicklungsingenieurs, sondern auch von der Fertigungsseite müssen die entsprechenden Einflußgrößen abgewogen und zur Ent-

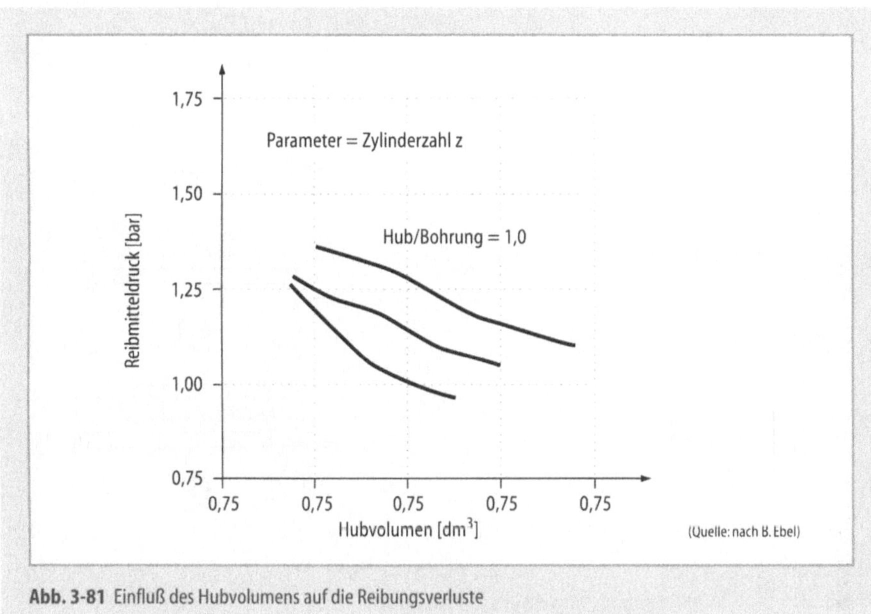

Abb. 3-81 Einfluß des Hubvolumens auf die Reibungsverluste

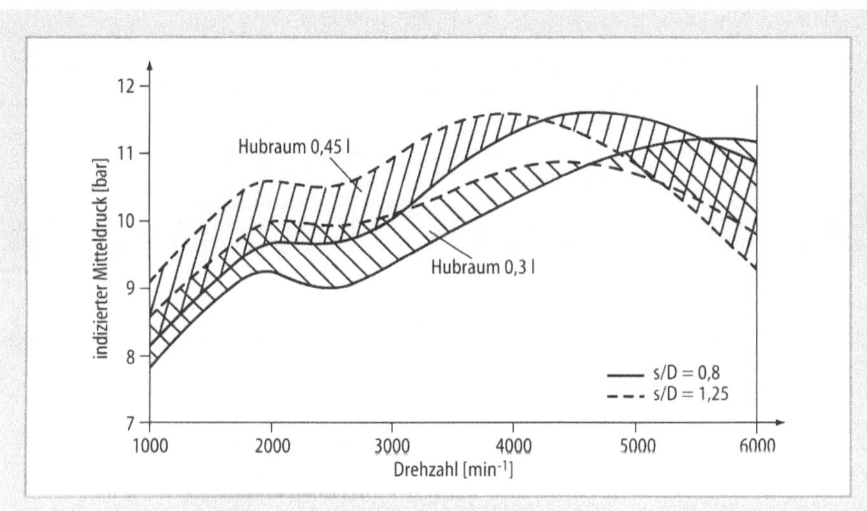

Abb. 3-82 Einfluß des Hub-/Bohrungsverhältnisses (s/D) auf den indizierten Mitteldruck bei Vollast

scheidung herangezogen werden. Betrachtet man eine Motorenfamilie mit drei verschiedenen Hubräumen (1,1–1,4 l), gibt es unterschiedliche Konzepte hinsichtlich der Fertigung. In Abb. 3-84 stehen drei Möglichkeiten zur Wahl. In der Kopfzeile sind die als konstant gewählten Parameter angegeben. Die erste Spalte zeigt die Auswirkungen auf Bohrungsdurchmesser, Blockhöhe, Pleuellänge und Hub-

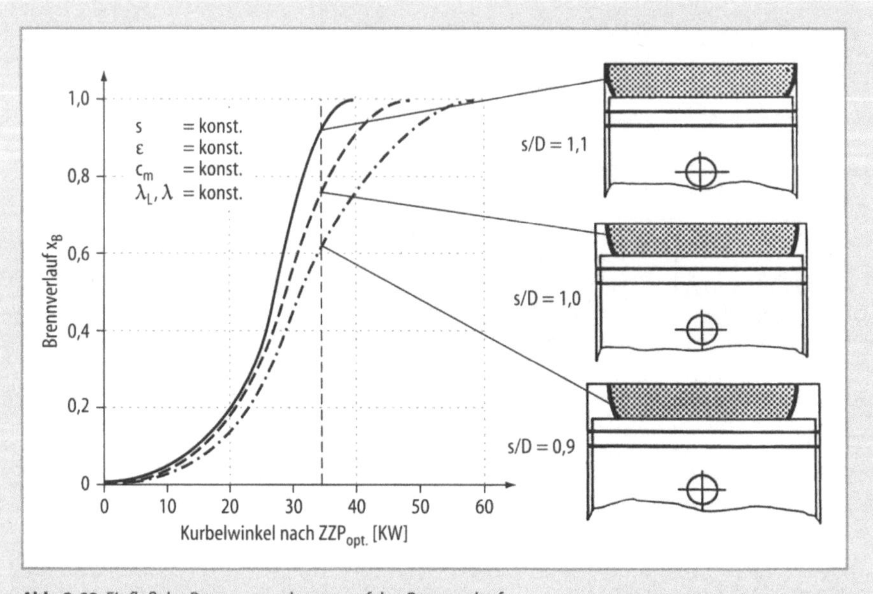

Abb. 3-83 Einfluß des Brennraumvolumens auf den Brennverlauf

	Pleuelverhältnis r/l = konst. Hub-/Bohrungsverhältnis s/D = konst.	Bohrungsdurchmesser D = konst.	Kurbelwellenhubradius R = konst.
	Bohrungsdurchmesser D1, D2, D3 Blockhöhe H1, H2, H3	Blockhöhe H1, H2, H3	Bohrungsdurchmesser D1, D2, D3
	Länge L1, L2, L3	Länge L1	Länge L1
	Hubradius R1,R2, R3	Hubradius R1,R2, R3	Hubradius R1

Abb. 3-84 Einfluß der Fertigungsstrategie auf die Hauptabmessungen (Motorenfamilie 1,1 – 1,4 l Hubraum)

radius, wenn ein konstantes Pleuelverhältnis sowie ein konstantes Hub-/Bohrungsverhältnis vorliegt. Für die Fertigung würde das bedeuten, daß bei drei Varianten in dieser Motorfamilie jeweils auch drei unterschiedliche Bohrungsdurchmesser, Blockhöhen, Radien an der Kurbelwelle sowie Pleuellängen benötigt würden. Diese Möglichkeit muß i.d.R. wegen der zu hohen Komplexität und der damit verbundenen zu hohen Investitionen ausscheiden.

Vorteile hätte ein konstanter Bohrungsdurchmesser. Bei dieser Alternative könnte die Pleuellänge gleichbleiben. Allerdings wären Blockhöhe und Hubradius wieder in drei Größen zu fertigen, was einen hohen Aufwand für die Kurbelwellenfertigung (Gießen und mechanische Bearbeitung) zur Folge hätte.

Die dritte Möglichkeit setzt auf einen konstanten Kurbelwellenhub für alle drei Hubraumvarianten der Motorenfamilie. Für die Fertigung bedeutet dies, daß drei unterschiedliche Bohrungsdurchmesser zu berücksichtigen sind. Pleuellänge und Hubradius und damit die Kurbelwelle können gleich gehalten werden. Fertigungsseitig entstehen bei dieser Alternative die geringsten Kosten, da stets die gleiche Block- und Kurbelwellenbearbeitung sowie Pleuelfertigung stattfinden kann.

Auch die Ventiltriebskonzepte lassen sich unterschiedlich bewerten, was die Parameter bewegte Masse, Steifigkeit, Reibung, Komplexität und Bauhöhe angeht (Abb. 3-85). Möchte man z.B. einen extrem sparsamen Motor mit gutem Wirkungsgrad bauen, wird die Reibung besondere Beachtung finden. In der Spalte „Reibung" ist zu erkennen, daß ein Rollenschlepphebel-Ventiltrieb mit +++ in Erwägung gezogen werden könnte. Will man jedoch einen Motor fertigen, der sehr hohe Drehzahlen benötigt, schaut man besonders auf die Steifigkeit. Hier ist das Konzept des Tassenstößelantriebs hervorzuheben, bei dem die Nockenwelle unmittelbar den Tassenstößel und das Ventil betätigt.

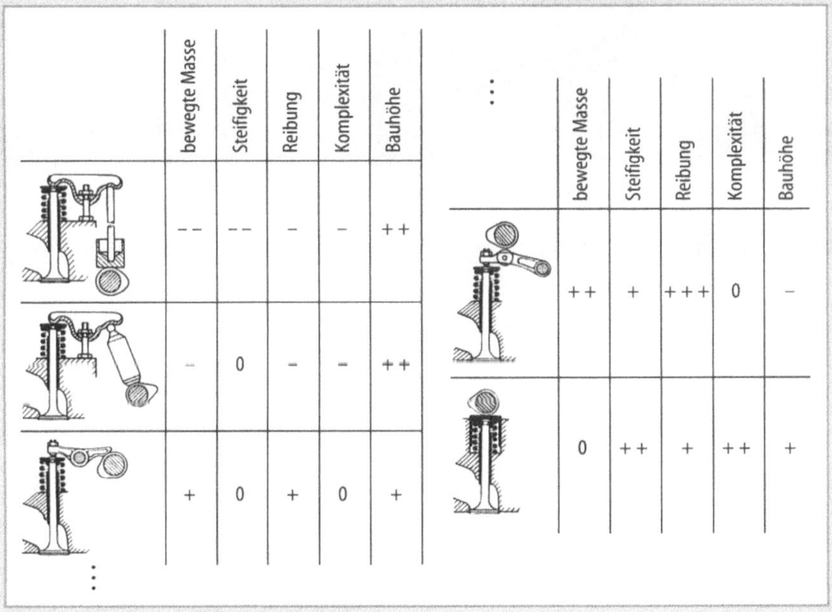

	bewegte Masse	Steifigkeit	Reibung	Komplexität	Bauhöhe
	--	--	-	-	++
	-	0	-	-	++
	+	0	+	0	+
⋮					

	bewegte Masse	Steifigkeit	Reibung	Komplexität	Bauhöhe
⋮					
	++	+	+++	0	-
	0	++	+	++	+

Abb. 3-85 Vergleich verschiedener Ventiltriebskonzepte

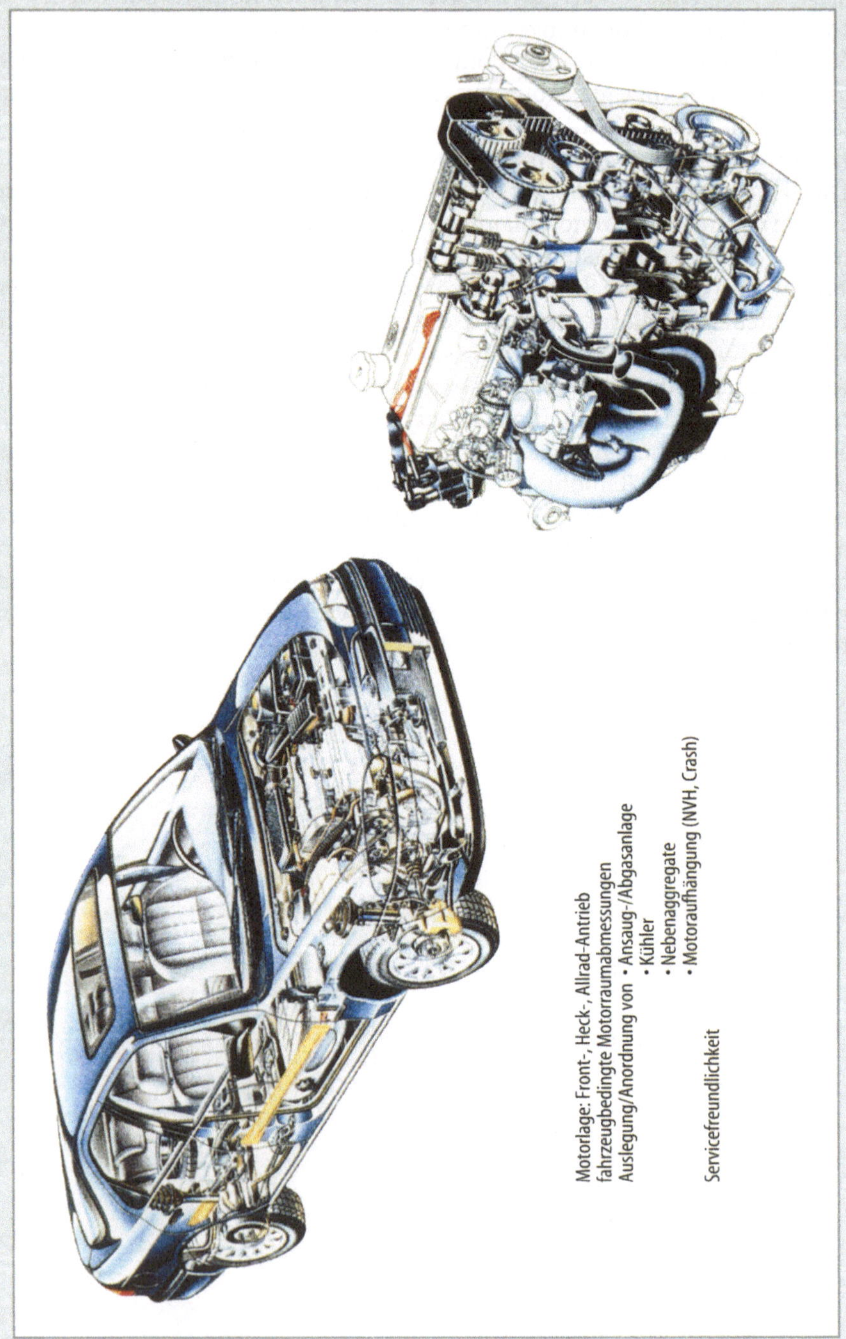

Abb. 3-86 Einbauverhältnisse

Neben der Anzahl der Zylinder und der Art des Hubvolumens des Motors, sind die fahrzeugbedingten Motorraumabmessungen (Package) zu berücksichtigen. Je nach Motorlage – Front-, Heck- oder Allrad-Antrieb – müssen die für den Einbau des Motors benötigten Teile ausgelegt und angeordnet werden (Abb. 3-86). Um hier ein Optimum zu erreichen, bedarf es entsprechender Verhandlungen zwischen den einzelnen am Entwicklungsprozeß beteiligten Abteilungen. Dem Fahrzeugdesigner, der die flache Motorhaube kreieren möchte, muß vermittelt werden, wieviel Platz die Nebenaggregate oder das Ansaugsystem benötigen, um beispielsweise die erforderlichen Abmessungen (Längen, Durchmesser und Volumina) zur Erzielung des Drehmoments, der Leistung aber auch der Geräuschemissionen zu gewährleisten. Jede Abteilung, die für ein Teilsystem verantwortlich ist, muß angehört werden. Alle Bereiche, vom Freiraum für die Deformation bei einem Crash bis zur Servicefreundlichkeit beim Ölfilterwechsel, sind in die Entwicklung miteinzubeziehen.

Die Problematik bei den unterschiedlichen Einbauvarianten verdeutlicht Abb. 3-87. Die Einbauvariante a ist eine klassische Form mit vielen Vorteilen. Betrachtet man aber das Ansaugsystem, sieht man die Interferenzen mit dem Kühlsystem. Um bei einem Frontalaufprall keine Schwierigkeiten zu bekommen, muß bei dieser Variante sichergestellt sein, daß das Ansaugsystem „crashable", also deformierbar ist. In der Variante b zeigt sich die Einbausituation umgekehrt. Der Motor ist etwas nach hinten geneigt, und das Ansaugsystem geht z. T. über den Zylinderkopf hinweg. Der Vorteil zur Variante a ist, daß das Abgassystem vor dem Motor liegt, also – genau wie der motornahe Katalysator – auch besser gekühlt werden kann. Auch hier ist die Crashfreundlichkeit zu überprüfen und sicherzustellen.

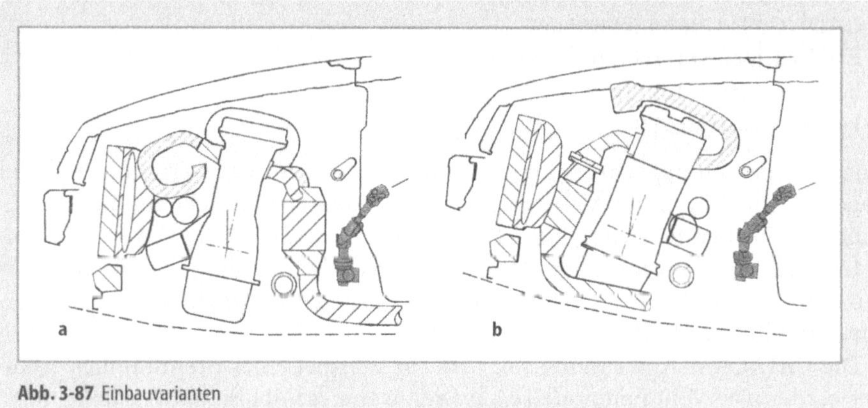

Abb. 3-87 Einbauvarianten

3.3.2
Analytische Konstruktion

Keine Konstruktion beginnt mit einem weißen Blatt Papier. Wenn die Motorbauart und die wichtigsten Konstruktionsmerkmale festgelegt worden sind, kann auf vorhandenen Forschungsergebnissen aufgebaut werden. In der Vorentwicklung gibt es Techniken und Technologien, die schubladenreif entwickelt worden sind und nun Berücksichtigung finden können. Ohne Literaturrecherche und Benchmarking sollte die Konstruktion nicht begonnen werden, zum einen, um sich möglichst genau über den Stand der Technik zu informieren und zum anderen, um Konkurrenzprodukte zu analysieren und zu berücksichtigen.

Die sog. Schubladen- oder Bookshelf-Lösung, z.B. eine variable Ventilsteuerung, ist bereits komplett an einem bestimmten Motor getestet worden. Ermittelt wurde, wieviel Prozent Drehmomenterhöhung oder wieviel Prozent Kraftstoffeinsparung mit dieser Lösung erreicht werden kann. Die Art der Fertigung ist ebenso bekannt wie die Höhe der Kosten. Die Schubladenlösung ist eine Komplettlösung bis zur namentlichen Festlegung der potentiellen Zulieferer. Mit dem Test dieser Komplettlösung an dem zu konstruierenden Motor für das festgelegte Fahrzeugprogramm erhält man - unterstützt durch CAD und CAE - eine neue Konstruktion.

Zusammenfassend ist festzuhalten, daß folgende Punkte bei der Vorbereitung der Konstruktion neuer Bauteile zu beachten sind:

- Forschungsergebnisse,
- Literaturrecherche,
- Analyse von Konkurrenzprodukten,
- Schubladenlösungen (Bookshelf),
- CAD-, CAE-Untersuchungen,
- Erfahrungen von früheren Baureihen,
- Fertigungstechnologien,
- Fertigungsstrategien.

Eine enorme Zeitersparnis bringt heute die Anwendung der C-Techniken in der Konstruktion. Computer Aided Engineering bedeutet hier nicht nur die Anwendung von Rechenmodellen (z.B. FEM), sondern die Kopplung von CAD, CAM/CMM und Rapid Prototyping (Abb. 3-88). Erste Verifizierungsprototypen werden mittels Rapid Prototyping und Freiform-Fabrikationsmethoden erstellt, damit sehr früh mit Verifizierungstests begonnen werden kann.

Die CAD/CAM-Anwendung soll hier am Beispiel eines Brennraumes erläutert werden. Das Volumenmodell eines Brennraumes mit Ein- und Auslaßkanälen zeigt Abb. 3-89. Es wird bereits in der ersten Konstruktionsphase erstellt und dient dann als Basis für alle Berechnungen und CAE-Anwendungen, ganz gleich, ob es sich um die Einlaßströmung in den Zylinder oder die Strömung im Zylinder selbst handelt. Anhand des CAD-Volumenmodells wird berechnet, wie die Wärme, die bei der Verbrennung entsteht, abgeführt werden kann, welche Temperatu-

3D-Volumenmodell

CAD
- Bestimmen der Bauteileigenschaften
- assoziative Zeichnungsableitung

CAM/CMM
- NC-Bahngenerierung
- Werkzeuge
- Computermeßmethoden

Rapid Prototyping
- Stereolithographie
- LMS-Verfahren
- LOM-Verfahren
- ...

zukünftig
- 3D-Volumen beinhaltet alle Informationen → keine Zeichnungserstellung notwendig
- virtuelle Darstellungsmethoden

CAM Computer Aided Manufacturing
CMM Computer Measure Methods
LMS Laser Mold Sintering
LOM Laser Object Manufacturing

Abb. 3-88 C-Techniken in der Konstruktion

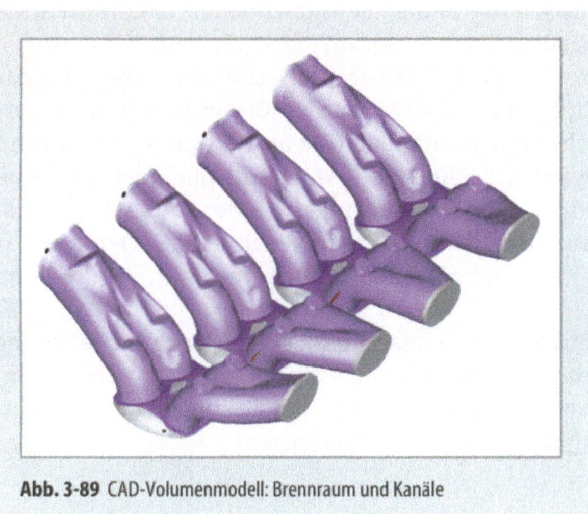

Abb. 3-89 CAD-Volumenmodell: Brennraum und Kanäle

ren wo im Brennraum entstehen oder auf welche Weise die Kühlwasserführung gestaltet werden muß. Das Modell hilft zu ermitteln, welche Strömungsgeschwindigkeiten wo entstehen bzw. gefordert sind, um kritische Temperaturen zu vermeiden, oder auch wie die Konstruktion geändert werden muß, um eine entsprechende Festigkeit zu erzielen.

Von einem 3D-Volumenmodell (Abb. 3-90) läßt sich nach Bedarf ein 2D-Schnitt ableiten. Mit Hilfe der Stereolithographie kann das Bauteil im Maßstab 1 : 1 gefertigt werden. Das Modell eröffnet die Möglichkeit, die Gießbarkeit sehr anschaulich zu überprüfen. So kann der Bereich des Kanals oder des Brennraums z. B.

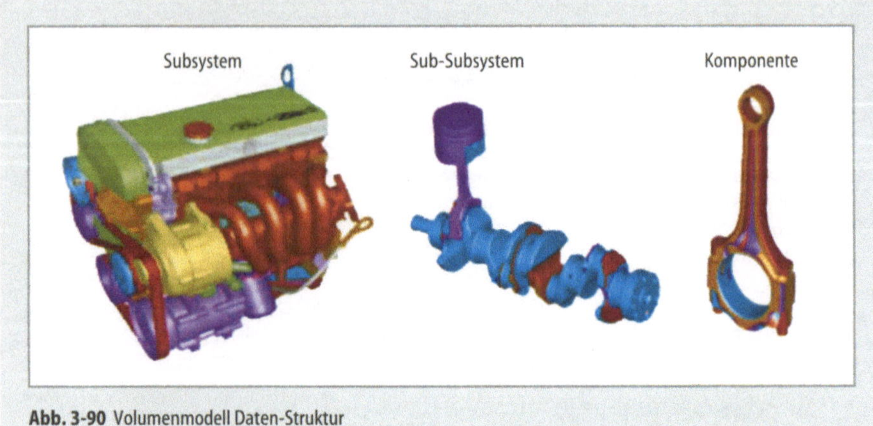

Abb. 3-90 Volumenmodell Daten-Struktur

mit einer 5-Achs-Fräsmaschine angefertigt werden. Diese Arbeitsweise erleichtert in einem frühen Stadium die weiteren Konstruktionsschritte. Strömungstechnische Untersuchungen lassen sich einfacher und schneller durchführen, die Entwicklung des Einlaß- und Auslaßkanals gestaltet sich leichter.

Die einzelnen Optimierungsschritte werden im Rechner nachvollzogen bis das gewünschte Ergebnis erreicht ist, das auf dem Motorprüfstand untersucht werden soll. Von der letzten Zeichnung, die als Datenfile im Rechner vorliegt, kann direkt in Großserie gefertigt werden. Früher wurde von Hand modelliert, und vom Modell mußten alle Maße in die Zeichnung übertragen werden. Diese Vorgehensweise war mühsam und bedeutete quasi wieder eine Neuerstellung. Heute ist das Verfahren umgekehrt: der Kanal wird im Rechner geformt, getestet, geändert und wieder getestet.

Während der gesamten Konstruktionsphase müssen die Belange der Fertigung immer im Blickfeld bleiben, da auf diese Weise Investitionen gespart werden können. Drei Begriffe beeinflussen nicht nur die Qualitätssicherung in der Konzeptphase, sondern auch ganz erheblich die Fertigungskosten:

- Design for Quality,
- Design for Assembly und
- Design for Manufacturing.

Design for Quality ist der Überbegriff für Konstruktionen unter Berücksichtigung der Qualitätsanforderungen.

Design for Assembly stellt sicher, daß der Zusammenbau sicher, einfach, robust und möglichst schnell – für Großserien geeignet – vonstatten geht.

Design for Manufacturing ist eine Konstruktion, die in der Fertigung entweder Zeit spart oder den Prozeß sicherer macht und die Belange der Fertigung schon in der Konstruktionsphase berücksichtigt.

Als Beispiel für Design for Manufacturing zeigt Abb. 3-91 einen Vorschlag zur Bauteilereduktion. Um einen Montageschritt einzusparen, sollen Ventilschaft-

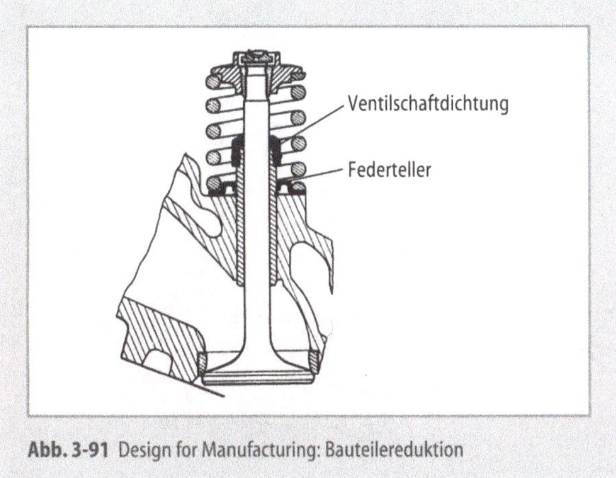

Abb. 3-91 Design for Manufacturing: Bauteilereduktion

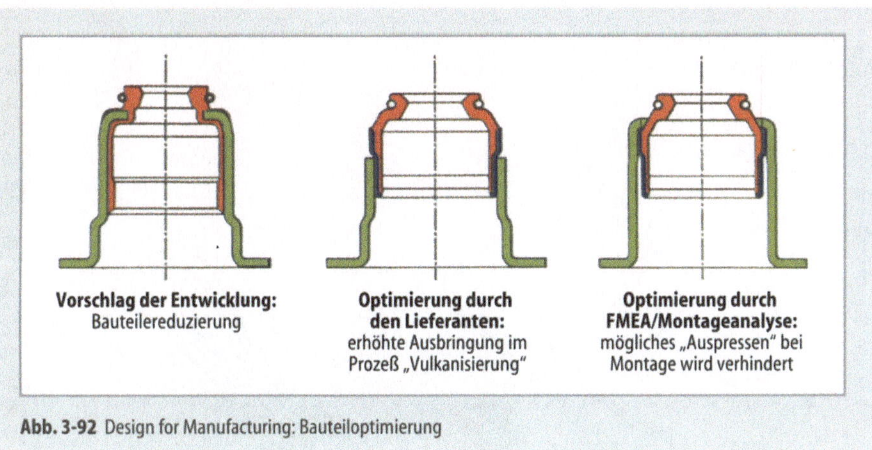

Abb. 3-92 Design for Manufacturing: Bauteiloptimierung

dichtung und Federteller als ein Teil ausgeführt werden. Dafür gibt es verschiedene Möglichkeiten (Abb. 3-92). Der Vorschlag der Entwicklungsabteilung basiert auf einer Bördelung und auf dem Anvulkanisieren des Gummiteils der Ventilschaftdichtung, um deren Herausfallen vorzubeugen. Der Lieferant optimierte die erste Variante und fand eine Möglichkeit, beim Vulkanisieren Material zu sparen. In diesem Fall muß der Vulkanisierungsprozeß sehr sicher sein, damit die Dichtung beim Aufsetzen nicht vom Ventilteller gelöst wird.

Mit Hilfe der FMEA konnten beide Vorschläge nochmals verbessert werden. Die Bördelung verhindert gemeinsam mit dem Anvulkanisieren ein mögliches „Auspressen" bei der Montage.

Ein Beispiel für Design for Quality ist die Herstellung der Ölkanäle (Abb. 3-93). Bohrt man sie, müssen zum einen die Querbohrungen genau getroffen werden, und zum anderen läßt sich eine Gratbildung in der Regel nicht vermeiden. Auch

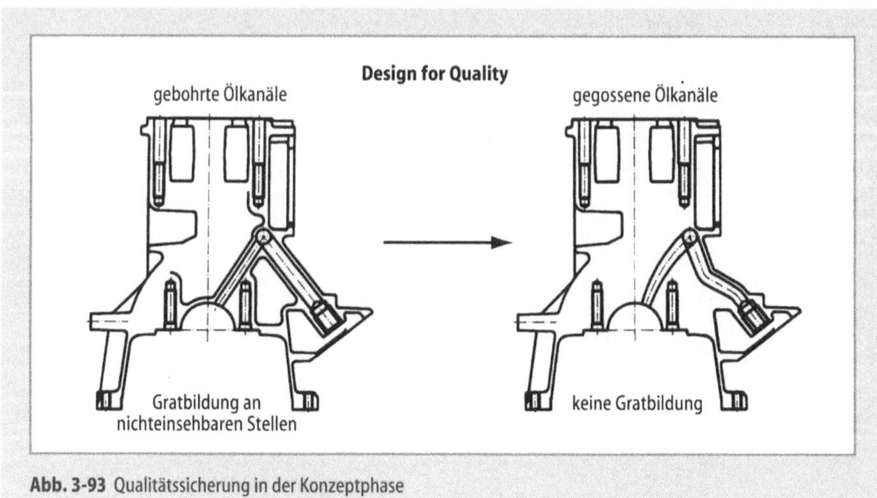

Abb. 3-93 Qualitätssicherung in der Konzeptphase

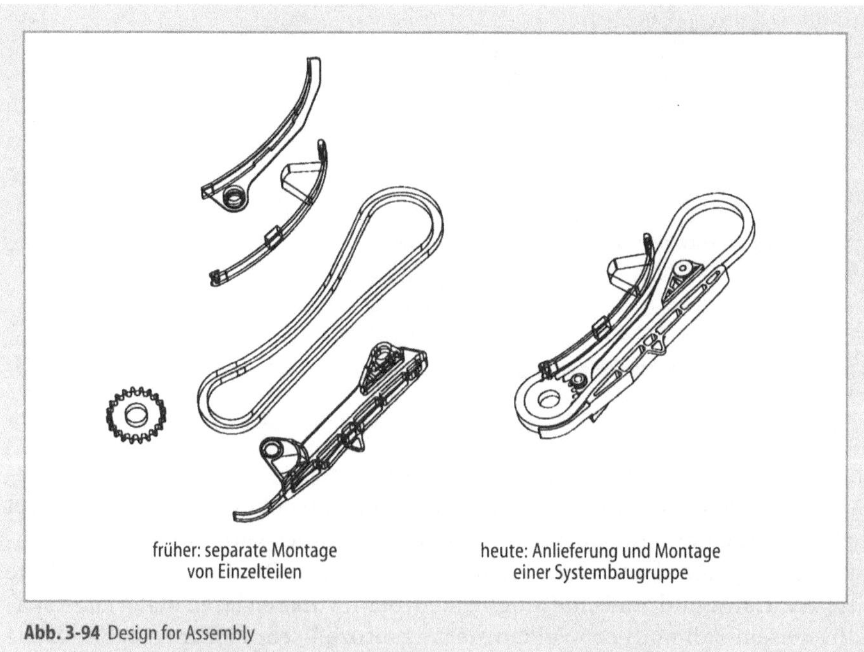

Abb. 3-94 Design for Assembly

wenn die Kanäle anschließend mit Luft gereinigt werden, bleibt das Risiko, ob nicht an nichteinsehbaren Stellen ein Grat stehengeblieben ist, der sich später löst und einen Motorschaden hervorruft. Eine starke Qualitätsverbesserung erreicht man, wenn die Ölkanäle gegossen werden, da auf diese Weise keine Gratbildung entstehen kann.

Abbildung 3-94 zeigt, wie der Nockenwellen-Kettenantrieb durch entsprechende Konstruktion und analoge Vormontage schnell und einfach montiert werden kann und veranschaulicht damit gut den Begriff Design for Assembly.

3.3.3 Analytischer Fertigungsprozeß

Simultan zur analytischen Konstruktion findet die analytische Entwicklung des Fertigungsprozesses statt. Im Gegensatz zur herkömmlichen Auslegung von Fertigungsprozessen, die auf Erfahrungen und kostenintensiven Erprobungen basieren, ist es mit Hilfe der Nutzung von CAE möglich, nahezu alle Einzelprozesse der Fertigung zu simulieren und zu optimieren.

Anhand der als Beispiel dienenden Simulation des Gießprozesses (Abb. 3-95) kann auf Basis des dreidimensionalen Modells, z.B. eines Zylinderkopfs, die Optimierung der Konstruktion hinsichtlich der Gießbarkeit vorgenommen werden, noch bevor der erste Prototyp gegossen worden ist. So lassen sich kritische Gußanhäufungen und andere Schwachpunkte frühzeitig erkennen und mittels Feinoptimierung des Gußmodells vermeiden.

Für die Auslegung der Fertigungslinie stehen zunächst mehrere Alternativen zur Wahl. Eine Möglichkeit zeigt Abb. 3-96. Zu jeder Station 1 bis n müssen die einzelnen Arbeitsgänge genau definiert sein. In Station 1 ist in diesem Beispiel der

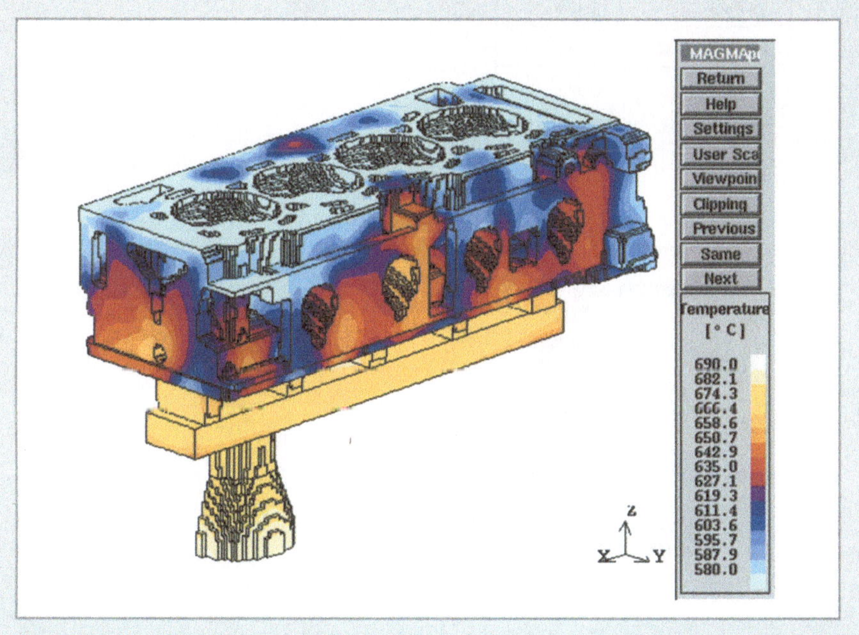

Abb. 3-95 Rechnerische Simulation des Gießprozesses

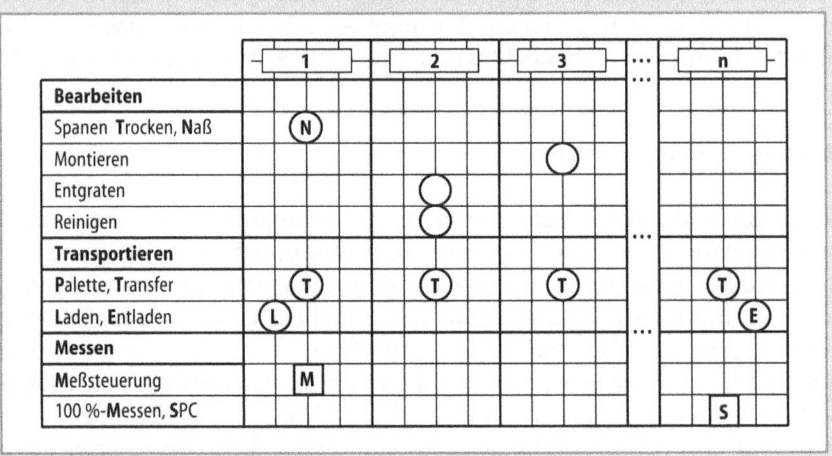

Abb. 3-96 Auslegung der Fertigungslinie

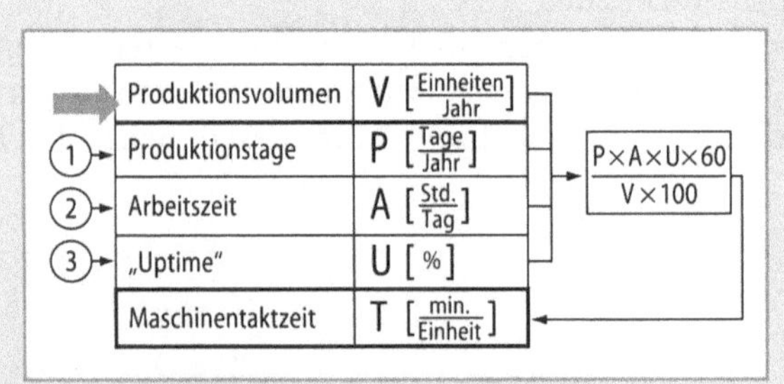

Abb. 3-97 Berechnung der Maschinenauslegung

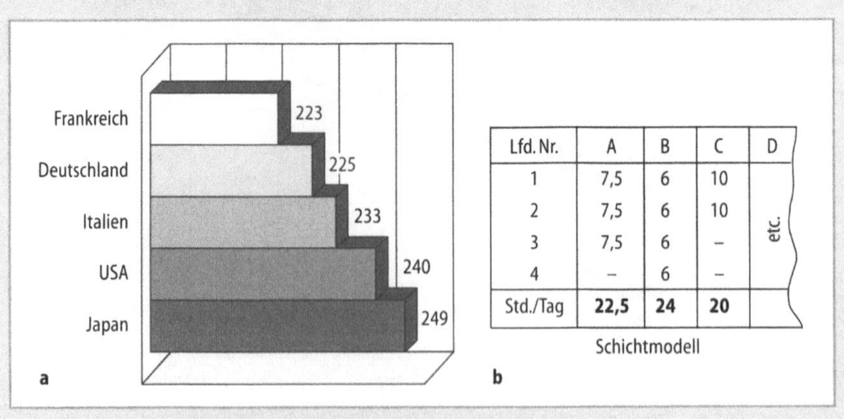

Lfd. Nr.	A	B	C	D
1	7,5	6	10	etc.
2	7,5	6	10	
3	7,5	6	–	
4	–	6	–	
Std./Tag	**22,5**	**24**	**20**	

Abb. 3-98 Vergleich der **a** Produktionstage/Jahr und **b** der Arbeitszeit/Tag

Bearbeitungsschritt Naßspanen vorgesehen mit Laden und Transportieren sowie der Meßsteuerung. Im zweiten Fertigungsschritt wird nur entgratet, gereinigt und transportiert. Die dritte Station montiert und transportiert, in der nächsten Station ist nach dem Transportieren und Entladen das Messen im Rahmen von SPC (Statistical Process Control) zur Überprüfung des gesamten Bearbeitungsvorgangs geplant.

Wie sieht nun die Maschinenauslegung für diese Bearbeitung aus? Alle Parameter wie Produktionsvolumen bis Uptime ergeben die Taktzeit der Maschine nach der Formel in Abb. 3-97.

Zwei der entscheidenden Parameter sind die zur Verfügung stehende Arbeitszeit sowie die Anzahl der Produktionstage pro Jahr. Für die Standortüberlegung eines großen Unternehmens spielen diese konstanten Größen – speziell unter dem Gesichtspunkt der „Globalisierung" – eine entscheidende Rolle. Wie aus Abb. 3-98a ersichtlich, gehört Deutschland zu den Ländern mit den wenigsten Produktionstagen im Jahr. Den gleichen Zwängen sind Unternehmen durch die denkbaren Schichtmodelle ausgesetzt. Die effektivste Maschinenausnutzung gibt Modell B vor (Abb. 3-98b), was aber in Deutschland i.d.R. nicht durchsetzbar ist. Üblich ist hier die Variante A mit drei Schichten à 7,5 Stunden pro Tag. Ausschlaggebend ist wiederum der Wirkungsgrad (Uptime), wie in Abb. 3-57 gezeigt.

Die Berechnung der Maschinenauslegung zeigt Abb. 3-99 am Beispiel der Zylinderkopfbearbeitung. Vorgesehen ist z.B. ein Produktionsvolumen von 2 × 350 000 SOHC-Zylinderköpfen (Abb. 3-100). Das entspricht der Anzahl von 350 000 V-Motoren im Jahr. Bei einer Fertigung in Deutschland im 3-Schicht-System mit einer Uptime von 85 % ergibt sich eine Maschinentaktzeit von 0,37 Minuten, die wiederum unterteilt wird in Haupt- und Nebenzeiten (Abb. 3-101). Nebenzeiten sind z. B. bestimmt durch Arbeiten wie Aufspannen oder Ausrichten der Werkstücke. In der Hauptzeit findet das eigentliche Bearbeiten, Spanen oder Fräsen statt. Anschließend fallen wieder Nebenzeiten durch das Abspannen und Weitertransportieren an. Die höheren Nebenzeiten vor Beginn der Bearbeitung ergeben sich durch das sorgfältige Positionieren des Werkstücks.

Die Bearbeitungsschritte für einen Zylinderkopf müssen genau aufgelistet und berechnet werden (Abb. 3-102). Alle Verfahren unterliegen bestimmten Toleranz-

Produktionsvolumen	350.000 * 2
Produktionstage	225 T
Arbeitszeit	22,5 h
„Uptime"	85 %
Maschinentaktzeit	.370 min

Abb. 3-99 Maschinenauslegung am Beispiel der Zylinderkopfbearbeitung

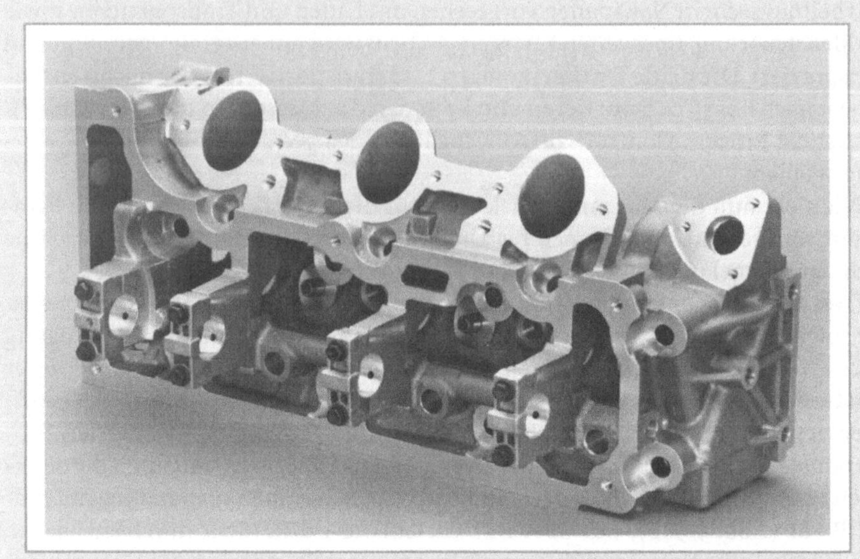

Abb. 3-100 V6-SOHC-Zylinderkopf

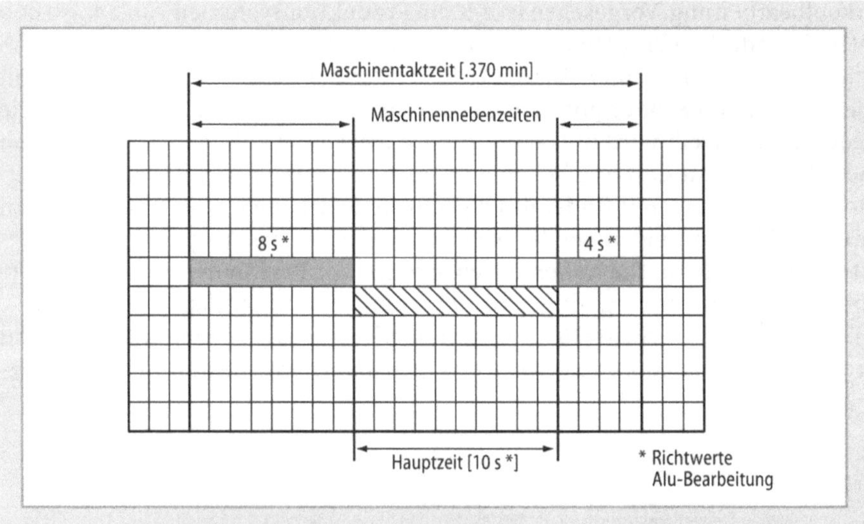

Abb. 3-101 Maschinenauslegung mit Haupt- und Nebenzeiten (Beispiel)

anforderungen, so daß z. B. die Stößelbohrungen nicht nur gebohrt und aufgesenkt, sondern abschließend auch gehont werden müssen. Schnittwerte und Hauptzeiten bestimmen die Zahl der Stationen, und damit die Anzahl der benötigten Maschinen. Nur unter Berücksichtigung aller Randbedingungen kann der Fertigungsprozeß optimal ausgelegt werden.

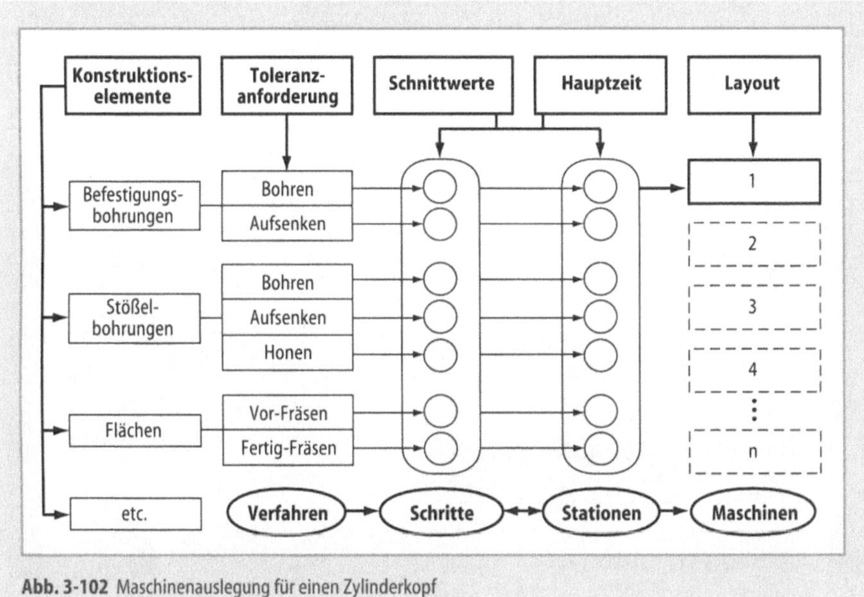

Abb. 3-102 Maschinenauslegung für einen Zylinderkopf

Liegen alle Bearbeitungsschritte fest, werden die einzelnen Stationen aufgebaut. Abbildung 3-103 zeigt die Maschinenauslegung am Beispiel der Zylinderkopf-Fräsbearbeitung mit 10 Stationen. Das Fräsen des Brennraums wird in Abb. 3-104 exemplarisch in der ausgeführten Form gezeigt.

Ausgehend von den Auslegungen für die Maschinen werden die verschiedenen Fertigungslinien geplant, wie z. B. die Kurbelwellen-, Zylinderkopf- oder Nockenwellenlinie. Darauf aufbauend, wird das gesamte Fabriklayout erstellt (Abb. 3-105). Sämtliche Rohteile sollen dort angeliefert werden, wo unmittelbar die Bearbeitung stattfindet. Fahrwege innerhalb der Fertigungseinrichtung müssen vermieden werden. Die Nockenwelle erhält an der Stelle ihre Bearbeitung, wo sie angeliefert wird und hat anschließend direkten Zugang zur Zylinderkopfmontage. Von der Vor- oder Kopfmontage müssen die vorgefertigten Teile direkten Zugang zur Hauptmontage haben. An diese Stelle innerhalb der Fabrik werden zusätzlich benötigte Teile – wie Kolben, die nicht in Eigenfertigung produziert werden – geliefert. Kurze Wege und minimale Materialansammlungen garantieren einen geringen Aufwand bei gleichzeitig hoher Produktivität. Sind alle Teile montiert, wird das Produkt getestet, ehe es in den Versand gehen kann.

Die Auslegung der Produktionsanlagen ist ein iterativer Prozeß. Eine erste Auslegung wird in den seltensten Fällen zu einer befriedigenden Lösung führen. Fragen der Materiallogistik oder die Berücksichtigung bereits vorhandener Einrichtungen spielen eine große Rolle und müssen entsprechende Beachtung finden. Gleichzeitig sollte eine gewisse Flexibilität für zukünftig zu erwartende Produktionsänderungen eingeplant werden. Für Unternehmen, die ihre Produkte global

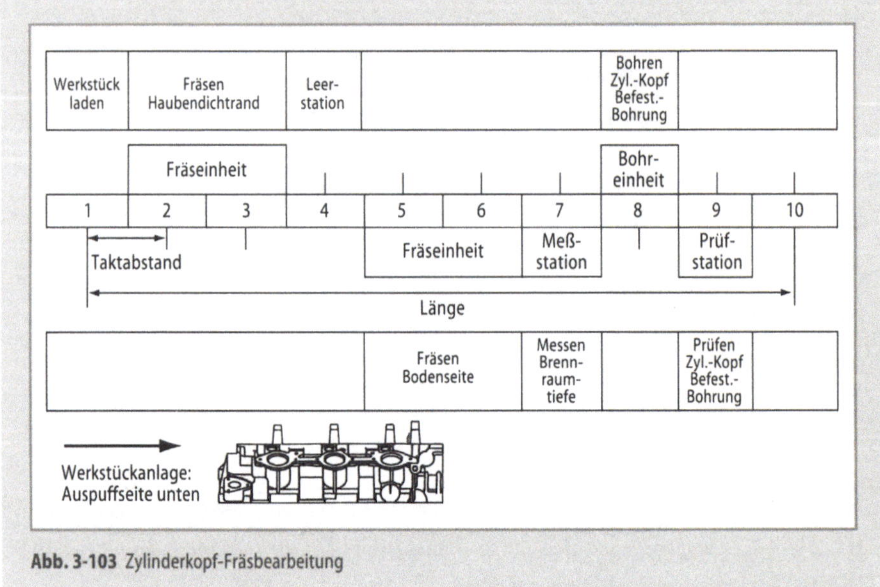

Abb. 3-103 Zylinderkopf-Fräsbearbeitung

Abb. 3-104 Fräsen Brennraumseite

anbieten, sind u. U. Abstimmungen mit Fertigungsstätten in anderen Ländern vorzunehmen. Hierdurch soll gewährleistet sein, daß auf veränderte Kundenwünsche schnell reagiert werden kann.

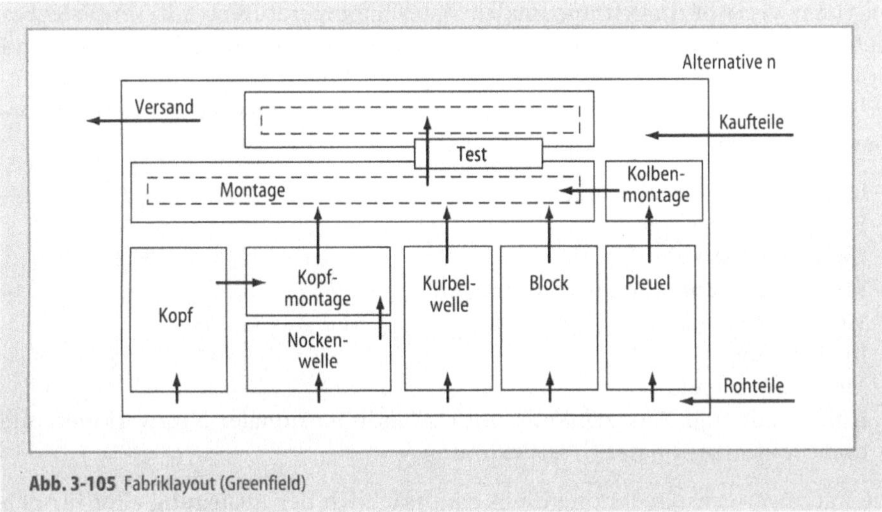

Abb. 3-105 Fabriklayout (Greenfield)

3.3.4
Konzeptvorauswahl mit CAE

Die Anwendung von CAE ist heute bereits in einem sehr frühen Stadium der Entwicklung möglich. Die Basis bildet stets ein 3D-CAD-Modell, das zunächst ohne die komplette Vermaßung in 2D erstellt wird. Dank ausgereifter CAD-Software funktioniert die Umwandlung in 3D schnell und reibungslos. Aus dem 3D-CAD-Modell entsteht durch automatische oder auch manuelle Vernetzung ein CAE-Modell. Manuelle Vernetzung ist an besonders kritischen Stellen erforderlich, da automatische Umstellung oft nicht die gewünschte Elementestruktur hinsichtlich Größe, Lage usw. vorsieht. Unter Berücksichtigung von Annahmen und Konstruktionsmerkmalen, die durch die Iterationsschleifen CAD/CAE/Toleranz- und Durchführbarkeitsanalysen modifiziert bzw. angepaßt werden, geschieht der Aufbau des CAE-Modells für alle Motorbauteile parallel. Der Zylinderblock kann schließlich nicht losgelöst vom Zylinderkopf konstruiert und berechnet werden. Für eine sinnvolle, effiziente Gestaltung ist eine übergeordnete Prozeßkoordination unabdingbar. Der erste Schritt im Rahmen dieser Koordination ist die Erstellung der Konstruktionsmerkmale wie Zylinderbohrungsabstand, Hauptabmessungen für Bohrung und Hub, die Position der Zylinderkopfschrauben, das Ventiltriebskonzept, die Lage der Ventile oder der Nockenwelle. Die folgenden Schritte bestehen aus der systematischen Berechnung der einzelnen Komponenten des Gesamtmotors. Die Festigkeitsberechnungen müssen simultan durch CFD-Berechnungen (Computational Fluid Dynamics) gestützt werden. Dazu sind Annahmen bezüglich der Temperaturverteilung durchzuführen. Des weiteren gilt es, Ziele für die maximalen Zylinderdrücke zu definieren. Als Ziel- und Vergleichsgröße zur Beurteilung der CAE-Ergebnisse müssen ebenfalls im vorhinein Grenzwerte bezüglich maximaler Materialtemperaturen (z.B. Ventilstegbereich) oder maximaler Spannungen festgesetzt werden. Diese Zielgrößen sind im wesentlichen Erfahrungswerte, die sich aus Berechnungen und Tests früherer Motoren ergeben haben. In verschiedener Form kann CAE zur Konzeptvorauswahl genutzt werden:

- Ladungswechselrechnungen,
- Festigkeitsberechnungen,
- Geräuschabstrahlung,
- Schwingungsanregung im Motorlager,
- Ventiltriebsdynamik,
- Kurbeltriebsdynamik,
- Motorblockstruktur,
- Kühlkanäle und Wassermäntel mittels eindimensionaler Netzwerkmethode und dreidimensionaler CFD-Rechnung.

Die Ladungswechselrechnung dient hauptsächlich der Auslegung aller für den Ladungswechsel relevanten Bauteile. Sie unterstützt auch die Fahrzeug-Simulationsrechnung zur Ermittlung des Beschleunigungs- und Verbrauchsverhaltens des Gesamtfahrzeugs. Abbildung 3-106 repräsentiert das Ersatzmodell für einen 4,0-l-V6-Motor mit Ansaugsystem, Vorschalldämpfer und Hauptschalldämpfer. Zu den Komponenten des Ersatzsystems, mit dem der Motor beschrieben wird, gehören:

- Zylinder,
- Resonanzrohre,
- Behälter,
- Rohrverzweigungen,
- Blenden,
- Rohrenden,
- Aufladekomponenten.

Diese Größen beeinflussen den Luftaufwand bzw. den Liefergrad des Motors und geben Auskunft über dessen Drehmoment und Leistung. Alle gasdynamischen Vorgänge im Ansaug- und Abgassystem lassen sich auf diese Weise simulieren.

Die Ladungswechselrechnung erlaubt aber nicht nur die Vorhersage des Volllastverhaltens, sondern auch Aussagen über den Restgasanteil im Brennraum, der maßgeblich die Leerlaufstabilität beeinflußt. Viele Anwendungsbeispiele belegen die Bedeutung der Ladungswechselrechnung für die Konzeptauswahl:

Konzeptstudien
- Kanalabschaltung,
- Resonanzsysteme,
- Vergleich verschiedener Ventiltriebskonzepte,
- variable Ventilsteuerung.

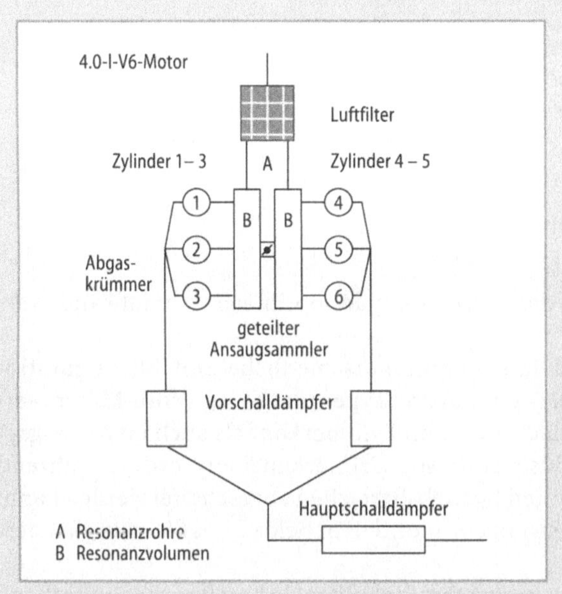

Abb. 3-106 Beispiel des Ersatzmodells einer Ladungswechselrechnung

Potentialabschätzungen
- Einfluß des Einlaßkanal-Durchflußverhaltens,
- Hubraumvergrößerung/-verkleinerung (Downsizing).

Optimierung von Motorkomponenten
- Ventilsteuerzeiten,
- Grundabmessungen von Ansaug- und Abgassystem,
- Ansaugsammlervolumen, Resonatoren.

Beurteilung des Leerlaufverhaltens
- Berechnung des Restgasgehalts.

Instationäruntersuchungen
- Einfluß der Drosselklappenposition auf Drehmomentanstieg bei konstanter Drehzahl.

Bleibt man beim Beispiel des 4,0-l-V6-Motors, benötigt man folgende Angaben zur Ladungswechseloptimierung:

Eingabedaten
- Geometrie des Einlaßsystems,
- Geometrie des Auslaßsystems,
- Motorhauptdaten (Hub, Bohrung...),
- Ventilerhebungskurven, Steuerzeiten,
- Durchflußbeiwerte (Einlaß, Auslaß...).

Optimierungsparameter
- Resonanzvolumen (0,5, 1,0...4,0 l),
- Resonanzrohrlänge (200, 300...900 mm),
- Resonanzrohrdurchmesser (40, 50, 60, 70 mm).

Weitere Annahmen
- Saugrohrlänge: 350 mm,
- Saugrohrdurchmesser: 37 mm,
- Drehzahlband: 1000, 1500...5500 min^{-1}.

Ein ausgeführtes Beispiel für die Berechnung des optimalen Luftaufwands verdeutlicht Abb. 3-107.

Mit Hilfe von Konzeptstudien können unterschiedliche Einlaßkonfigurationen verglichen werden. In Abb. 3-108 sind drei Typen eines Vier-Ventil-Motors aufgeführt. In Typ I sind die Kanäle sowohl im Zylinderkopf als auch im Ansaugsystem getrennt. Die Einspritzdüse ist im sog. Primärkanal angeordnet, während der Sekundärkanal in bestimmten Betriebsbereichen abgeschaltet werden kann. In Typ II ist die Einspritzdüse so angeordnet, daß in beide Einlaßkanäle gleichermaßen eingespritzt wird.

Beim Typ III beginnt die Trennung der Einlaßkanäle bereits im Zylinderkopf. Die Öffnung im Ansaugbereich ermöglicht ein Einspritzen im Ansaugsystem mit einer Aufteilung in Primär- und Sekundärkanal.

Abbildung 3-109 zeigt den Vergleich von Typ I und II bei geschlossenem bzw. geöffnetem Sekundärkanal. Die Ladungswechselrechnung ermöglicht hier Rück-

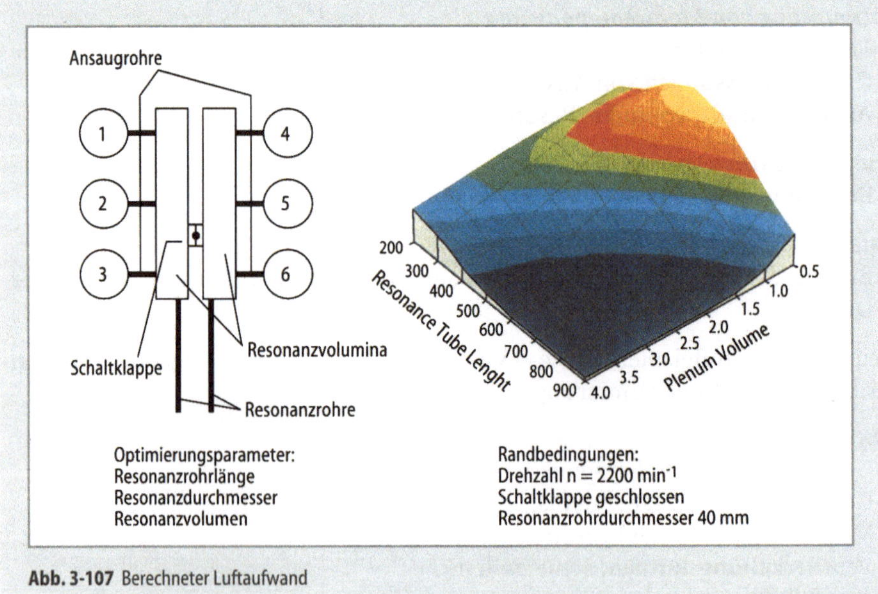

Abb. 3-107 Berechneter Luftaufwand

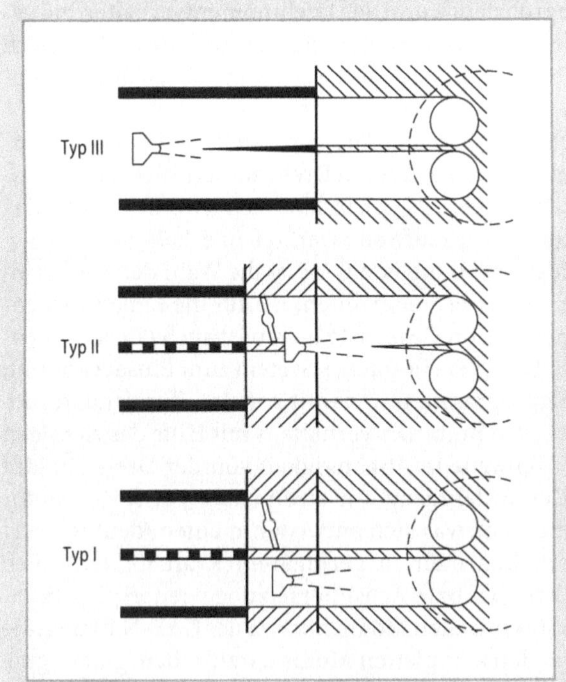

Abb. 3-108 Konzeptstudien: Vergleich unterschiedlicher Einlaßkonfigurationen

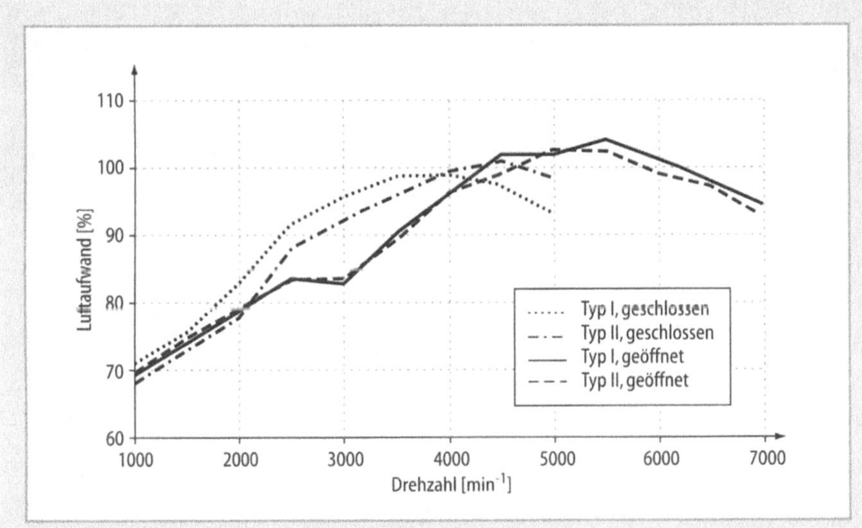

Abb. 3-109 Vergleich unterschiedlicher Einflußkonfigurationen (1)

schlüsse auf die günstigste Saugrohrlänge und das Drehmomentverhalten bei geschlossenem bzw. geöffnetem Sekundärkanal. Der höchste Luftaufwand läßt sich sowohl bei niedrigen als auch bei hohen Drehzahlen mit Kanalabschaltung (Typ-I-Konfiguration) erzielen.

Bei einem Vergleich der Saugrohrlängen in Abb. 3-110 stellt sich z. B. die Kombination 250/650 mm als Optimum für den unteren Drehzahlbereich bei geschlossenem Sekundärkanal heraus. Im höheren Drehzahlbereich wird der Sekundärkanal geöffnet, um einen optimalen Luftaufwandsverlauf zu erhalten.

Ein weiteres Beispiel für die Anwendung von CAE ist die Wahl der Steuerzeiten. Bei einem Standardmotor sind feste Steuerzeiten, z. B. für die Einlaßnockenwelle, ein heute üblicher Kompromiß. Im Gegensatz hierzu ist auch ein verstellbarer Nockenwellenantrieb vorstellbar. Ob ein solches System zum Einsatz kommt, hängt vom jeweiligen Fahrzeugprogramm und damit von den Kundenanforderungen ab. Die Verbesserung des Drehmomentverhaltens mit Hilfe des richtigen Verdrehwinkels der Einlaßnockenwelle in Abhängigkeit von der Drehzahl läßt sich in einen Vorteil für das Gesamtfahrzeug umsetzen (Abb. 3-111). Der Motor erreicht 15 – 20 % mehr Drehmoment, was sich entweder in einem deutlich verbesserten Beschleunigungsverhalten oder in geringerem Kraftstoffverbrauch durch eine andere Wahl der Getriebe- bzw. Achsübersetzung wiederspiegelt.

Neben diesen verhältnismäßig einfachen Möglichkeiten der CAE-Nutzung, die allerdings nicht ausreichen, um den kompletten Motor darzustellen, gibt es gute Fortschritte bei der Strömungs- oder der Verbrennungsberechnung. So ist z. B. das Programm PROMO entwickelt worden, um eindimensionale instationäre Rohrströmungen berechnen zu können. Das Programm STAR dient der dreidimen-

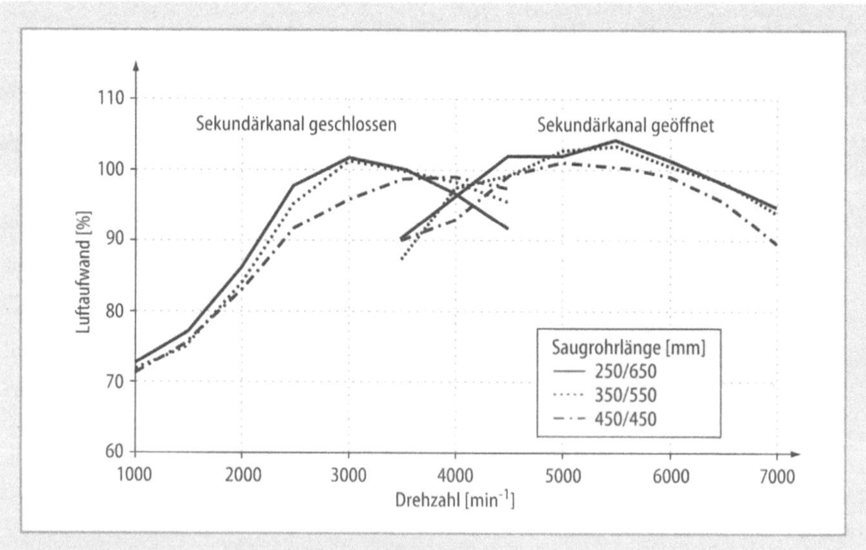

Abb. 3-110 Vergleich unterschiedlicher Einflußfigurationen (2)

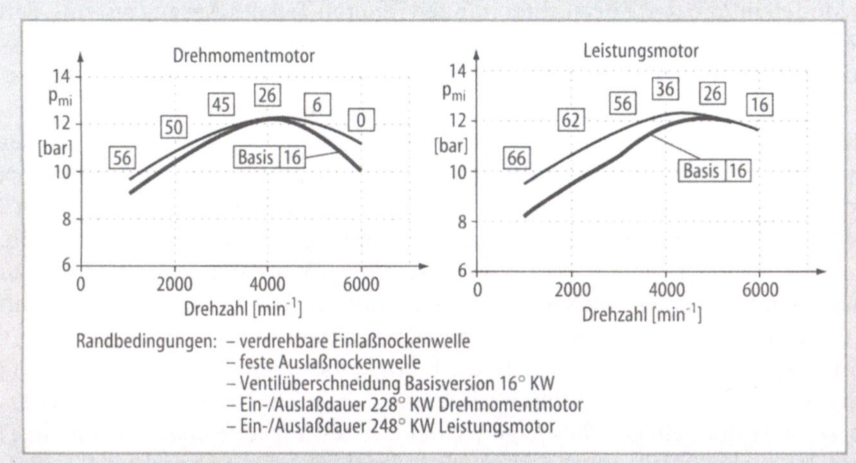

Abb. 3-111 Berechneter Drehmomentgewinn (indizierter Mitteldruck p_{mi}) durch verdrehbare Einlaßnockenwelle

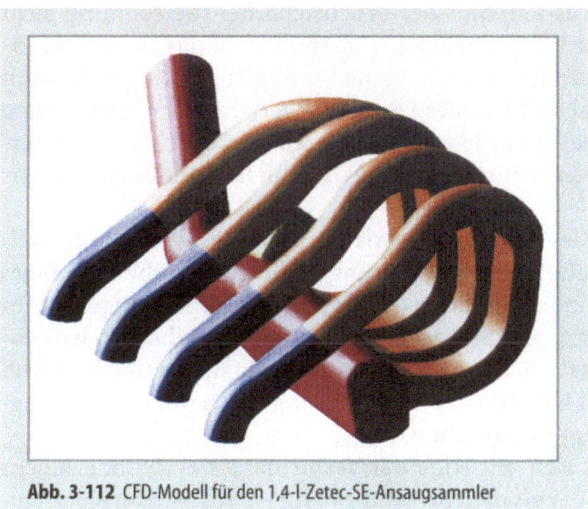

Abb. 3-112 CFD-Modell für den 1,4-l-Zetec-SE-Ansaugsammler

sionalen CFD-Berechnung, z.B. zur Strömungsberechnung im Ansaugsystem, aber auch zur Simulation der Strömung in den Zylinder. Folgende Erkenntnisse können gewonnen werden:

- Berechnung der Ungleichverteilung bezgl. Frischluft,
- Berechnung der Ungleichverteilung bezgl. Abgasrückführung (AGR),
- Lokalisierung der Strömungsverluste,
- Optimierung des Durchströmverhaltens,
- Identifikation der optimalen Abgasrückführposition.

Das Modell in Abb. 3-112 betrachtet nur den inneren Teil des Ansaugsystems, den Bereich, in dem Strömungsvorgänge stattfinden. Erst die Berechnung erlaubt Aussagen über den Ansaugvorgang und die Möglichkeiten der Veränderung zu dessen Optimierung. Das Ergebnis der 3D-Rechnung in Abb. 3-113 zeigt die Abgaskonzentration im Ansaugsammler für einen Zeitschritt, hier beim Ansaugen des 2. Zylinders. Das Standbild vermittelt noch nicht die gewünschten Erkenntnisse; wird dagegen der Vorgang als Computeranimation dargestellt, ist sehr genau zu sehen, wie Einströmvorgang, Luftverteilung und Abgasrückführung ablaufen. Ein neuer Trend ist, die Abgaszuführung an eine möglichst motornahe Stelle zu verlegen und nicht mehr im Sammler durchzuführen. Die Abgaszuführrate kann auf diese Weise im transienten Motorbetrieb exakter dosiert werden.

Ein anderer CAE-Bereich umfaßt die Festigkeitsberechnung. Abbildung 3-114 zeigt diese Untersuchungsmöglichkeit anhand eines FEM-Pleuels, das in der ersten Variante über ein geteiltes Lager, in der zweiten Variante über ein einteiliges Lager, das nachträglich aufgebrochen wird (Fracture Splitting), verfügt. Ein typisches Ergebnis der Festigkeitsberechnung ist die Berechnung der Bruchsicherheit. Die verschiedenen Farben in Abb. 3-115 verdeutlichen die unterschiedlichen Sicherheitsfaktoren. Stimmt das Ergebnis der Bruchsicherheitsberechnung nicht mit den Vorgaben des Entwicklungsingenieurs überein, muß das Modell verändert werden. Auf diese Weise läßt sich das Bauteil im voraus optimieren, wenn bekannt ist, welches Material und welches Fertigungsverfahren zur Anwendung kommen. Ein Schmiedepleuel mit größeren Toleranzen erfordert höhere Sicherheitsfaktoren als ein Sinterpleuel aus Temperguß, das mit höherer Präzision hergestellt werden kann.

Im Zylinderblock ist z. B. die Kurbelwellendynamik zu berücksichtigen, des weiteren die Bohrungsdeformation unter Beachtung des mechanischen Verzuges beim Aufschrauben des Zylinderkopfes sowie des thermischen Verzuges in Abhängigkeit von der Wärmezufuhr während der Verbrennung und der Wärmeabfuhr durch das Kühlmittel. Nach der Verbindung mit Kupplung und Getriebe muß das Verhalten des Motors im Hinblick auf Biegeschwingungen des gesamten Aggregats (Powertrain Bending) untersucht werden.

Die Strukturanalyse läßt sich mit Hilfe der Verformung des Zylinderblocks durchführen (Abb. 3-116). Die typischen Belastungen für einen Zylinderblock entstehen durch unterschiedliche Temperaturen, durch Gas- und Massenkräfte sowie über die Vorspannung durch die Verschraubung mit dem Zylinderkopf. Maßgebend für die Temperaturverteilung in Zylinderblock, Zylinderkopf und Kolben ist neben der gasseitigen Wärmeabgabe aufgrund des Verbrennungsvorgangs die Kühlwasserführung.

In der Vergangenheit wurde der Gestaltung des Kühlwassermantels relativ wenig Aufmerksamkeit geschenkt. Waren z. B. beim Zylinderkopf unter Beachtung der Gießbarkeit Brennraum, Zündkerzenzugang, Ein- und Auslaßkanäle, Zylinderkopfverschraubung und Ventile sowie deren Betätigung konstruiert und die Ölversorgung ausgelegt, ergab sich der Wassermantel mehr oder weniger zufällig als verbleibender Freiraum zwischen den Komponenten.

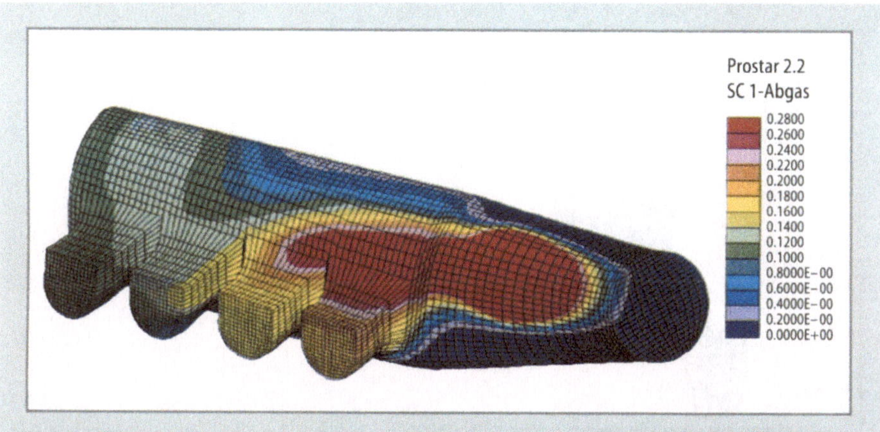

Abb. 3-113 Ergebnis der 3D-Rechnung: Abgaskonzentration im Sammler für einen Zeitschritt (Ansaugen des 2. Zylinders)

Abb. 3-114 Festigkeitsberechnung (1)

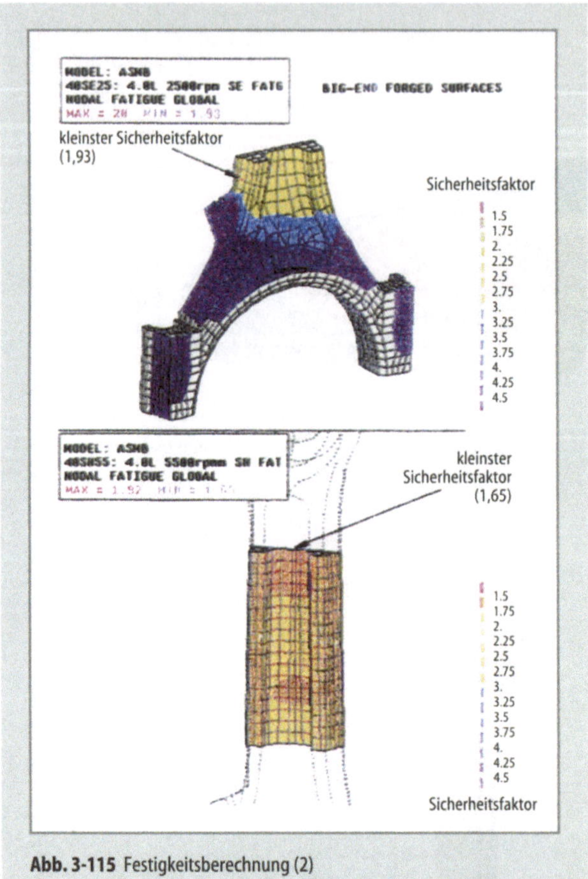

Abb. 3-115 Festigkeitsberechnung (2)

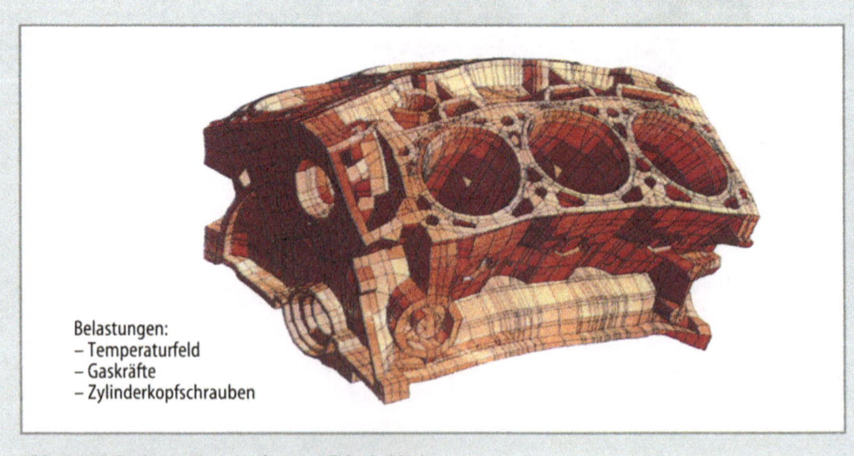

Abb. 3-116 Strukturanalyse: Verformung Zylinderblock

Seitdem das Kühlsystem nicht nur für die Kühlung selbst, sondern auch hinsichtlich eines schnellen Aufheizens des Motors optimiert wird, erfährt die Ausformung des Kühlwassermantels die gebührende Beachtung. Ein schnelles Aufheizen hat nicht nur die Verkürzung der Warmlaufphase zur Folge - wodurch der Kaltstart-Kraftstoffverbrauch gesenkt wird –, sondern dient auch der schnelleren Beheizung des Fahrgastinnenraums. Das bedeutet u. a. eine Verminderung des Kühlmittelvolumens. Gleichwohl muß sichergestellt sein, daß thermisch hochbelastete Bauteile wie der Ventilsteg im Zylinderkopf oder die Kolben nicht überhitzt werden. Geringe Druckverluste sollen die Leistungsaufnahme der Kühlwasserpumpe minimieren.

Um diesen teilweise widersprüchlichen Anforderungen gerecht werden zu können, ist eine gezielte Entwicklung des Kühlsystems und der Kühlwasserführung erforderlich. Bereits die Layoutphase wird durch erste Berechnungen, z. B. auf der Basis der eindimensionalen Netzwerkmethode, unterstützt. Diese Methode erlaubt im frühen Stadium der Entwicklung eine Voroptimierung des Wassermantels, ohne auf ein dreidimensionales Modell zurückgreifen zu müssen, das erst nach detaillierter Konstruktion vorliegen würde. Ziel der Vorausberechnung ist es, die erforderlichen Querschnitte für den Wassermantel als Vorgabe für die Bauteilekonstruktion zu ermitteln.

Bei der eindimensionalen Netzwerkmethode werden verschiedene Bestandteile des Motors als Wärmetauscher betrachtet. Zur Auslegung dieser Wärmetauscher benötigt man die gasseitigen Wärmestromdichten (abzuführende Wärmemengen), die natürlich für einen noch zu konstruierenden Motor nicht als Meßdaten vorliegen. Daher greift man zunächst auf Erfahrungswerte oder einfache empirische Korrelationen zurück (Abb. 3-117). Wasserseitig gilt es, die Kühlmittelgeschwindigkeiten in Abhängigkeit von der wärmeübertragenden Oberfläche so zu

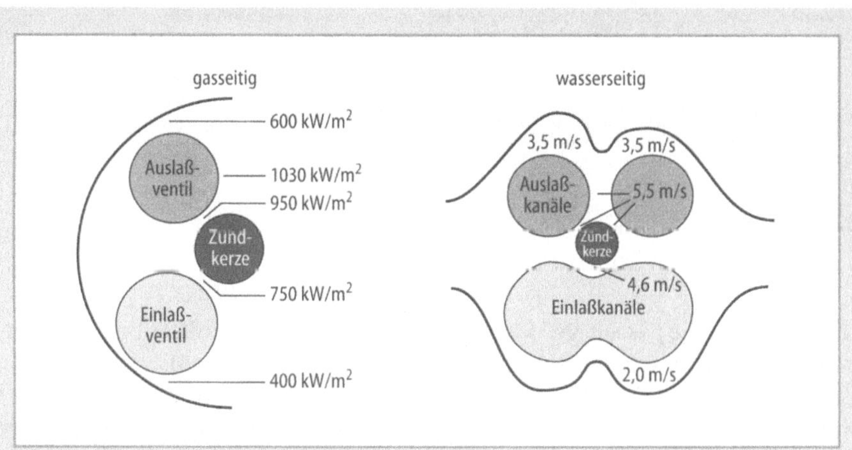

Abb. 3-117 Erfahrungswerte benötigter Wärmestromdichte und zugehörige Strömungsgeschwindigkeit (Vier-Ventil-Motor)

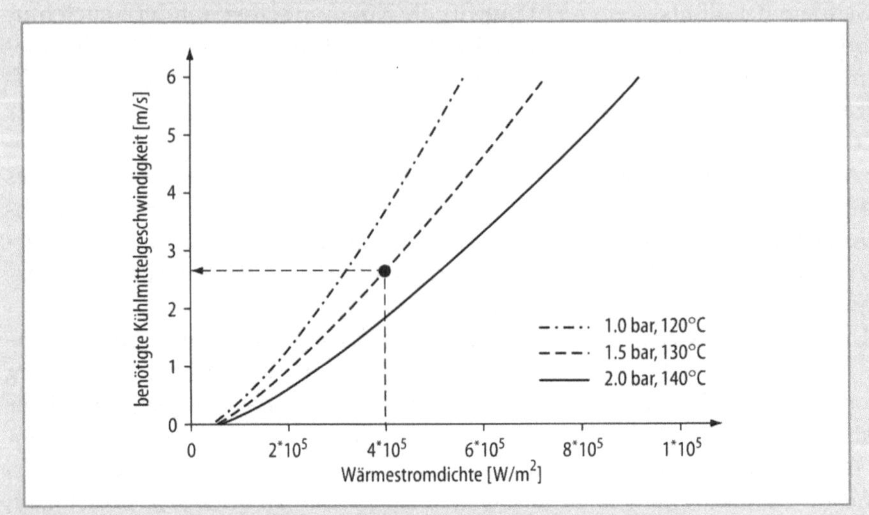

Abb. 3-118 Strömungsgeschwindigkeit als Funktion der gegebenen Wärmestromdichte (wasserseitig)

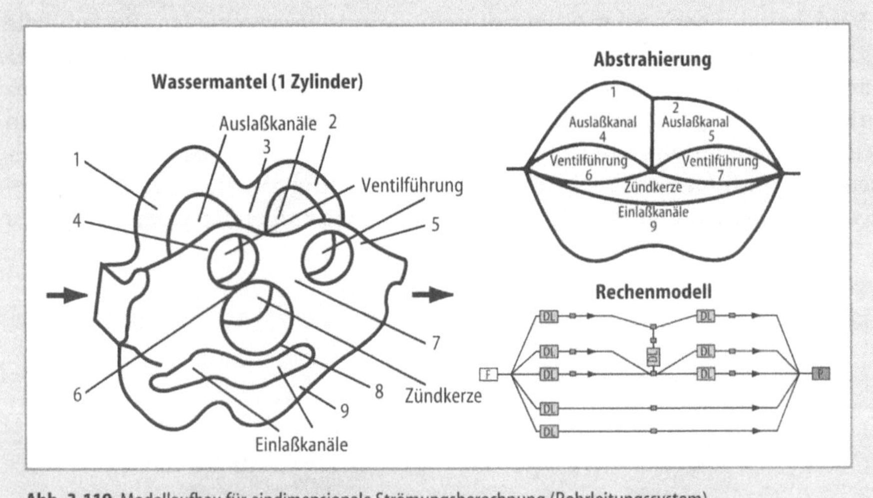

Abb. 3-119 Modellaufbau für eindimensionale Strömungsberechnung (Rohrleitungssystem)

bestimmen, daß die gasseitige Wärme abgeführt wird, ohne lokal überhöhte Metalltemperaturen zu erzeugen (Abb. 3-117 rechts, und Abb. 3-118).

Zur eindimensionalen Berechnung muß ein dreidimensionaler Wassermantel auf ein Rohrleitungssystem abstrahiert werden. Abbildung 3-119 (links) zeigt einen Zylinder eines längsdurchströmten Wassermantels bei einem Vier-Ventil-Zylinderkopf. Die von links nach rechts verlaufende Kühlmittelströmung vollzieht sich in Form von Teilströmungen durch Kühlkanäle unter den beiden Aus-

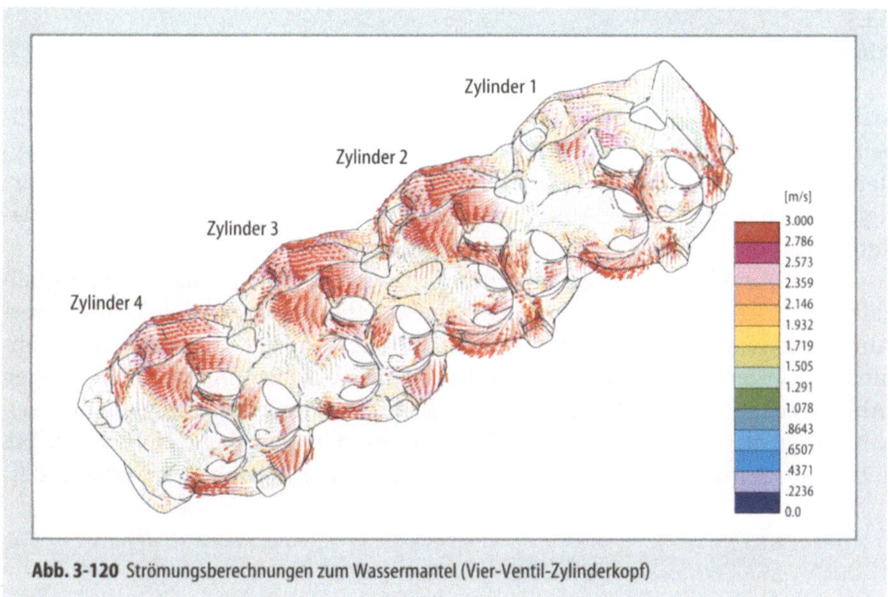

Abb. 3-120 Strömungsberechnungen zum Wassermantel (Vier-Ventil-Zylinderkopf)

laßkanälen (Querschnitte 1 und 2) und der Auslaßventilbrücke (Querschnitt 3), jeweils oberhalb der Auslaßkanäle (Querschnitte 4 und 5), zwischen der Zündkerze und den beiden Auslaßventilführungen (Querschnitte 6 und 7), zwischen der Zündkerze und den beiden Einlaßkanälen (Querschnitt 8) sowie unter den Einlaßkanälen (Querschnitt 9).

Aus den Kühlkanälen wird durch Abstrahierung ein Rohrnetzwerk (Flowmaster-Modell) abgeleitet, wie in Abb. 3-119 rechts unten dargestellt. Da die einzelnen Kühlkanäle natürlich keine Rohre mit konstantem Durchmesser sind, werden die Druckverluste in den Kanälen – bedingt durch Querschnittsveränderung, Beschleunigung, Verzögerung und Umlenkung – additiv anhand des DL-Wertes (Discrete Loss, wird proportional zum Druckverlust, bezogen auf den Volumenstrom, ermittelt) in das Modell eingefügt. Mittels Iterationsrechnung, die als Zwischenergebnis die für den lokalen Wärmeübergang verantwortlichen Geschwindigkeiten bestimmt, werden die engsten Kühlkanalquerschnitte ermittelt. Das abschließende Rechenergebnis besteht aus einem Satz von Konstruktionsdaten über die engsten Querschnitte aller beteiligten Kühlkanäle, die die auf der Gasseite anfallenden Wärmemengen nicht nur global, sondern auch lokal abführen und die dabei vorgegebenen wasserseitigen Metalltemperaturniveaus einhalten. Liegen die dreidimensionalen CAD-Daten vor, folgen umfangreiche CFD-Berechnungen (Abb. 3-120), die vorerst zur Verifizierung der eindimensionalen Netzwerkmethode durchgeführt werden. Hauptsächlich dienen sie jedoch der Bestätigung der Detailkonstruktion sowie deren weiterer Feinoptimierung.

3.3.5 Prinziptests für die Konzeptfindung

In diesem Abschnitt werden exemplarisch Prinziptests vorgestellt, die in der frühen Phase der Entwicklung eine Verifizierung von Konzeptstudien für Untersysteme eines Verbrennungsmotors ermöglichen. Diese Tests bestätigen bzw. korrigieren die theoretischen Untersuchungen mit Hilfe von CAE-Methoden. Dadurch wird die Konzeptwahl sichtlich verbessert.

Um die Vorgehensweise zu verdeutlichen, werden die Prozeßabläufe beispielhaft anhand der Ventiltriebs- und Kurbelgehäuseauslegung sowie der Brennverfahrensentwicklung näher beschrieben. Zur Bewertung der Kinematik eines Ventiltriebs werden Ventilhub, -geschwindigkeit und -beschleunigung herangezogen (Abb. 3-121). So gibt man heute als Maximalwert für die Geschwindigkeit bei Serienmotoren 0,2 – 0,24 mm/grad für Flachstößel an. Das ist dadurch bedingt, daß der Berührungspunkt zwischen Flachstößel und Nocken nach außen auswandert

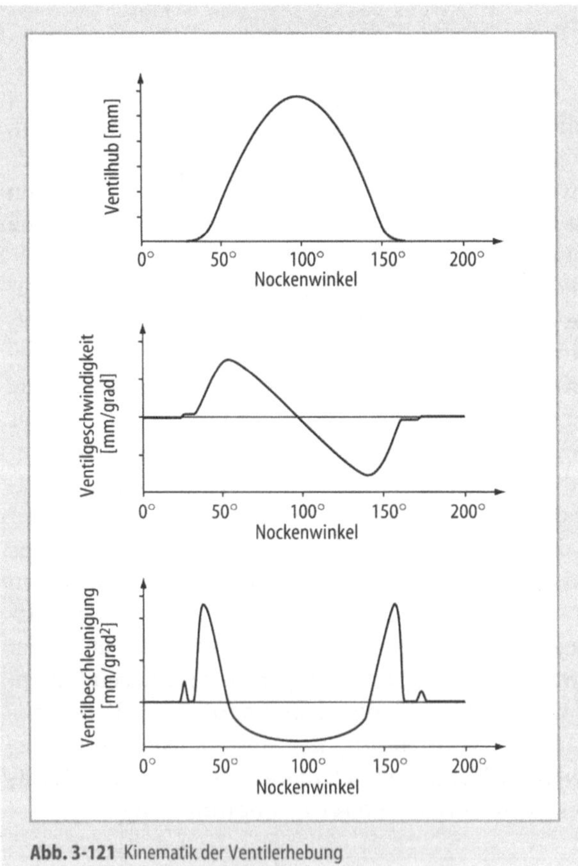

Abb. 3-121 Kinematik der Ventilerhebung

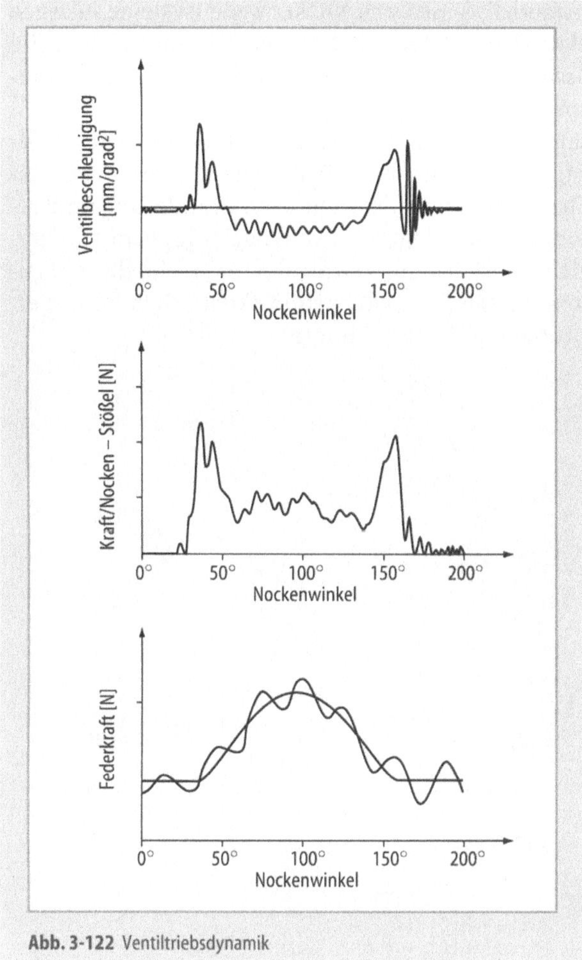

Abb. 3-122 Ventiltriebsdynamik

und deshalb die Geschwindigkeit auf einen bestimmten Wert, der von den Stößelabmessungen abhängt, begrenzt werden muß.

Die Ventilbeschleunigung ist wichtig für die Materialbelastung. Auch hier wird heute ein Grenzwert zugrunde gelegt, der bei 0,02 – 0,03 mm/grad² liegt. Dieser Wert ist bedingt durch die vorgegebenen Materialbelastungsgrenzen.

Unter Berücksichtigung der Ventiltriebsdynamik ergeben sich die in Abb. 3-122 dargestellten Verläufe. Zunächst ist die Veränderung der Ventilbeschleunigung zu erkennen. Die Federkraft zeigt den theoretischen Verlauf, der von der dynamischen Komponente, d. h. der Schwingung, die in der Feder selbst angeregt wird, überlagert wird. Darüber hinaus ist ein starker Impuls zu erkennen, der durch das Aufsetzen des Ventils auf dem Ventilsitzring ausgelöst wird. Diese Kenngröße ist für das Verschleißverhalten des Ventiltriebs von entscheidender Bedeutung.

Mit Hilfe eines Berechnungsmodells lassen sich Nockenwellensysteme auslegen (Abb. 3-123). Der Tassenstößel wird direkt über die Nockenwelle angetrieben. Ein Feder-Masse-System sowie Dämpfungsglieder simulieren die einzelnen Charakteristika eines solchen Systems.

Abbildung 3-124 zeigt die Ermittlung der Stößelsteifigkeit mit Hilfe der FEM-Strukturanalyse. Das ist deshalb von besonderer Wichtigkeit, weil die eingeleitete Kraft vom Mittelpunkt nach außen auswandert. Diese Auswanderung muß reguliert werden, indem der Stößel so ausgelegt wird, daß nach Möglichkeit überall die gleiche Steifigkeit erreicht werden kann. Hätte man unterschiedliche Steifigkeiten, würde dies das System verfälschen, was sich in akustischen Besonderheiten oder auch Verschleißproblemen äußern könnte.

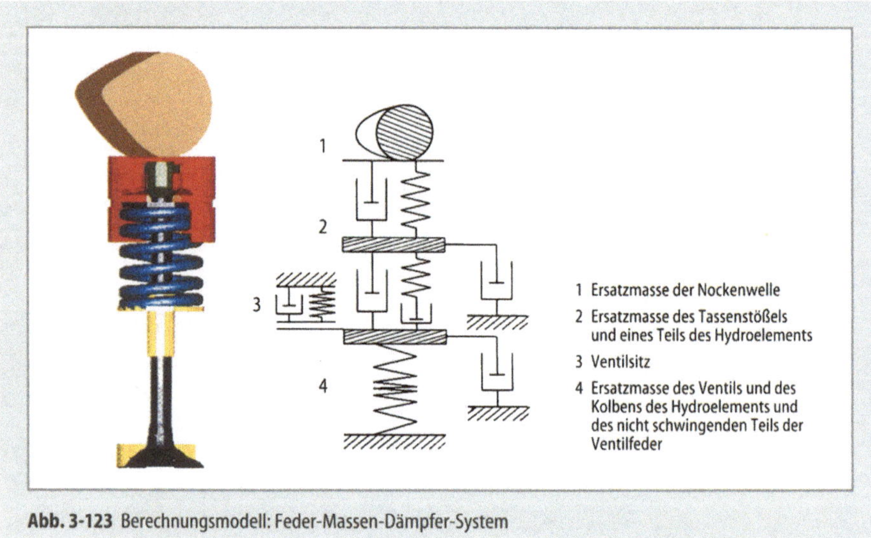

Abb. 3-123 Berechnungsmodell: Feder-Massen-Dämpfer-System

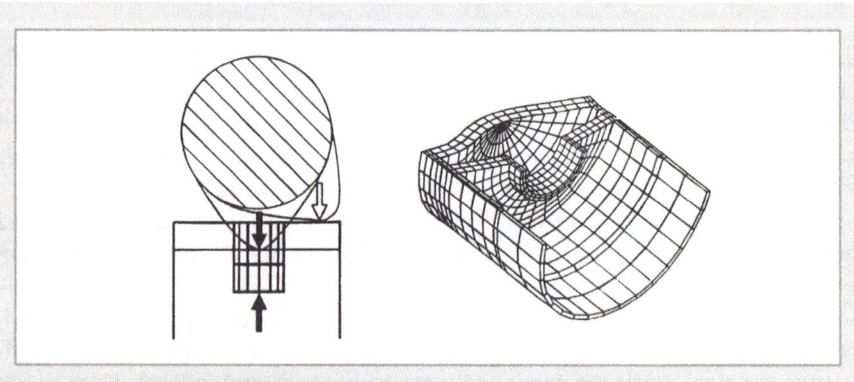

Abb. 3-124 Ermittlung der Stößelsteifigkeit mittels FEM-Strukturanalyse

Das Rechenmodell ermöglicht die Ermittlung von Kraftschwingungen, die minimiert werden müssen. Die kritischen Betriebszustände mit Kontaktverlust können vorausberechnet werden. Hier gilt es, durch Auslegung und Abstimmung des Systems den Kontaktverlust im relevanten Drehzahlbereich gänzlich zu vermeiden. Auf diese Weise kann ein System bereits rein rechnerisch optimiert werden, wodurch sich eine höhere Langlebigkeit durch geringen Verschleiß, aber auch ein besseres Geräuschverhalten erreichen läßt.

Hinweise auf die mechanische Belastung des Ventils liefern die Ventilaufsetzkräfte, die – ebenso wie die Geschwindigkeiten beim Ventilaufsetzen – unmittelbare Rückschlüsse auf die Geräuschentstehung zulassen. Das Rechenmodell erlaubt auch Aussagen über Toleranzempfindlichkeiten, d.h., Auswirkungen der Änderungen des Systems unter Produktionsbedingungen können frühzeitig berücksichtigt werden.

Neben der rechnerischen Auslegung über Computersimulationsmodelle dienen Meßprogramme zur Verifizierung der Rechnungen. Um die Ventiltriebsdynamik im Rahmen eines Meßprogramms festzulegen, sind verschiedene Messungen erforderlich. So kann der Ventil-Gesamtweg (gemessen in mm) untersucht werden, daneben ist das Aufsetzverhalten des Ventils, 1 mm vor dem Auftreffen auf den Ventilsitz, von Bedeutung. Die Ventil-Schaftkraft-Messung trägt u.a. zum Erkennen thermischer Überbeanspruchung bei. Je höher ein Auslaßventil belastet wird – wo Temperaturen von 800 °C herrschen –, um so eher können z.B. Mikrorisse entstehen, bedingt durch die technische Alterung des Systems. Infolge der Kerbwirkung führen diese zu einer Spannungserhöhung und damit zur Zerstörung.

Zum Meßprogramm für die Auslegung der Ventiltriebsdynamik gehört auch die Ventil-Federkraft-Messung. Sie entscheidet darüber, ob beim Aufsetzen Kontaktverlust vermieden wird oder ob eine hohe Reibung im System auftritt, die wiederum mit einem höheren Kraftstoffverbrauch bezahlt werden muß. Auch die Nockenwellenverlagerung (Biegeumlauf in mm) kann gemessen werden; sie ist für die dynamische Auslegung des Systems von entscheidender Bedeutung.

Ein Verfahren, mit dessen Hilfe der Ventilweg gemessen werden kann, ist die sog. Ventilweg-Sensorik (Abb. 3-125). Der Sensor zur Gesamtwegaufnahme wird von einem kleineren Sensor zur Aufnahme des letzten Millimeters – unmittelbar vor dem Aufsetzen – unterstützt. Hier wird durch einen hochfrequenten Wechselstrom ein elektrisches Feld erzeugt, das wiederum für Wirbelströme im Ventil sorgt. Über diese Wirbelströme läßt sich in einem Schwingkreis die absorbierte Energie bestimmen.

Im einzelnen kann z.B. die Ventilerhebung im Nockenwellen-Rampenbereich gemessen werden. In Abb. 3-126 ist der Ventilhub bei einer Drehzahl von 1000 min^{-1} aufgetragen. Das Aufsetzverhalten bei einer hohen Drehzahl von 6700 min^{-1} zeigt Abb. 3-127. Auffallend ist hier das Nachschlagen des Ventils, das dessen schnelles Verschleißen oder sogar ein Abreißen bewirken kann.

Die Ventilaufsetzgeschwindigkeit ist ebenfalls eine wichtige Größe, die – falsch ausgelegt – u.U. zum Ventil- bzw. Ventilsitzverschleiß führen kann. Die kinema-

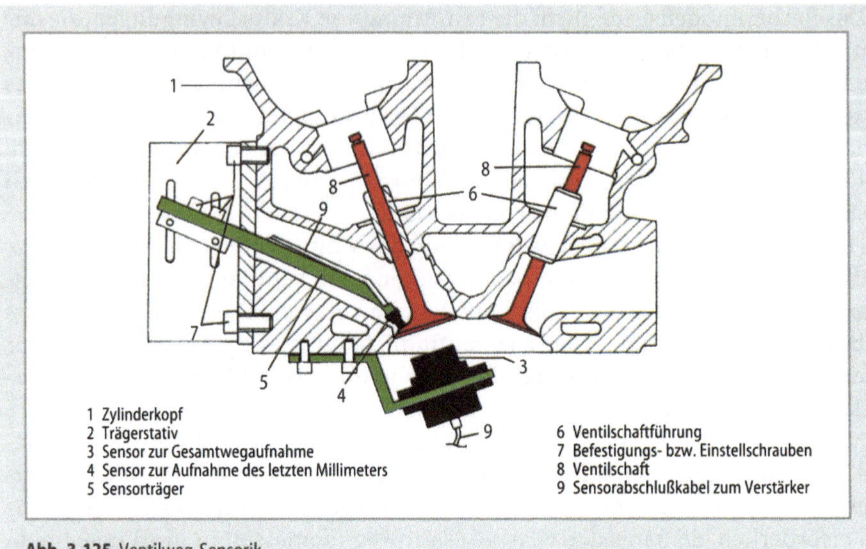

Abb. 3-125 Ventilweg-Sensorik

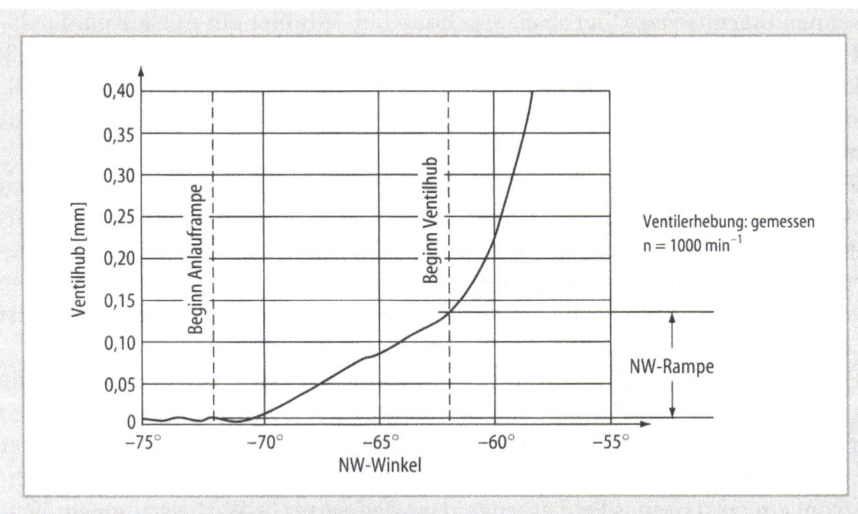

Abb. 3-126 Ventilerhebung im NW-Rampenbereich

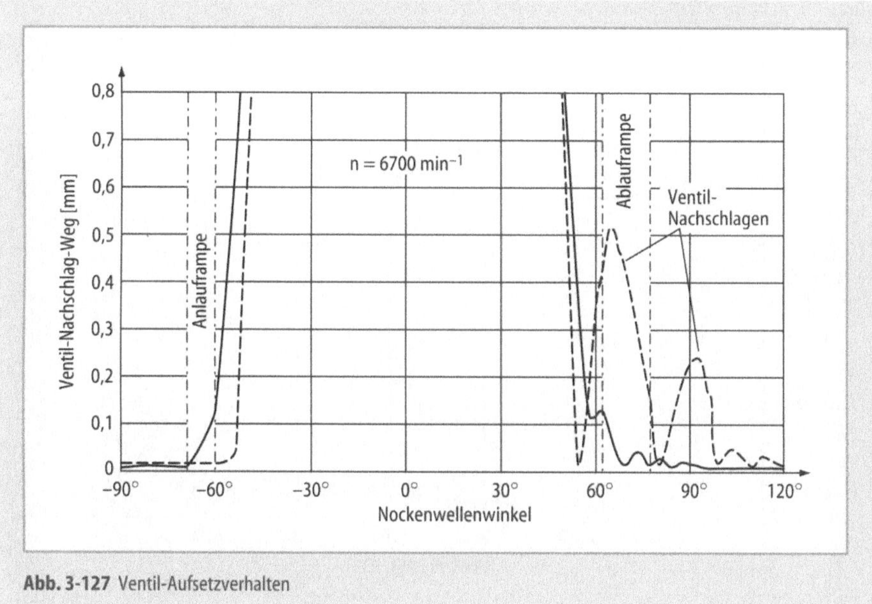

Abb. 3-127 Ventil-Aufsetzverhalten

tische Aufsetzgeschwindigkeit in Abb. 3-128a und b verläuft linear zur Drehzahl. Arbeitet das System mit einem nichtoptimierten Profil, wird die Aufsetzgeschwindigkeit ab einer bestimmten Drehzahl in Bereiche von 1 m/s abwandern. Über eine längere Laufleistung hinweg ist dieser Wert kritisch, weil er z. B. durch ein Hydroelement (Ventiltrieb mit hydraulischem Spielausgleich) nicht mehr aufgehoben werden kann. Eine einfache Optimierung wäre die Entscheidung, den Drehzahlbereich bei 6200 min^{-1} zu begrenzen. Soll aber bis in Bereiche von 7000 min^{-1} vorgedrungen werden, muß das Nockenprofil neu abgestimmt werden (Abb. 3-128b).

Weitere wichtige Meßgrößen sind in der Akustik zu finden. Die Übersicht in Abb. 3-129 bezeichnet die äußeren Leitwege des Körperschalls, der unmittelbar aus der Verbrennung heraus über den Zylinderkopf, z. B. vom Kolben über das Anschlagen an die Zylinderwand, oder auch durch die Verbrennung selbst entsteht. Innere Leitwege gehen über die Pleuelstange, die Lageranbindung, über den Zylinderblock und die Ölwanne. Der Körperschall, der über diese äußeren und inneren Leitwege nach außen dringt, wird als Motorgeräusch abgestrahlt. Auf der anderen Seite werden Schwingungen über das elastische Motorlager in die Karosserie eingeleitet. Diese Vibrationsanregungen sind aufgrund der Körperschall-Transferfunktion der Karosserie im Innenraum des Fahrzeugs wahrnehmbar; Körperschall tritt im Frequenzbereich < 500 Hz auf. Über 500 Hz wird Luftschall über die Luftschall-Transferfunktion der Karosserie nach innen geleitet. Beide Arten der Anregung – Körperschall und Luftschall – sind verantwortlich für eine Reihe unterschiedlicher Geräusche.

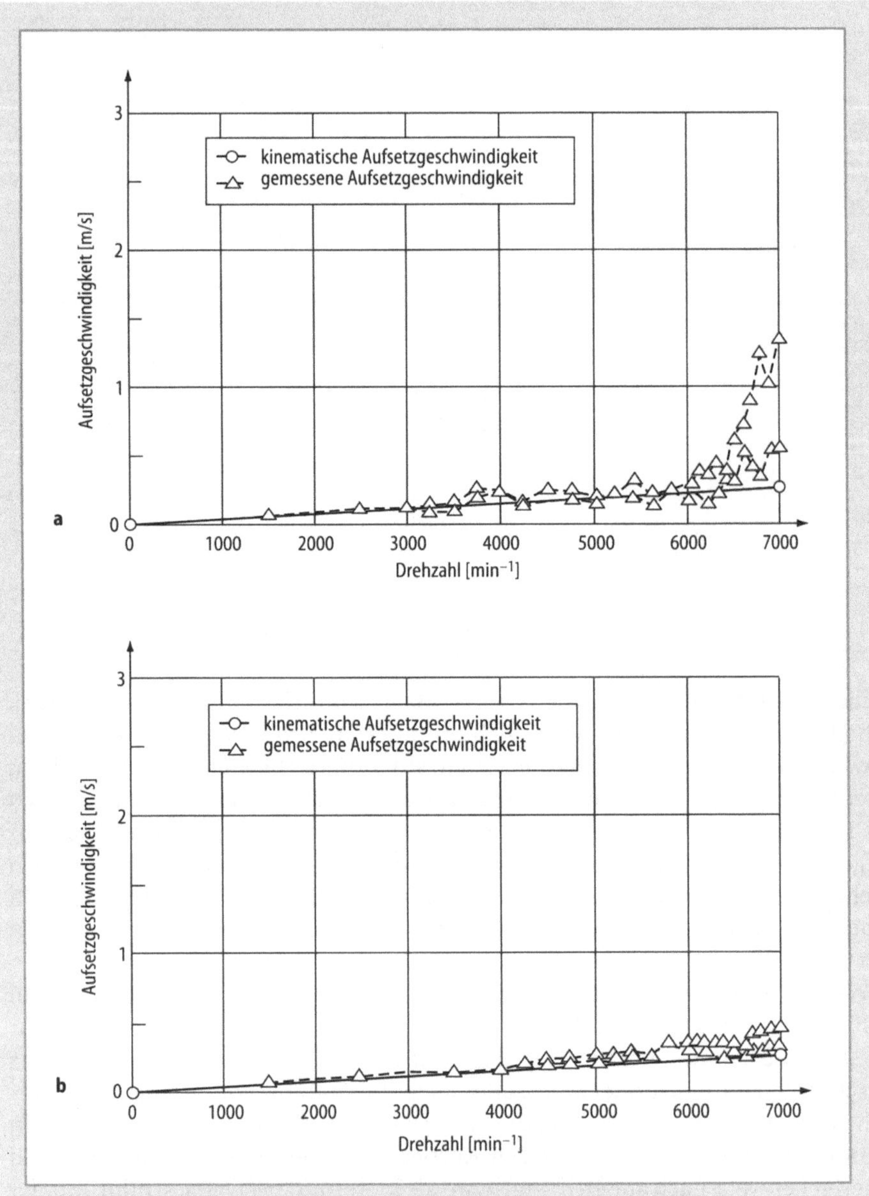

Abb. 3-128 Ventilaufsetzgeschwindigkeiten bei einem **a** nichtoptimierten und **b** optimierten Profil

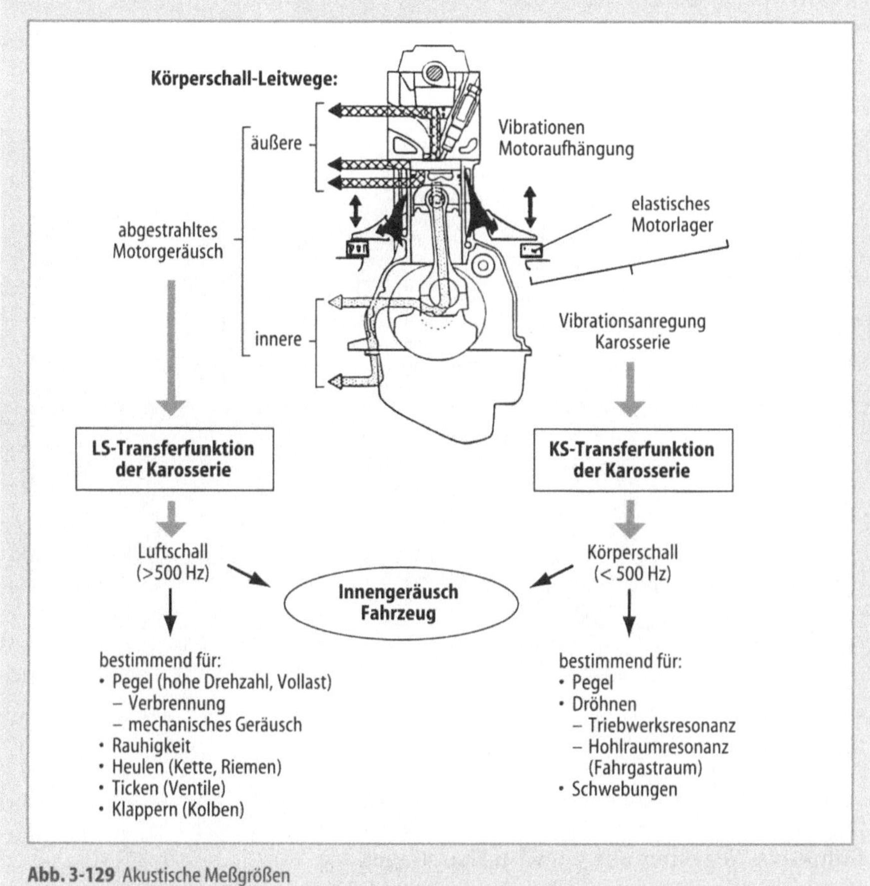

Abb. 3-129 Akustische Meßgrößen

Mit Grundsatzuntersuchungen im Kurbelgehäuse wird die Geräuschanregung analysiert. In Abb. 3-130 ist zu erkennen, wie mit Hilfe eines piezo-elektrischen Druckaufnehmers der Zylinderdruckverlauf von Zylinder 3 ermittelt wird. Sowohl die Körperschallantwort auf die Anregung als auch Massenkräfte, die zu Stößen von spielbehafteten Bauteilen führen, werden mit dem Beschleunigungsaufnehmer – hier im Bereich des Lagers – erfaßt. Ebenso erlauben induktive Weggeber eine Aussage über die Verlagerungsbahn der Kurbelwelle. Der untere Teil der Abbildung stellt die Analyse der Meßwerte anhand der Beschleunigung dar. Die Anordnung der Meßstellen sieht folgendermaßen aus:

- Mikrofone an 4 Standardpositionen in 1 m Abstand,
- Dehnmeßstreifen an Lagerdeckeln, 3. und 4. Lager,
- Beschleunigungsgeber an kritischen Stellen des Motors,
- piezo-elektrischer Druckaufnehmer, Zylinder 3,

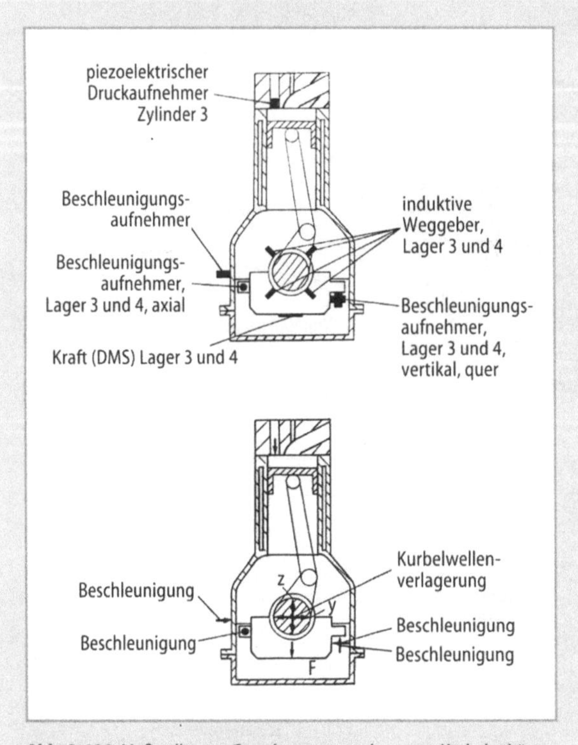

Abb. 3-130 Meßstellen zur Grundsatzuntersuchung am Kurbelgehäuse

- induktive Weggeber am 3. und 4. Hauptlager,
- Beschleunigungsgeber an der elastischen Motorlagerung.

Analysen lassen sich sowohl am gefeuerten als auch am nichtgefeuerten Motor durchführen:

gefeuerter Motor, quasistationäre Hochläufe und ausgesuchte stationäre Drehzahlen, Leer- und Vollast:

1. Geräuschabstrahlung des Motors (Luftschall),
2. Vibrationen elastischer Motorlagerung (Körperschall),
3. Körperschall-Leitweg, Hauptlager/Motoroberfläche
   - Brennraumdruck und Druckgradient des 3. Zylinders,
   - Kurbelwellenverlagerung, 3. und 4. Lager,
   - Hauptlagerbelastung, 3. und 4. Lager,
   - Beschleunigung der Hauptlager, 3. und 4. Lager,
   - Vibrationen der Motoroberfläche (z.B. Kurbelgehäuse),
4. psycho-akustische Parameter (Lautheit, Schärfe, Rauhigkeit).

Anschlagversuche des nichtgefeuerten Motors:

1. Modalanalyse, Motorblöcke und Rumpfmotoren (Motorblock, Ölwanne, Zylinderkopf und komplettes Getriebe),
2. Beurteilung der Rumpfmotoren mit der Betriebsanregungsmethode (Multiplikation mit Anregungsspektren),
3. Körperschalleitung zu den Motorlagern.

Anhand der Untersuchungsergebnisse lassen sich z.B. Komponenten als Maßnahmen zur Versteifung des Kurbelgehäusetriebs entwickeln und vergleichen. Ein Lager-Längsverbund (in Abb. 3-131 oben) verknüpft verschiedene Lagerstellen miteinander. Weitere Teile für einen Motor mit kurzer Schürze sind Lagergürtel ohne oder mit integrierten Lagerschalen.

Abbildung 3-132 zeigt die Meßergebnisse der verschiedenen Kurbelgehäuseversteifungen gegenüber der Basis mit separatem Hauptlager und Guß-Kurbelwelle. Zu erkennen ist, daß der Lagergürtel mit integrierten Kurbelwellenlagern den geringsten Lautheitspegel im untersuchten Drehzahlbereich aufweist.

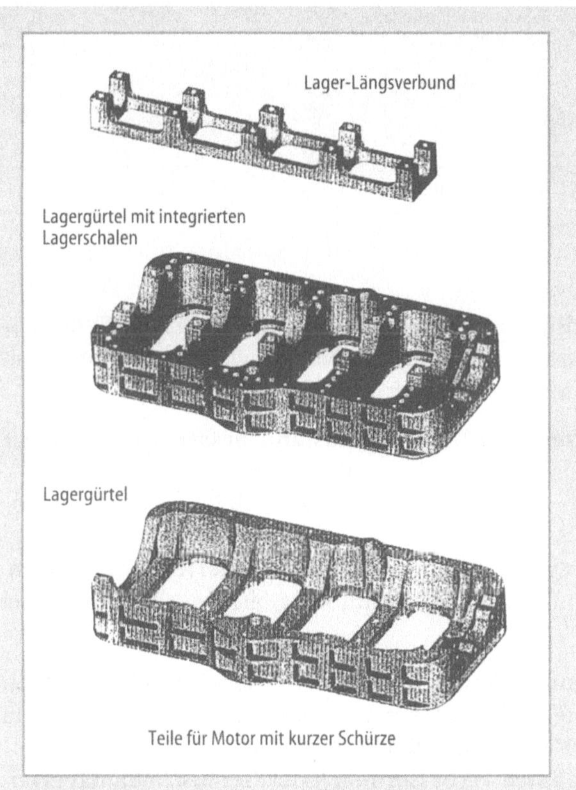

Abb. 3-131 CAD-Modell und Komponenten für Grundsatzuntersuchung am Kurbelgehäuse

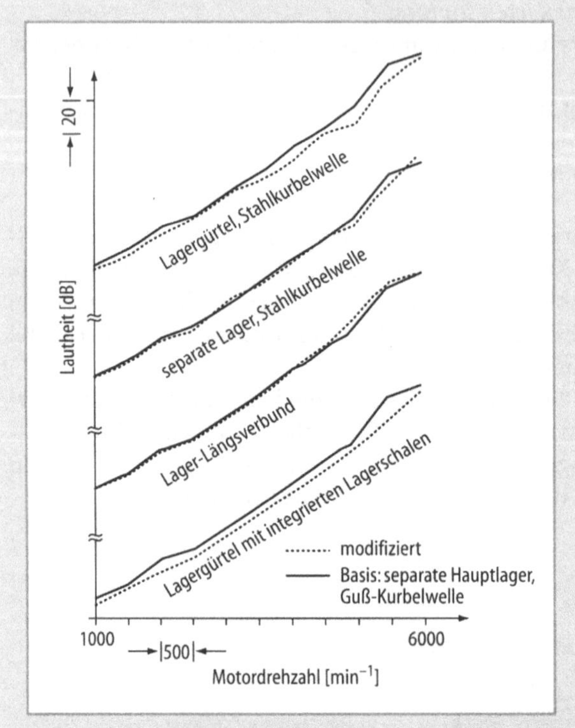

Abb. 3-132 Meßergebnisse verschiedener Maßnahmen zur Versteifung von Kurbelgehäuse oder Kurbelwelle

Die Ergebnisse der Grundsatzuntersuchungen lassen sich für die Geräuschabstrahlung folgendermaßen zusammenfassen, wobei zwischen Motoren mit kurzer und langer Schürze unterschieden wird (Abb. 3-34):

- Motor mit kurzer Schürze ist im Ausgangszustand besser als mit langer Schürze,
- Verbesserungen sind im 1 – 2-kHz-Bereich bis zu 2 – 3 dB im Fernfeld bei Motoren mit
  a) kurzer Schürze durch Lagergürtel ohne und mit integrierten Lagerschalen,
  b) langer Schürze durch Lager-Längsverbund, Leiterrahmen, Lagergürtel möglich.

Eine Reduktion der Schwingungen kann mit Hilfe der Lagergürtel ohne und mit integrierten Lagerschalen unterhalb 600 Hz erreicht werden; das gilt jedoch nicht für die 2. Motorordnung bei Vierzylinder-Reihenmotoren.

Durch Versteifungen lassen sich Verbesserungen der Geräuschqualität erreichen. Wie sich dieser Effekt im Fahrgastraum auswirkt, muß im Fahrzeug selbst überprüft werden.

Geeignete Konzepte zur Verbesserung der Motorakustik sind die in Abb. 3-131 gezeigten Komponenten Lager-Längsverbund, Lagergürtel und Lagergürtel mit integrierten Lagerschalen. Wie wirken sich die Modifikationen dieser Konzepte aus? Eine Pegelreduktion im Frequenzbereich von 1 – 2 kHz ist hauptsächlich durch Beschränkung axialer Hauptlager-Moden zu erreichen. Die Übertragung des Körperschalls vom Hauptlager zur Schürzenoberfläche wird von zwei Effekten bestimmt:

- „bessere" Übertragung infolge stärkerer Verbindungen in der Struktur (zusätzliche Körperschall-Pfade) führt nicht zu Verschlechterungen,
- geringere Vibrationsamplituden der schallabstrahlenden Oberflächen infolge größerer Struktursteifigkeit sind ein dominanter Effekt, der durch eine geringere Anregung der Ölwanne verstärkt wird.

Diese Auswertung der Untersuchungsergebnisse läßt eine Festlegung von Richtlinien für die Konstruktion zu:

- steifere Kurbelgehäusestruktur führt zu geringeren Geräuschen und Vibrationen,
- erreichbare Verbesserungen sind abhängig vom Ausgangszustand (Steifigkeit und Rangfolge der Teilschallquellen),
- Lager-Längsverbund oder Verbindung der Kurbelgehäuse-Seitenwände bringen kleine bis unerhebliche Verbesserungen,
- beste Ergebnisse werden erzielt, wenn Hauptlager und Ölwannenflansche verbunden werden,
- die Querverschraubung sollte als Einzelmaßnahme vermieden werden (Kopplung von Hauptlagermoden),
- Steifigkeit des Kurbelgehäuses ist genauso wichtig wie die dynamische Optimierung des Motorblocks.

Neben der Konzeptfindung für die beschriebenen Untersysteme Ventiltrieb und Motorkonstruktion zur Minimierung der Geräuschentstehung bzw. -abstrahlung gibt es ein weiteres Feld für Verifizierungstests, die während der Konzeptanalyse und -selektion durchgeführt werden. Hierbei handelt es sich um die *Brennverfahrensentwicklung*. Trotz der sehr weit fortgeschrittenen Analyseverfahren, basierend auf CAE und 3D-CFD-Berechnungen, sind Prinziptests erforderlich, um die Rechnungsmodelle einerseits – bezüglich der Rahmenbedingungen und Annahmen – zu optimieren und andererseits die quantitative Aussage aus den Rechenergebnissen zu verifizieren.

Bei der Brennverfahrensentwicklung ist vornehmlich die Gestaltung der Einlaßorgane und des Brennraums, die Lage der Zündkerzen, die Kolbenform, aber auch die Gestaltung der Kühlungskanäle entscheidend für den Erfolg des Verbrennungsablaufs. Dieser muß den verschiedensten, z. T. sich widersprechenden, Zielsetzungen genügen.

Bei Vollast sollen maximales Drehmoment und höchstmögliche Leistung erreicht werden, gleichzeitig muß das Verbrennungsgeräusch dergestalt sein, daß bei einer gegebenen Fahrzeuginstallation die vorgeschriebenen Geräuschpegel für die beschleunigte Vorbeifahrt nicht überschritten werden. Darüber hinaus soll im Teillastbetrieb ein möglichst guter Wirkungsgrad bei gleichzeitig minimiertem Schadstoffaustausch erreicht werden.

Eine Möglichkeit der Gestaltung der Einlaßströmung ist der Drall-Einlaßkanal, der insbesondere für eine effiziente Verbrennung bei Verdünnung mit Luft (Magerkonzept) oder mit Abgas (Abgasrückführung) sorgt. Der Drall-Einlaßkanal ist also ein wichtiges Element, um während der Verbrennung die einströmende Luft oder das Kraftstoff-Luftgemisch so zu steuern, daß ein bestmöglicher Kraftstoffverbrauch, die Einhaltung der Abgasemissionsgesetzgebung sowie ein sehr gutes Geräuschverhalten gewährleistet sind.

Aufgrund der Auslegung mit dem Drall-Einlaßventil lassen sich die Strömungsverhältnisse im Kanal und im Brennraum in Abhängigkeit von Kurbelwinkel und Ventilhub bis zum geschlossenen Ventil berechnen. Abbildung 3-133 verdeutlicht die Berechnung mit einem sog. moderaten Drall-Ventil, das aber bereits eine bestimmte Verwirbelung im Brennraum bewirkt.

Ausgehend vom 3D-CAD-Modell des Einlaßkanals wird mit Hilfe von CAD/CAM ein sog. Fließkasten gefertigt. Dieser Fließkasten besteht aus einem Ober- und einem Untermodell (Abb. 3-134). In beide Teile wurde die Kanalform eingefräst, so daß der Kanal mit Hilfe des Modells in einem Fließprüfstand untersucht werden kann.

Ergebnisse lassen sich auch mit LDA (Laserdoppleranometrie) erzeugen. Bei einem vorgegebenen Luftmassenstrom bei stationärer Strömung kann mittels LDA eine Kalibrierung der Berechnung vorgenommen werden. Auf diese Weise werden viele Einlaßkanalvarianten (Abb. 3-135) untersucht. Das in Abb. 3-134 ge-

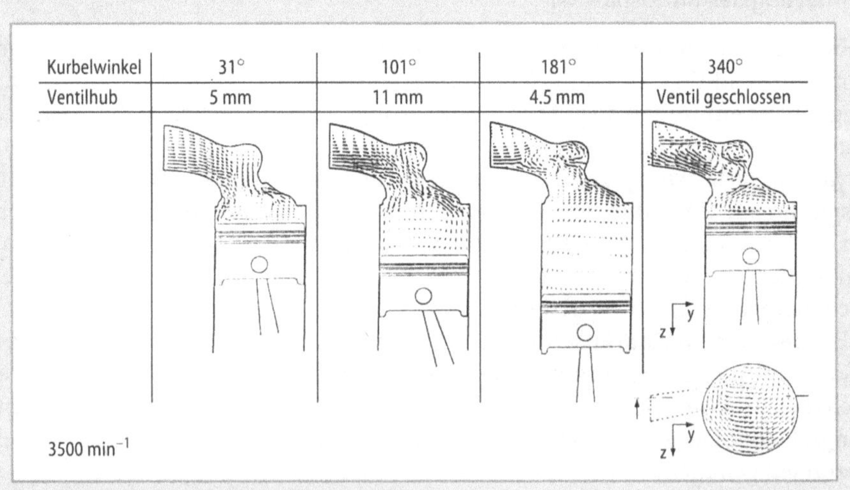

Abb. 3-133 Moderater Drall-Ventil-Kanal ohne Maske

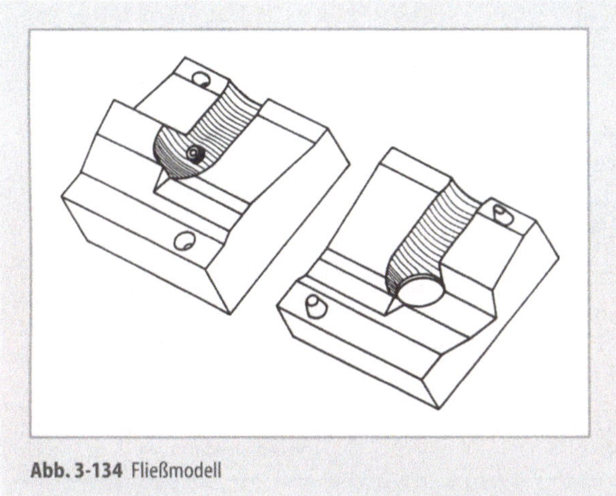

Abb. 3-134 Fließmodell

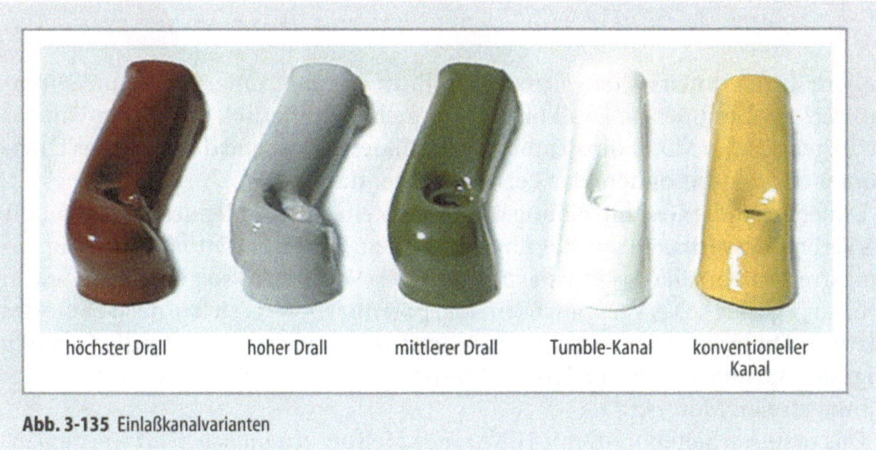

Abb. 3-135 Einlaßkanalvarianten

zeigte Fließmodell ist die Ausgangsform für die Variantenuntersuchung. Die Formen der Kanäle erhalten entsprechend dem Drallniveau unterschiedliche Bezeichnungen: höchster Drall, hoher Drall, mittlerer Drall, Tumble-Kanal und konventioneller Kanal. Die Auslenkung zwischen dem Mittelpunkt des Ventilschafts und der Krümmung selbst ist entscheidend für das Drallniveau.

Beim Tumble-Kanal verläuft die Einströmung in den Brennraum tangential und die anschließende Drehung vollzieht sich in Form eines Tumbles um eine gedachte Achse parallel zur Kurbelwelle und nicht wie bei einem Drall um die Zylindermittenachse.

Das Drall- und Durchflußverhalten der verschiedenen Einlaßkanäle zeigt Abb. 3-136. In einem sog. Durchflußprüfstand werden bei einer bestimmten angesaugten Luftmenge verschiedene Schritte der Ventilöffnung zwischen 0 und 12 mm si-

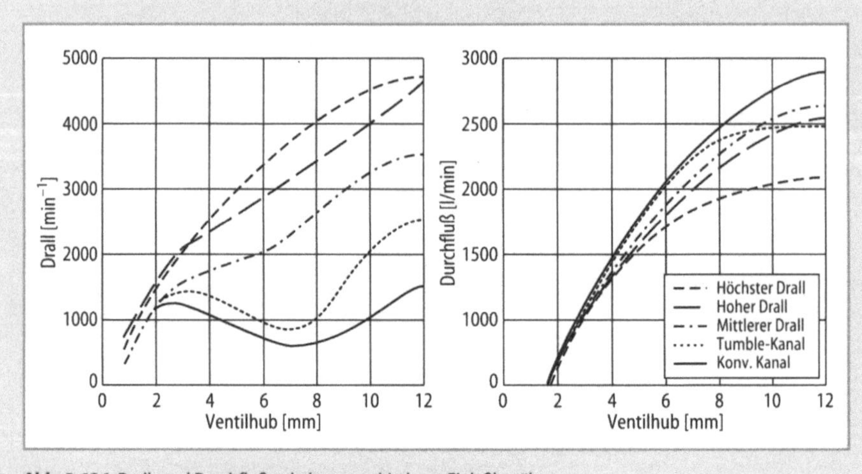

Abb. 3-136 Drall- und Durchflußverhalten verschiedener Einlaßkanäle

muliert. Zu erkennen ist, daß sich das Drallniveau genau umgekehrt zum Durchfluß verhält. Der höchste Drall bietet also nicht automatisch die besten Voraussetzungen für den Motor hinsichtlich der Zylinderfüllung und damit für das Drehmoment und insbesondere das Leistungspotential.

Daneben ist die Gesamtreibung des Motors ein entscheidendes Kriterium für das Verbrauchsverhalten und das Abgasverhalten. Würde ein Ottomotor völlig reibungsfrei laufen, sähe das Einsparpotential des Verbrauchs so günstig aus wie in Abb. 3-137 gezeigt. Das Verbrauchseinsparpotential bewegt sich je nach Höhe des relativen Drehmoments zwischen 10 % und 60 %. Den Gewinn für die Leistung zeigt der Sprung von der realen Drehmomentkurve zur gestrichelten Linie des reibungsfreien Motors.

Das reale Verhalten muß mit Hilfe eines Meßprogramms geprüft werden, indem der Versuchsträger, z. B. ein Kurbeltrieb im Zylinderblock, betrachtet wird. Auf dem sog. Schleppprüfstand wird der Antrieb von einem Elektromotor simuliert. Eine Drehmoment-Meßwelle schlüsselt die gemessenen Daten auf und analysiert sie. Alle Parameter wie Öl- und Wassertemperatur müssen hierbei konstant gehalten werden, damit die Meßergebnisse zuverlässig bleiben.

Abbildung 3-138 zeigt die anteilige Reibleistung der verschiedenen Motorkomponenten. Die Kurbelwelle nimmt im Motor bereits bis etwa 15 % der Reibleistung auf, die Ölpumpe ca. 10 – 20 %. Einen wesentlichen Anteil haben Kolben, Ringe und Pleuel, die ca. 40 % Reibung aufnehmen. Aus diesem Grund wird bei der Entwicklung besonders hoher Wert auf die Optimierung des Zylinderbohrungsverzuges (möglichst gleichmäßig „rund" unter thermischen Betriebsbedingungen) und die Minimierung der Kolbenringspannung gelegt.

Der Anteil der Wasserpumpe liegt bei 10 – 15 %, die Lichtmaschine nimmt den geringsten Teil mit 2 – 4 % ein. Es fällt auf, daß der Einfluß des Ventiltriebs spezi-

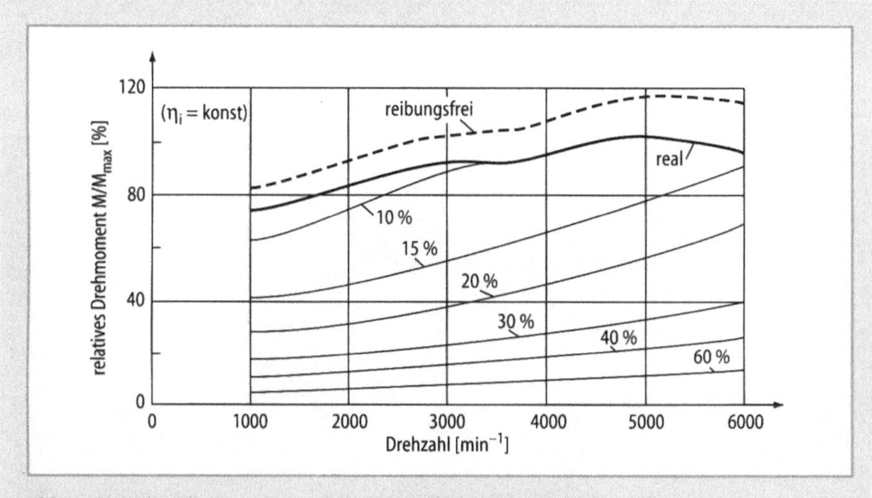

Abb. 3-137 Verbrauchs-Einsparpotential des „reibungsfreien" Ottomotors

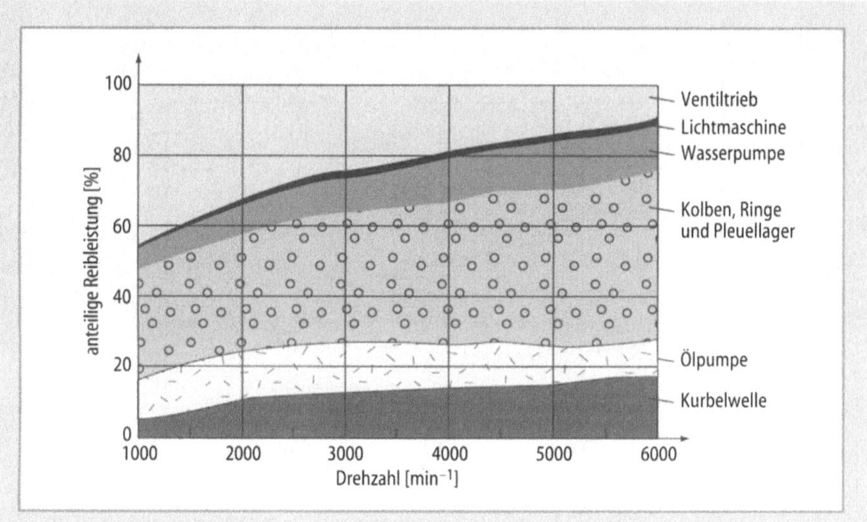

Abb. 3-138 Anteil der Reibverluste von Triebwerk und Nebenantrieben

ell bei niedrigen Drehzahlen enorm ist. Bei 1000 min^{-1} nimmt er bereits 40 % Reibleistung auf, genausoviel wie die Kolben-, Ring- und Pleuelgruppe. Bei heutigem Fahrverhalten im Stadtbetrieb ist diese Erkenntnis besonders wichtig. Hier muß optimiert werden, um auch bei niedrigen Drehzahlen einen guten Verbrauch zu erzielen.

Die Reibung im Ventiltrieb kann erheblich reduziert werden, wenn anstelle des Flachstößels ein Rollenstößel verwendet wird. Abbildung 3-139 zeigt einen

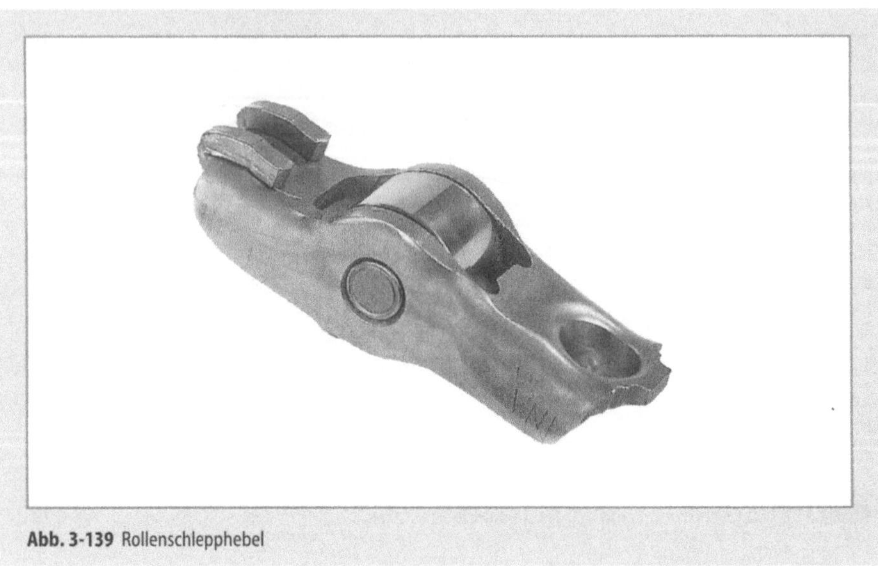

Abb. 3-139 Rollenschlepphebel

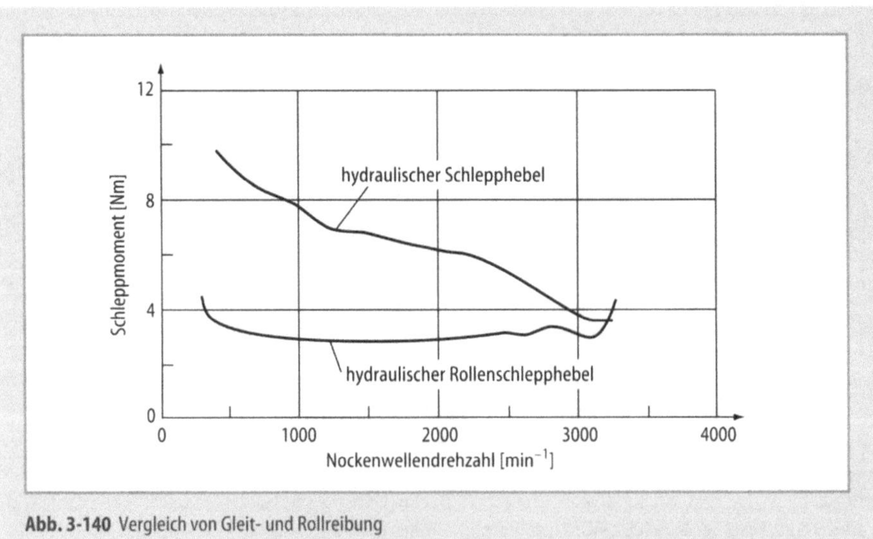

Abb. 3-140 Vergleich von Gleit- und Rollreibung

Rollenschlepphebel, der bei Motorkonzepten mit obenliegender Nockenwelle genutzt wird. Im Gegensatz zum Schlepphebel, auf dem der Nocken gleitet, kommt es beim Rollenschlepphebel zu einer Rollbewegung mit entsprechend geringerer Reibung.

Der positive Einfluß ist aus Abb. 3-140 ersichtlich. Während der Schlepphebel ein hohes Reibmoment bei niedrigen Drehzahlen hervorruft, bewegt sich der Rollenschlepphebel mit hydraulischem Ventilspielausgleich auf gleichbleibendem

Niveau zwischen 3 und 4 Nm. Diese Optimierung der Ventiltriebsreibung wurde beim 2,5-l-V6-Motor im Mondeo, aber auch beim 1,0-l- und 1,6-l-SOHC-Vierzylinder im Fiesta in die Praxis umgesetzt.

3.3.6 Technische Konzeptauswahl

Für die technische Konzeptfindung muß aus den verschiedenen Varianten eine objektive Auswahl getroffen werden. Die Ergebnisse müssen jederzeit präsentierbar sein und von allen beteiligten Seiten mitgetragen werden können. Der im folgenden beschriebene Entscheidungsprozeß ist für die Untersuchung alternativer Konzepte ein geeignetes Hilfsmittel:

- Kriterien definieren (Team),
- Ziele festlegen (Team),
- Wichtigkeit der Kriterien festlegen (Team),
- Alternativkonzepte erarbeiten (Engineering),
- potentielle Kosten der Konzepte schätzen,
- Alternativen bewerten (Team).

Die Erfüllung aller Teilaufgaben erleichtert es, zu einem objektiven Urteil zu gelangen. Der wertorientierte Entscheidungsprozeß (s.a. Abschn. 4.2.1) ist eine nachvollziehbare Analyse, die eine gute Diskussionsgrundlage darstellt, wenn folgende Kriterien erfüllt sind:

- Systematik von Kriterien (z.B. von Funktion und Kosten),
- Trade-off zwischen Funktion und Kosten,
- Konsensbildung zwischen verschiedenen Bereichen,
- Objektivierung und Nachvollziehbarkeit der Ergebnisse,
- Dokumentation.

Jede Entscheidung bedingt, daß bestimmte Ziele erfüllt werden. Hier ist zu trennen in Muß-Ziele, die unabdingbar sind, und Wunsch-Ziele, die man verhandeln kann. Muß-Ziele sind Anforderungen, die in jedem Fall erfüllt werden müssen (Go/Nogo-Entscheidungen). Wenn jemand in zwei Stunden von A nach B gelangen muß, ist der klimatisierte Zug, in dem er dies erreichen könnte, ein Wunsch-Ziel. Dieses Ziel ist verhandelbar, wenn dadurch die Zeit von zwei Stunden nicht überschritten wird und der Kosten/Nutzenaufwand das Muß-Ziel rechtfertigt. Hier ist also eine Entscheidung möglich, die beim Muß-Ziel ausgeschlossen ist. Unabdingbare Ziele müssen

- klar definiert,
- klar abgegrenzt,
- mit Fakten hinterlegt und
- mit Go/Nogo gewertet sein.

Mit Nogo bewertete Alternativen werden nicht weiter berücksichtigt.

„Klar definiert" bedeutet in o.g. Beispiel die Zeit von zwei Stunden und nicht schneller. Dauert eine der Alternativen länger als zwei Stunden, fällt sie aus, auch wenn sie billiger ist. Geht eine andere Variante schneller, ist aber teurer, fällt auch sie aus.

Verhandelbare Ziele lassen sich ebenfalls kennzeichnen, wobei sie zusätzlich nach ihrer Bedeutung auf einer Skala von 1 – 10 gewichtet (relative Gewichtung RG) werden müssen:

- potentielle Streubreite der Ziele festlegen,
- keine spezielle Festlegung auf einen Wert,
- Ziele werden innerhalb der berücksichtigten Streubreite nach trade-off definiert.

Der Erfüllungsgrad (Leistung) der Wunsch-Ziele wird ebenfalls mit Punkten von 1 – 10 bewertet. Die Leistungsbeurteilung LB findet sich in Tabelle 3-6 wieder. Sie ergibt, multipliziert mit der relativen Gewichtung RG, die Funktion F.

$$F = RG \times LB$$

Das Beispiel des Zylinderkopfes zeigt, wie die Unterscheidung der Ziele zu verstehen ist. Unabdingbare Ziele sind z.B.

- Package (vorgegebener Bauraum),
- Abgasnormerfüllung,
- Bohrungsabstand (Fertigungsanlagen),
- Weiterverwendbarkeit von Teilen/Fertigungsanlagen.

Diese Vorsätze müssen erfüllt werden, d.h., jede Motorvariante, die größer ist als der vorgegebene Bauraum, erhält eine Nogo-Entscheidung. Ein weiteres Muß-Ziel ist die Zugänglichkeit der Zündkerzen, die leicht austauschbar sein müssen. Im Gegensatz dazu stehen die verhandelbaren Ziele, die untereinander verschiedene Gewichtungen haben:

- Kraftstoffverbrauch,
- max. Drehmoment,
- Drehmomentverlauf,
- NVH,
- Gewicht,
- Leistung,
- variable Stückkosten,
- Investment.

Ein Wunsch-Ziel mit hoher Gewichtung ist der Kraftstoffverbrauch, der natürlich so gering wie möglich liegen sollte. Geringe Bauhöhe ist ein weiteres Wunsch-Ziel, das sehr hoch zu bewerten ist.

Folgende Alternativen werden für das Zylinderkopfkonzept betrachtet:

2-Ventiler SOHC (Single Overhead Camshaft = obenliegende Nockenwelle) mit

- Tassenstößel,

- Schlepphebel mit Rolle,
- Kipphebel mit Rolle,

3-Ventiler SOHC mit
- Schlepphebel mit Rolle,
- Kipphebel mit Rolle,

4-Ventiler SOHC mit
- Schlepphebel mit Rolle,
- Kipphebel mit Rolle,

4-Ventiler DOHC (Double Overhead Camshaft = zwei obenliegende Nockenwellen) mit
- Tassenstößel,
- Schlepphebel mit Rolle.

Zunächst ist der vorgegebene Bauraum (Package) im Rahmen des Gesamtfahrzeug-Konzepts zu definieren. Diese Information stammt – genau wie die Notwendigkeit der Zugänglichkeit zu den Zündkerzen und die Anforderungen an die Kühlung – aus dem Unternehmen selbst und wird als unveränderliches Muß-Ziel nicht mehr in Frage gestellt.

Abbildung 3-141 zeigt alternative Ventiltriebe für Zweiventiler – einerseits mit mechanischem Tassenstößel, andererseits mit einem Kipphebel mit Rolle – und einen Dreiventiler, bei dem ein Schlepphebel mit Rolle angeordnet wurde. Mit diesen Systemen wird eine Standard-Leistungsdichte erreicht. Die drei anderen Varianten – Vierventiler mit mechanischem Tassenstößel, Dreiventiler mit Kipphebel und Rolle sowie Vierventiler mit Schlepphebel und Rolle – sorgen für eine hohe Leistungsdichte.

Eine sog. Entscheidungsmatrix filtert zunächst alle Nogo-Entscheidungen heraus, d.h., wird nur eines der Muß-Ziele mit „nicht machbar" beantwortet, fällt die entsprechende Variante von vornherein aus. Das ist z.B. beim Vierventiler SOHC mit Schlepphebel mit Rolle der Fall. Da die Bauhöhe mit < 141 mm vorgegeben ist, und der Motor das Maß überschreitet, ist die Entscheidung bereits an dieser Stelle gefallen.

Welche Möglichkeiten gibt es, die Wunsch-Ziele zu charakterisieren? Bei der Bestimmung des Kraftstoffverbrauchs helfen Simulationsrechnungen; zur Ermittlung der guten dynamischen Eigenschaften dienen Ventiltriebsberechnungen (CAE); die Kosten lassen sich mit Hilfe von Lieferanteninformationen herausfinden und die Bauhöhe kann mit CAD-Entwürfen – wie bei Muß-Zielen – dargestellt werden. Als Potential für Weiterentwicklungen bietet sich z.B. die Kanalabschaltung, die Ventilabschaltung und der direkt-einspritzende Ottomotor an.

Um nun die Entscheidung für eine Leistungsvariante fällen zu können, wird die Matrix ausgewertet (Tabelle 3-6). Alle Varianten erhalten die entsprechende Leistungsbeurteilung LB der Wunsch-Ziele. Die relative Gewichtung RG des Verbrauchs liegt bei 8, die Dynamik erhält 10 Bewertungspunkte, die Bauhöhe wird mit 7 und das Entwicklungspotential mit 8 bewertet. Das Produkt aus LB und RG

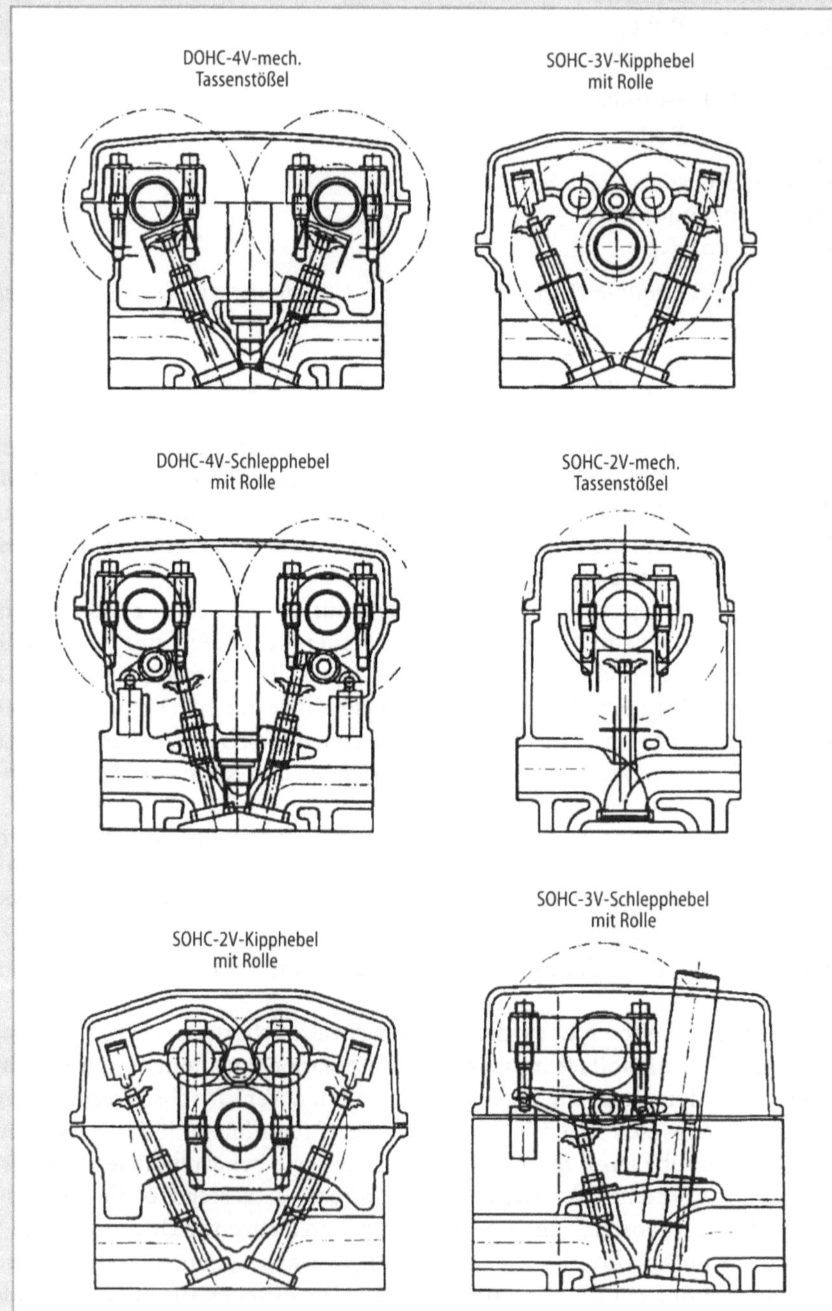

Abb. 3-141 Alternative Ventiltriebe

Tabelle 3-6 Entscheidungsmatrix für ein Zylinderkonzept

Leistungsvariante		2-Ventiler SOHC									3-Ventiler SOHC						4-Ventiler SOHC			4-Ventiler DOHC					
		Tassenstößel			Schlepphebel mit Rolle			Kipphebel mit Rolle			Schlepphebel mit Rolle			Kipphebel mit Rolle			Kipphebel mit Rolle			Tassenstößel			Schlepphebel mit Rolle		
Muß		Information		GO/NOGO	Information		GO/NOGO	Information		GO/NOGO	Information		GO/NOGO	Information		GO/NOGO	Information		GO/NOGO	Information		GO/NOGO	Information		GO/NOGO
Bauhöhe < 141 mm		machbar		GO	machbar		GO	machbar		GO	machbar		GO	machbar		GO	machbar		GO	machbar		GO	machbar		GO
Zündkerzen Zugänglichkeit Kühlung		machbar, aber nicht optimal		GO	machbar, aber nicht optimal		GO	machbar, aber nicht optimal		GO	machbar		GO	machbar		GO	machbar		GO	machbar		GO	machbar		GO
Wunsch	RG	Informat.	LB	F	Informat.	LB	F	Informat.	LB	F	Informat.	LB	F	Informat.	LB	F	Informat.	LB	F	Informat.	LB	F	Informat.	LB	F
Verbrauch (Reibmoment) [Nm]	8	1.5	8	64	1.1	10	80	1.7	7	56	1.5	8	64	2.3	6	48	3.1	4	32	2.4	6	48	2.1	8	64
Dynamik	10		10	100		9	90		4	40		8	80		4	40		4	40		10	100		9	90
Bauhöhe [mm]	7	120	7	49	140	5	35	88	10	70	140	5	35	88	10	70	88	10	70	100	9	63	125	7	49
Entwicklungspotential	8	Drehzahl I	4	32	Drehzahl I	3	24		1	8		6	48		5	40		5	40		10	80		9	72
Gewichtete Gesamtfunktion (A)				**245**			**229**			**174**			**227**			**198**			**182**			**291**			**275**
Kosten [DM] (B)		**66**			**93**			**107**			**119**			**125**			**138**			**98**			**138**		
Wertverhältnis A/B		**3,7**			**2,5**			**1,63**			**1,91**			**1,6**			**1,32**			**3,0**			**2,0**		

RG Relative Gewichtung
LB Leistungsbeurteilung
F Funktion

F = RG × LB

ergibt die Funktion F je Wunsch-Ziel. Durch Addition der Einzelfunktionen erhält man die gewichtete Gesamtfunktion A. Hierbei stellt sich das Zylinderkopfkonzept mit DOHC-Vierventil-Tassenstößel-Ventiltrieb als Favorit heraus (höchste Gesamtfunktion A). Betrachtet man jedoch den *Wert*, d.h., A dividiert durch die Kosten B, so ergibt sich das höchste Wertverhältnis 3,7 für das Zweiventil-SOHC-Konzept mit mechanischen Tassenstößeln. Anders ausgedrückt, bietet dieses Konzept für die Leistungsvariante die Funktion zu den geringsten Kosten.

Das Ergebnis würde gänzlich verschieden sein für die Auswahl einer verbrauchsoptimierten Motorvariante anstelle einer Leistungsvariante. Insbesondere die relative Gewichtung RG der einzelnen Beurteilungskriterien (Wunsch-Ziele) muß an die veränderte Zielsetzung „geringer Kraftstoffverbrauch" angepaßt werden. So würde z.B. der Schwerpunkt gesetzt auf ein hohes Drehmoment bei niedrigen und mittleren Drehzahlen und nicht auf hohe Leistung, verbunden mit hohen Drehzahlen, die einen entsprechenden, „sehr steifen" Ventiltrieb, d.h. eine sehr gute Ventiltriebsdynamik (in Tabelle 3-6: Dynamik), erfordern. Das bedeutet, daß die relative Gewichtung für „Dynamik" deutlich geringer und die für Verbrauch, hier Ventiltriebsreibung, maximal sein müßte. Die Leistungsbeurteilung des Entwicklungspotentials für eine verbrauchsoptimierte Variante stellt sich im Vergleich zur Leistungsvariante ebenfalls anders dar. Das extrem reibungsarme und dennoch dynamisch gute Konzept des Zweiventil-SOHC mit Rollenschlepphebel würde dann die höchste Funktion und in Abhängigkeit von den Kosten für die ausgeführte Konstruktion auch den höchsten *Wert* (Funktion dividiert durch die Kosten) erzielen.

3.3.7
Motorabstimmung

Viele Parameter, die die Arbeitsweise des Motors beeinflussen, lassen sich optimieren: sei es in ihrer Wirkung auf Verbrauch und Leistung oder in ihrem Einfluß auf Emissionen und Drehmoment. Die wichtigsten Kenngrößen sind in Abb. 3-142 dargestellt.

Auf der Einlaßseite spielen die Saugrohrkonfiguration und die Einspritzung eine wichtige Rolle. Die Reibung hat entscheidenden Anteil auf den Verbrauch und damit indirekt auf die Emissionen. Der Restgasanteil im Brennraum, der einerseits ungünstig für das Laufverhalten des Motors ist, andererseits eine positive Auswirkung im Hinblick auf die Absenkung der Stickoxide hat, wird im wesentlichen durch die Brennraumform, aber auch durch die Steuerzeiten beeinflußt.

Auf der Auslaßseite befinden sich ebenfalls entscheidende Größen, die Verbrauch und Leistung des Motors mitbestimmen. All diese Parameter erhalten zunächst durch Computersimulation eine Vorbestimmung, die im Rahmen von Versuchen bestätigt werden muß. Abbildung 3-143 zeigt zwei Versionen, in denen jeweils gleiche Parameter unterschiedlich angewendet werden. So wird in Version I mit einem mittleren Drall gearbeitet, in Version II mit einem hohen Drall. In beiden Fällen wird mit einem Quetschflächenanteil – der Anteil, der im Brenn-

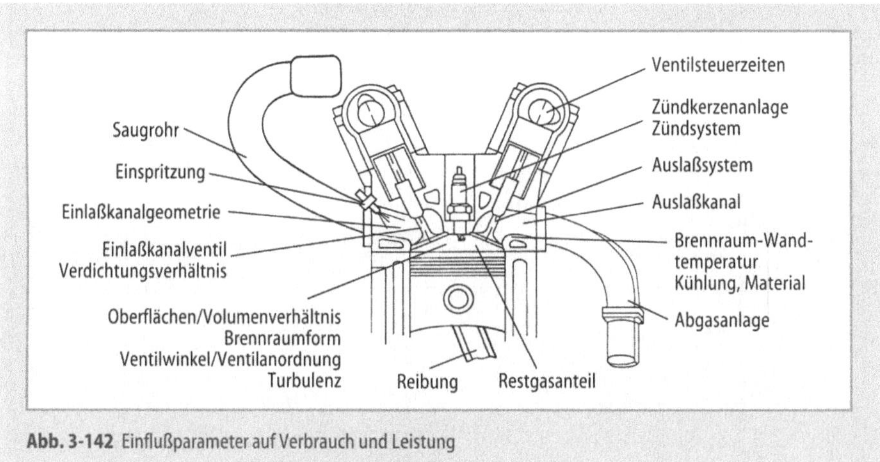

Abb. 3-142 Einflußparameter auf Verbrauch und Leistung

raum eine Strömungsturbulenz erzeugt – von 15–17 % getestet. Für jeden Einlaßkanaldurchmesser von 34–38,5 mm stehen vier Saugrohrvarianten zur Verfügung. Entsprechend gelten jeweils zwei Einlaßventildurchmesser. Die Maske, die um das Einlaßventil angeordnet ist, hat in beiden Versionen Höhen von 0, 4 und 7 mm. Zündkerzen sind auf der Einlaß- und der Auslaßseite vorgesehen. Bei der Kolbenform wird zwischen einem flachen Kolben (0 mm) und einer Mulde in der Kolbenkrone (4 mm) unterschieden.

Die beiden Nockenwellen – Einlaß- und Auslaßnockenwelle – werden durch die Steuerzeiten beschrieben. Bei einem Öffnungswinkel der Einlaßnockenwelle von 232° würde der maximale Ventilhub 12 mm betragen, die Auslaßnockenwelle mit 236° Öffnungswinkel könnte mit einem maximalen Hub von 10,5 mm betrieben werden.

Da es extrem viel Zeit in Anspruch nehmen würde, alle denkbaren Varianten testen zu wollen, legt der Entwicklungsingenieur aufgrund seiner Erfahrungen die Hauptentwicklungsschritte fest, die als erfolgversprechend angesehen werden. Die Pfade für beide Versionen sind in Abb. 3-143 erkennbar. Die Kerzenposition wird jeweils für Einlaß- und Auslaßseite untersucht.

Die Konfiguration, die die Vorauswahl für die Feinoptimierung darstellt, ist in Abb. 3-144 ablesbar. Alle Parameter sind genau festgelegt; die ausgewählten Brennräume können in Tabelle 3-7 miteinander verglichen werden. Der Verbrauch ist aufgrund der Computersimulation auf zwei Stellen nach dem Komma angegeben, woraus sich später der endgültig definierte Brennraum ergibt.

Als günstigste Variante wurde ein Brennraum mit einlaßseitiger Zündkerzenlage ermittelt (Abb. 3-145). Wichtig ist die Maske, die um das Einlaßventil herumgeführt wird, um eine Verbesserung des Dralls zu erreichen. Diese Konfiguration wurde im 2,0-l-DOHC-Motor verwirklicht und in Serie gebracht.

Die Untersuchung eines Vierzylinder-Mehrventilmotors geht zunächst vom Sammler aus (Abb. 3-146). Ein V-Motor hat z. B. einen Sammler für die rechte und

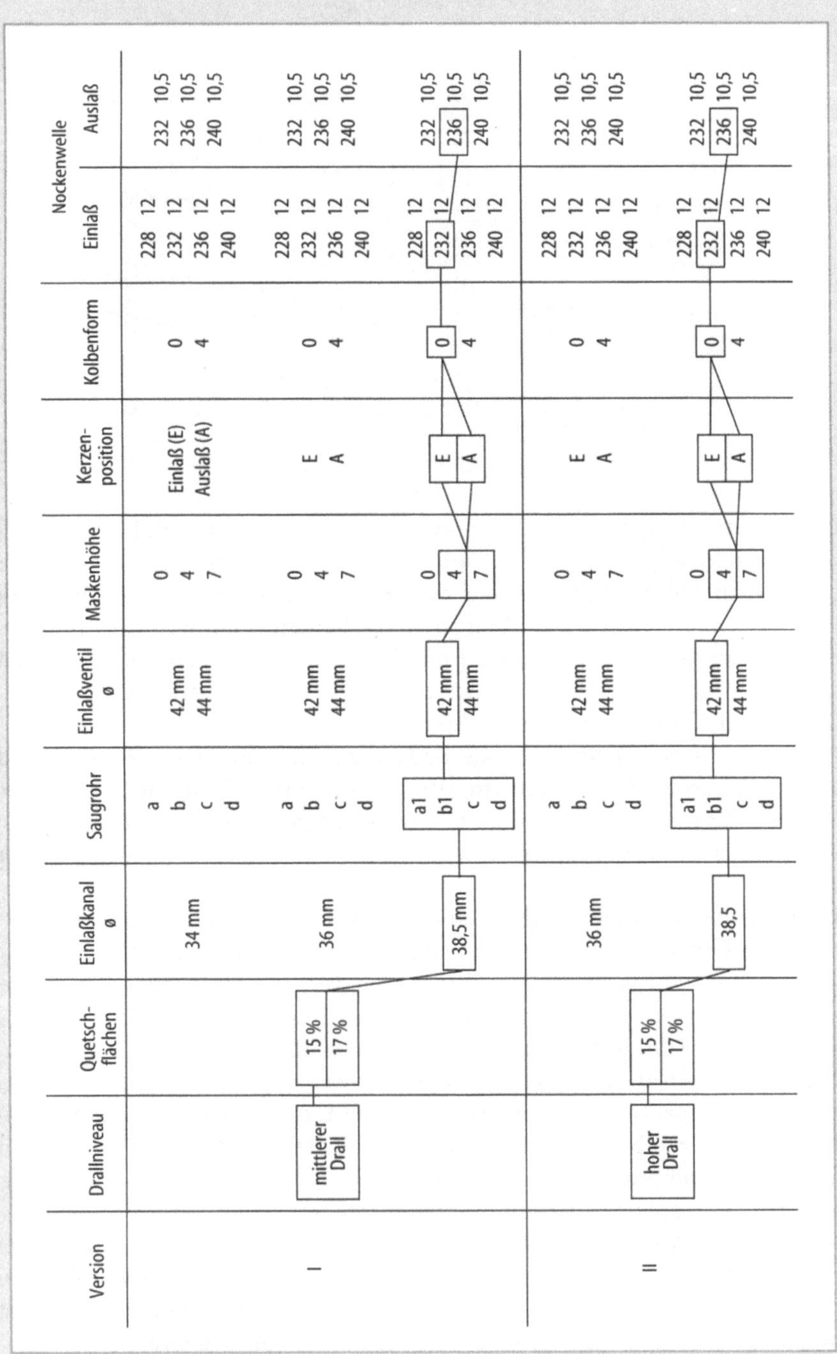

Abb. 3-143 Hauptentwicklungsschritte für die Motorabstimmung

Kerzenposition: Einlaßseite

mittlerer Drall
21 % Quetschfläche
7 mm Maskenhöhe
1,35 mm konzentrische Maske
120° Maskenwinkel
18,5 mm Kerzenposition

Kerzenposition: Auslaßseite

mittlerer Drall
21 % Quetschfläche
11 mm Maskenhöhe
1,35 mm konzentrische Maske
160° Maskenwinkel
20 mm Kerzenposition

mittlerer Drall
14 % Quetschfläche
keine Maskenhöhe
20 mm Kerzenposition

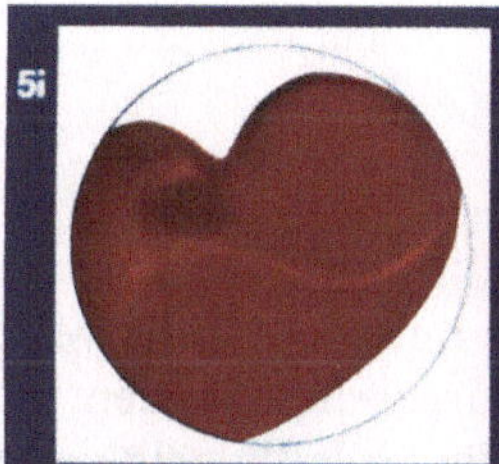

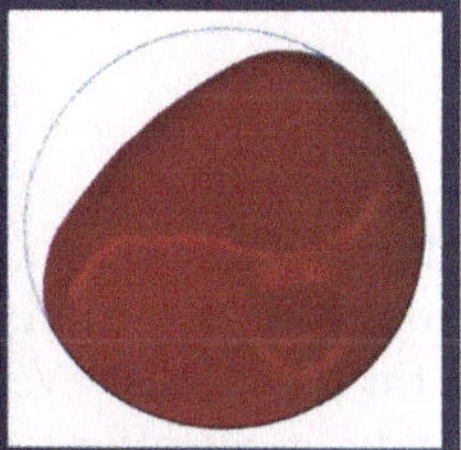

82 kW Leistung
178 Nm max. Drehmoment
152 Nm Drehmoment bei 1500
6,75 l/100 km Verbrauch
(Simulation)

76 kW Leistung
176 Nm max. Drehmoment
158 Nm Drehmoment bei 1500
6,75 l/100 km Verbrauch

87 kW Leistung
183 Nm max. Drehmoment
160 Nm Drehmoment bei 1500
7,0 l/100 km Verbrauch

Abb. 3-144 Brennraumvorauswahl als Basis für die Feinoptimierung

mittlerer Drall
11 % Quetschfläche
7 mm Maskenhöhe
1,35 mm konzentrische Maske
120° Maskenwinkel
18,5 mm Kerzenposition

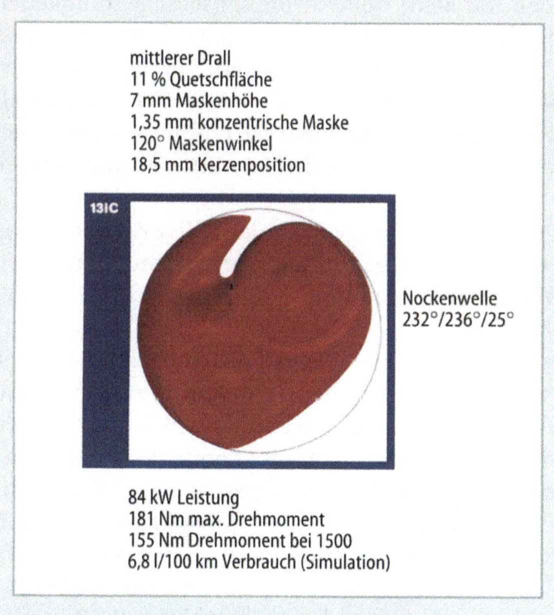

Nockenwelle
232°/236°/25°

84 kW Leistung
181 Nm max. Drehmoment
155 Nm Drehmoment bei 1500
6,8 l/100 km Verbrauch (Simulation)

Abb. 3-145 Definierter Brennraum mit einlaßseitiger Kerze

Tabelle 3-7 Vergleich der vorausgewählten Brennräume

Kerzenposition	Brennraum	Drehmoment bei 1500	max. Drehmoment	Leistung	Simulation Verbrauch
Einlaß	5i	152 Nm	178 Nm	82 kW	6,75 l/100 km
Auslaß	1E	158 Nm	176 Nm	76 kW	6,75 l/100 km
Auslaß	6E	160 Nm	183 Nm	87 kW	7,00 l/100 km

einen für die linke Bank. Die nächste Unterscheidung ist nach der Anordnung des Saugrohrs zu treffen. Bei einem Vierventilmotor mit zwei Einlaßventilen könnte für jedes dieser Ventile ein eigenes Saugrohr vorgesehen werden. Ist die Entscheidung getroffen, muß vereinbart werden, ob die Einlaßkanäle getrennt oder zusammengehörig (siamesisch) sein sollen. Wie Abb. 3-108 in Abschn. 3.3.4 zeigt, verfügen zwei Varianten über jeweils zwei Saugrohre, die getrennt bis zu den Einlaßventilen führen. In der dritten Variante wird das sog. siamesische Konzept verfolgt. Die Varianten unterscheiden sich ebenfalls in der Wahl der Einspritzventile – ein oder zwei Düsen bei zwei getrennten Einlaßkanälen.

Zwei Varianten haben zusätzlich eine kleine Drosselklappe, die einen der Kanäle abschalten kann. Bei niedrigen Drehzahlen wird nur ein Kanal (Primärkanal) in Betrieb genommen, der aufgrund des vergleichsweise geringen Querschnitts (im Vergleich zu beiden Kanälen) hohe Strömungsgeschwindigkeiten verursacht, die bei niedrigen Drehzahlen die Zylinderfüllung verbessern. Dabei können die Saugrohre durch unterschiedliche Längen und Durchmesser optimiert werden. Im Versuch in Abb. 3-147 wurden verschiedenartige Primärkanallängen bei gleichem Durchmesser getestet. Erkennbar ist, daß mit einem längeren Kanal eine Überhöhung des Drehmoments speziell im mittleren und unteren Drehzahlbereich eintritt.

Auch der Sekundärkanal läßt sich in der Länge verändern. Vier Beispiele zeigt Abb. 3-148, wobei eine Feinabstimmung vorgenommen werden muß, über welche Drehzahlspanne das Drehmoment optimal sein soll: im Bereich von 4000–5000 min^{-1} oder auch bei 6000 min^{-1}.

Für die Varianten aus Abb. 3-108 in Abschn. 3.3.4 sind die Vollastkennwerte in Abb. 3-149 aufgetragen. Es ist zu erkennen, daß die Variante mit getrennten Kanälen und dem Einspritzventil im Primärkanal *ohne* Kanalabschaltung Nachteile bei Vollast aufweist. Versuche *mit* Kanalabschaltung (Abb.3-150) zeigen klar, daß die Varianten mit getrennten Einlaßkanälen bei abgeschaltetem Sekundärkanal bei niedrigen Drehzahlen und geringen Lasten die günstigsten Kraftstoffverbräuche erzielen. Der Vorteil beim Verbrauch wird um so größer, je mehr Luftüberschuß vorhanden ist, d.h., je magerer der Motor betrieben wird (AFR = 16,5 entspricht etwa 15 % Luftüberschuß). Aber auch bei Vollast bietet die Kanalabschaltung Vorteile, wie Abb. 3-151 illustriert.

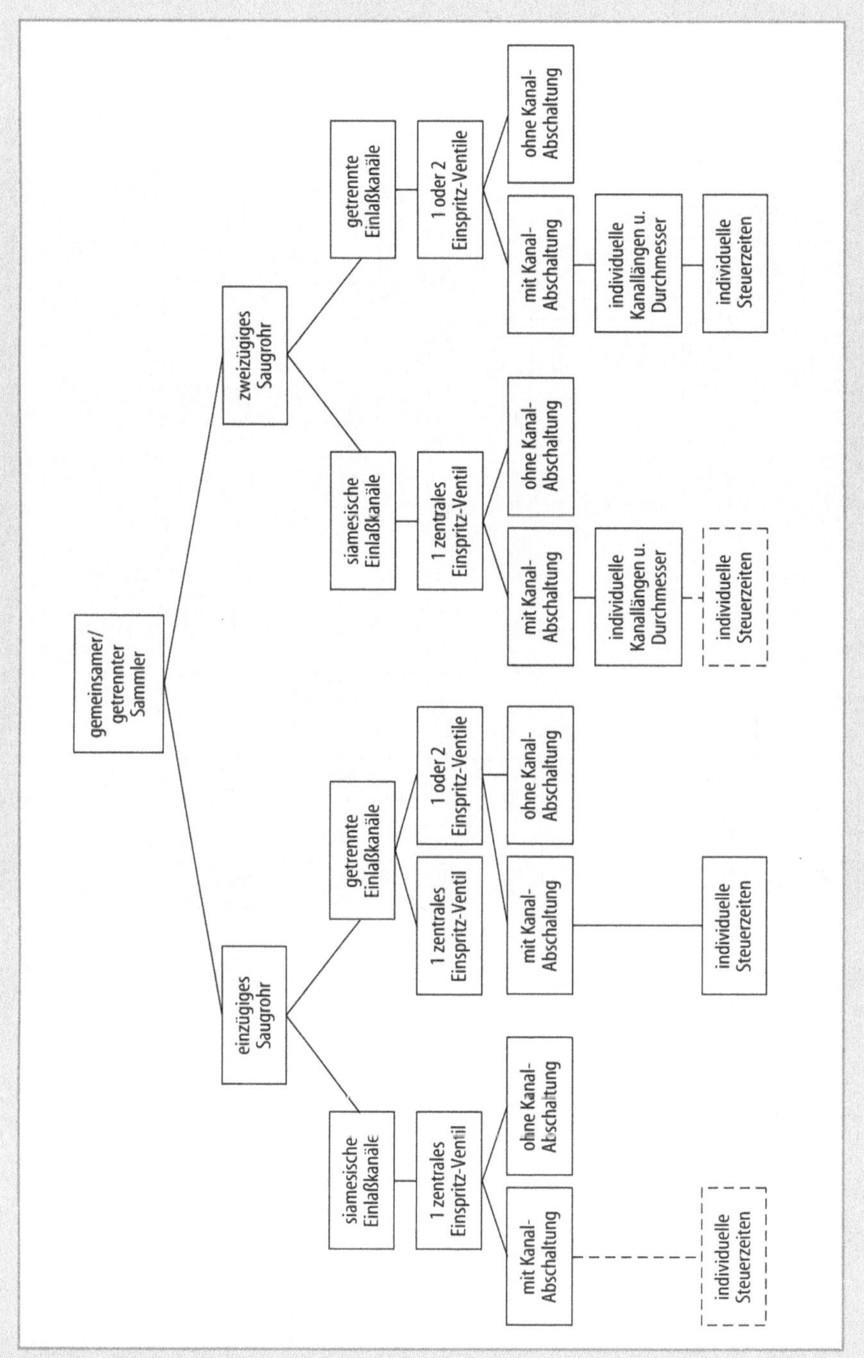

Abb. 3-146 Hauptentwicklungsrichtungen für Einlaßsysteme von Vierzylinder-Mehrventilmotoren

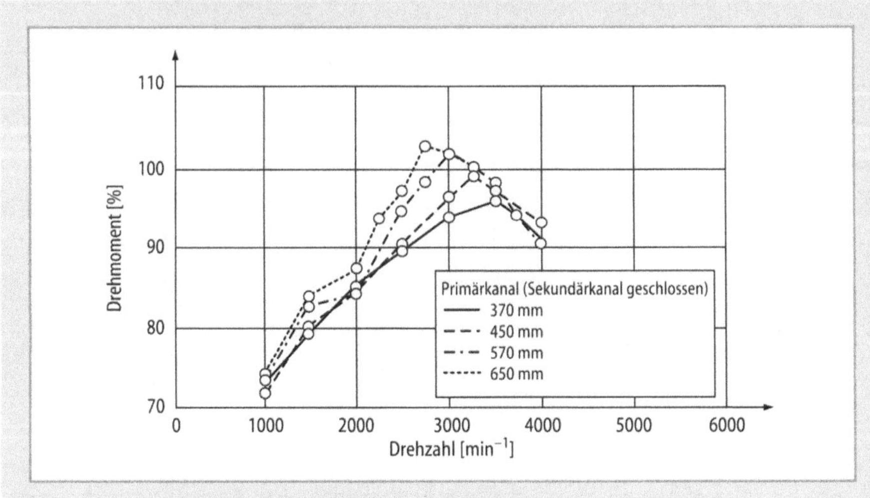

Abb. 3-147 Drehmoment für verschiedene Primärkanallängen (ø = 32 mm)

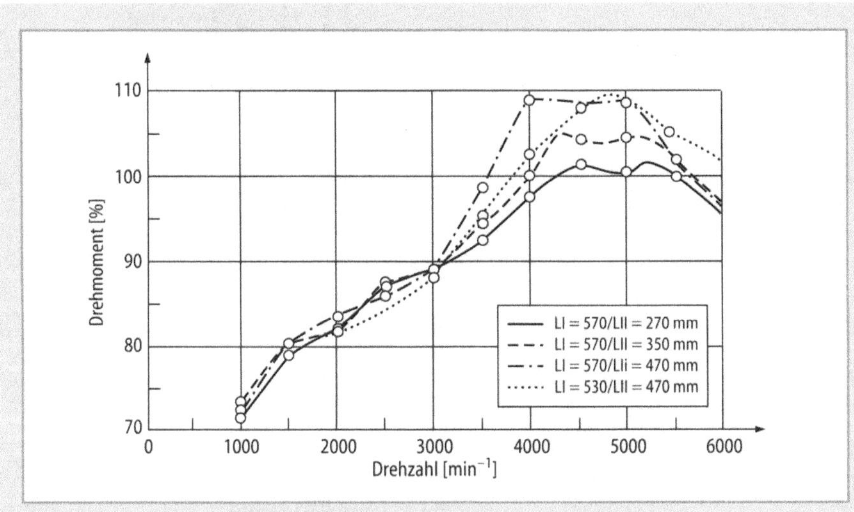

Abb. 3-148 Einfluß der Saugrohr-Längenoptimierung auf das Vollast-Drehmoment

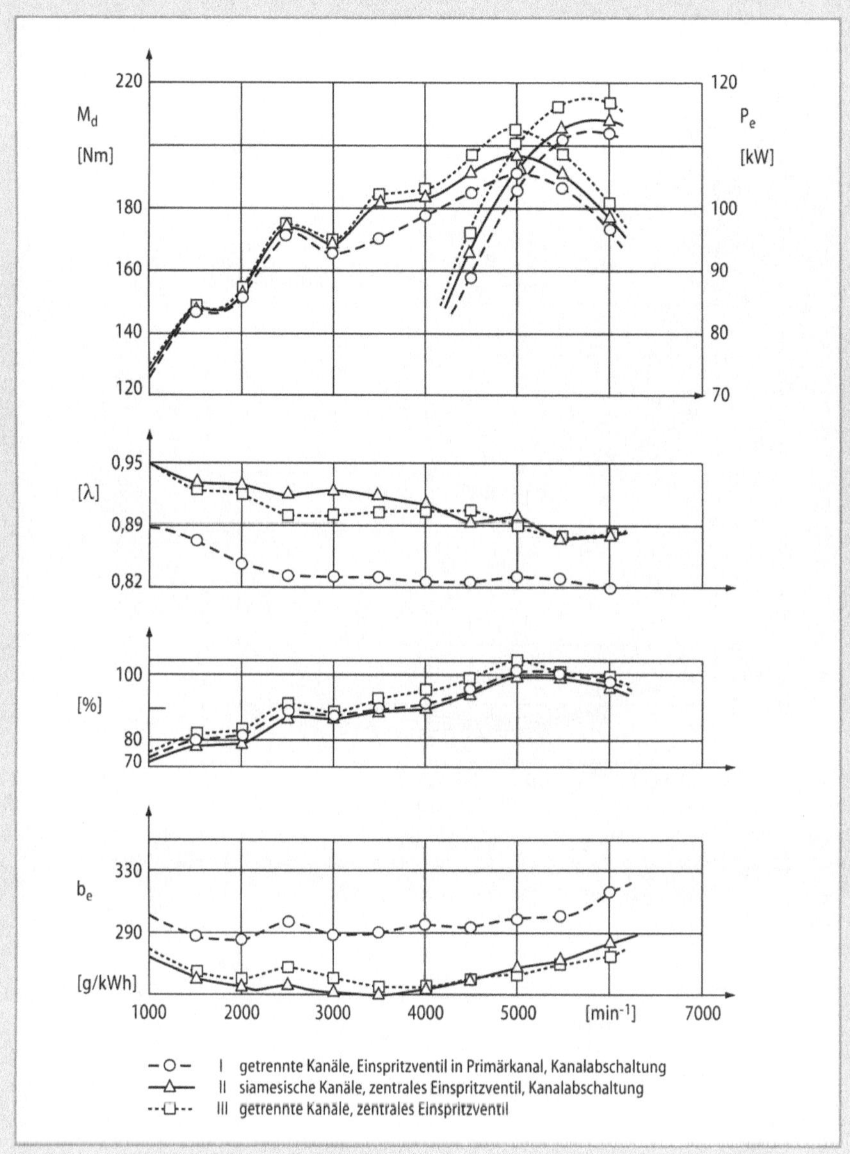

Abb. 3-149 Vollast-Kennwerte für verschiedene Ansaugsysteme (ohne Kanalabschaltung)

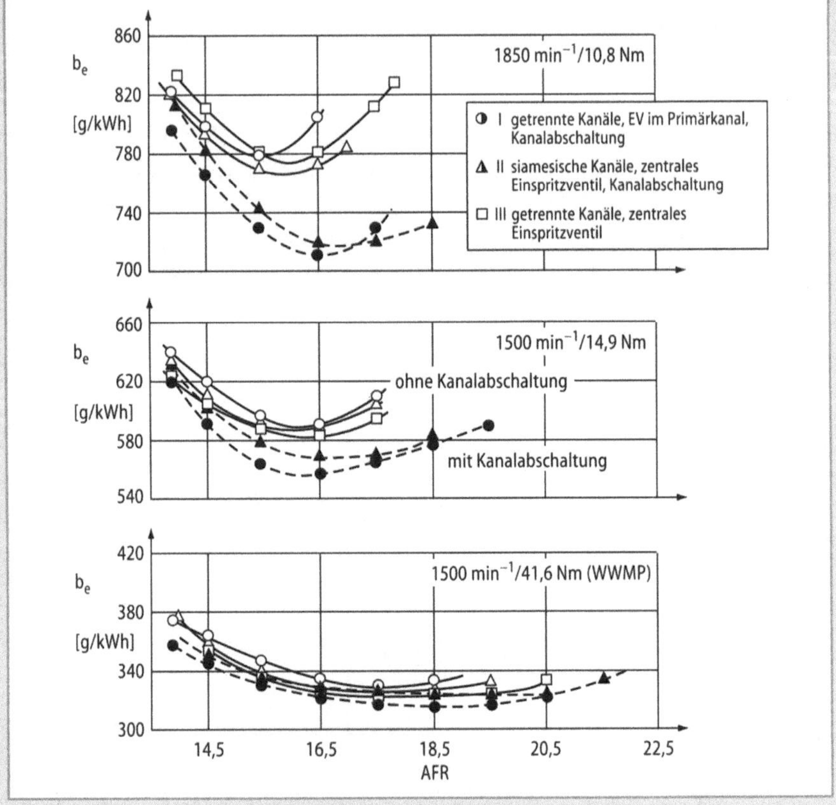

860
820
780
740
700
b_e
[g/kWh]
1850 min⁻¹/10,8 Nm
I getrennte Kanäle, EV im Primärkanal, Kanalabschaltung
II siamesische Kanäle, zentrales Einspritzventil, Kanalabschaltung
III getrennte Kanäle, zentrales Einspritzventil
660
620
580
540
1500 min⁻¹/14,9 Nm
ohne Kanalabschaltung
mit Kanalabschaltung
420
380
340
300
1500 min⁻¹/41,6 Nm (WWMP)
14,5
16,5
18,5
20,5
22,5
AFR

Abb. 3-150 Spezifischer Kraftstoffverbrauch (b_e) für verschiedene Ansaugsysteme (mit/ohne Kanalabschaltung)

200
180
160
140
M_d [Nm]
DOHC 16 V
mit Kanalabschaltung
1000
2000
3000
4000
5000
6000
7000
n_M [min⁻¹]

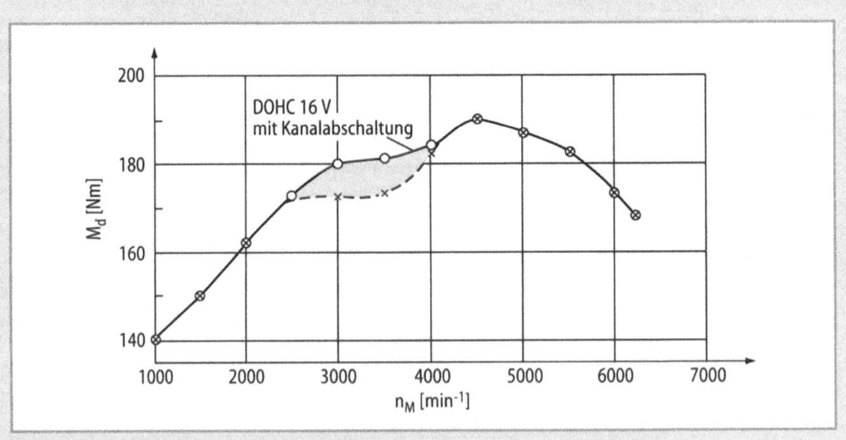

Abb. 3-151 Vollast des 2,0-l-DOHC-16V (mit Kanalabschaltung)

3.4 Programmfestlegung

Alle Parameter, die das Lastenheft enthält, sollen technisch so umsetzbar sein, daß das Fahrzeug alle gewünschten Zielsetzungen erfüllt. Die technischen Konzepte müssen nicht nur zu den Vorgaben passen, sondern von der Fertigung her auch realisierbar sein. Während der Entwicklungszeit für das Lastenheft gilt es, die entsprechenden Nachweise für die Serienentwicklung zu erbringen. Der Nachweis der Qualitätsziele erfolgt im wesentlichen anhand der Verifizierungstests (Abb. 1-6). Der Programmkontrollpunkt „Programmfestlegung und Freigabe des Lastenheftes" entspricht dem Motorenprogramm-Kontrollpunkt <7> und beim Fahrzeugprogramm dem Kontrollpunkt <H> (Abb. 2-2).

Die Entwicklungsschritte bis zum Job 1 konnten die vorangegangen Abschnitte nur am Beispiel des Motors verdeutlichen; sie gelten ebenso für jedes andere Fahrzeugteil.

Ehe das Lastenheft freigegeben wird, müssen die Investitionskosten noch einmal genau geprüft werden. Dabei dürfen der Programmablauf und das Produkt selbst nicht aus den Augen verloren werden. Die Ausgaben, die zu berechnen sind, beziehen sich nicht mehr nur auf die Herstellung der Prototypen, sondern enthalten Investitionen für Maschinen, Werkhallen und Einrichtungen. Für die Fertigung eines Motors belaufen sich die Kosten auf ca. 1500,– DM pro Einheit.

Wenn Zielsetzung *und* Kostenseite des Lastenhefts genehmigt sind, wird das Programm festgelegt. Für die Motorentwicklung heißt das, die drei Faktoren Motorspezifikation, Kosten und Terminplan differenziert zu betrachten (Abb. 3-152).

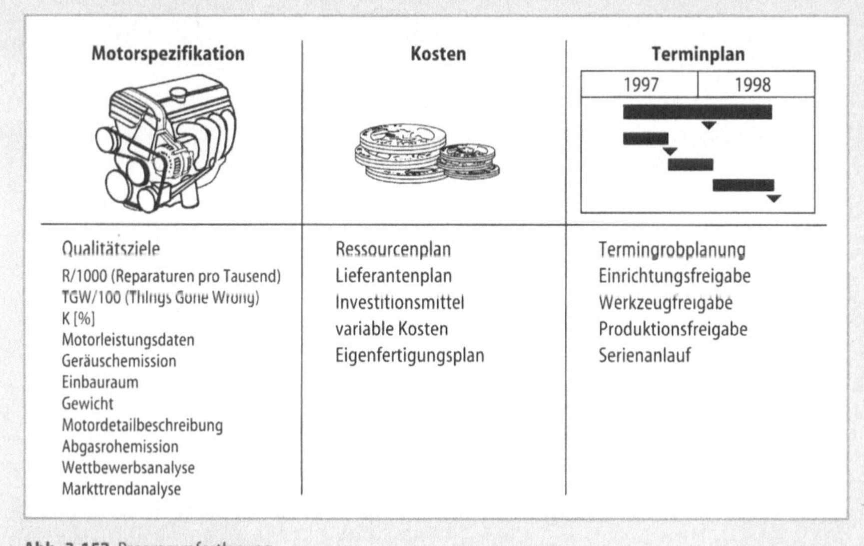

Abb. 3-152 Programmfestlegung

Es gilt, z.B. Motorleistungsdaten, Einbauraum und Gewicht im Zusammenhang mit den Vorgaben realistisch zu definieren. Es genügt nicht, ein Gesamtfahrzeuggewicht von 850 kg festzulegen und das Gewicht des Motors außer acht zu lassen. Genauso verhält es sich mit den Kosten und der Terminplanung.

Tabelle 3-4 in Abschn. 3.2 zeigt auszugsweise Zielvorgaben für die drei Faktoren Qualität, Kosten und Terminplan anhand eines 2,0-l-Benzinmotors.

4

Serienentwicklung

»Die Methoden und Verfahren des Projektmanagements sind zur Lösung komplexer Aufgaben hervorragend geeignet, da die Leistungsstärke des Projektmanagements in der produkt- und zielorientierten Vorgehensweise liegt, die zu notwendigem systematischen Denken und interdisziplinärer Zusammenarbeit führt.«

Bernd J. Madauss
Handbuch Projektmanagement
(1994)

4 Serienentwicklung

Nachdem - basierend auf der Produktvorentwicklung - das endgültige Lastenheft festgelegt worden ist, beginnt die Serienentwicklung. Alle Ziele, wie Funktion (Qualität), Kosten, Investitionen und Zeitplanung für die Serienentwicklung, wurden im endgültigen Lastenheft bestimmt und im Fahrzeugprogramm-Kontrollpunkt <H> bzw. im Motorprogramm-Kontrollpunkt <7> (Abb. 2-2) freigegeben. Die Freigabe bezieht sich insbesondere auf die zu tätigenden Investitionen für die Beschaffung der Fertigungsanlagen (intern oder extern).

Die Serienentwicklung führt zu einer Vergrößerung des Projektteams, das bereits für die Produktvorentwicklung bestanden hat. Einige der Teammitglieder aus der Vorentwicklung (Entwicklung und Fertigung) kehren zu ihrer „Homebase“ zurück, um neue Programme zu betreuen. Die im Team verbleibenden Mitglieder begleiten das Programm bis zum Produktionsanlauf um sicherzustellen, daß alle Informationen, Erkenntnisse und Erfahrungen aus der Vorentwicklung auch in der Serienentwicklung Berücksichtigung finden. Dabei werden sie von neu hinzugekommenen Teammitgliedern, die sich aus verschiedenen Bereichen der Serienentwicklung rekrutieren, unterstützt.

Besondere Bedeutung für die erfolgreiche Durchführung der Serienentwicklung hat das Projektmanagement, auf das im folgenden näher eingegangen wird.

4.1 Management des simultanen Entwicklungs- und Fertigungsprozesses

Als Projekte werden sog. einmalige Vorhaben definiert, die in sich abgeschlossen und zeitlich befristet sind. Sie zeichnen sich durch eine sehr hohe Komplexität aus, d.h., sie sind i.d.R. nicht von einer Abteilung allein zu bearbeiten. Deshalb ist die Festlegung eines detaillierten Anforderungskatalogs besonders wichtig.

Neben dem Anforderungskatalog ist die Einbeziehung eines genauen Zeitplans von entscheidender Bedeutung. So müssen z.B. die Transferstraßen in der Fertigung mit der nötigen Vorlaufzeit bestellt werden, damit Lieferfristen von teilweise über einem Jahr Berücksichtigung finden. Ebenso entscheidend ist der genau definierte Investitionsaufwand. Das benötigte Kapital muß nicht nur zum richtigen Zeitpunkt zur Verfügung stehen, sondern die Ausgaben müssen im voraus in der benötigten Höhe geplant und erwirtschaftet werden.

Um Prozesse abzukürzen und Fehler zu vermeiden, ist der Prozeß der simultanen Entwicklung von Bedeutung. Diese Methode erfuhr bislang nicht die genügende Umsetzung. Zwischen Entwicklung und Fertigung wurde vor allem die notwendige Kommunikation vernachlässigt. Von der Entwicklung erbrachte, fertige Konzepte ließen sich oft nicht ohne erhebliche Mehrkosten und Zeitaufwendungen verwirklichen.

Die abteilungsübergreifende, zielgerichtete Zusammenarbeit mit parallel laufenden Aktivitäten der einzelnen Bereiche wird unter dem Begriff Simultaneous Engineering (SE) zusammengefaßt. Simultaneous Engineering bedeutet auch, entstehende Entwicklungskosten rechtzeitig abzuschätzen bzw. mit Hilfe rechtzeitig geäußerter Alternativideen zu senken. Die Entwicklung eines Produkts endet hierbei nicht mit dem Serienanlauf in der Produktion, sondern enthält die Überwachung und Weiterentwicklung bis zum Lebensende.

Das zeitlich befristet arbeitende SE-Team agiert selbständig und mit intensiven Kontakten zum Kunden. Es bezieht die Systemlieferanten von Anfang an in seine Arbeit ein. Nur so lassen sich Entwicklungszeiten verkürzen, Kosten reduzieren und die Qualität verbessern.

Projekte müssen gesteuert bzw. koordiniert werden. Im folgenden sollen die drei wichtigsten Formen des Projektmanagements dargestellt werden. Eine Form der Projektkoordination besteht aus einem Stab mit seinem Projektleiter, der je nach Bedarf auf Mitarbeiter verschiedener Abteilungen zurückgreift (Abb. 4-1). Diese unterstehen ihm jedoch nicht, sondern berichten den einzelnen Fachabteilungen. Diese Art der Projektkoordination ist für kleinere Projekte mit geringer Komplexität und kurzer Dauer geeignet.

Die am häufigsten anzutreffende Organisationsstruktur ist die Matrix-Projektorganisation (Abb. 4-2). Die Idee dieser Organisationsform besteht darin, daß

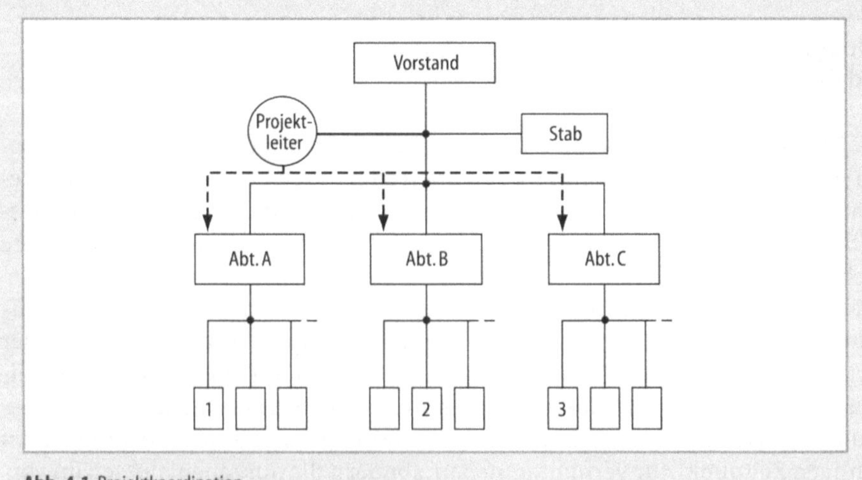

Abb. 4-1 Projektkoordination

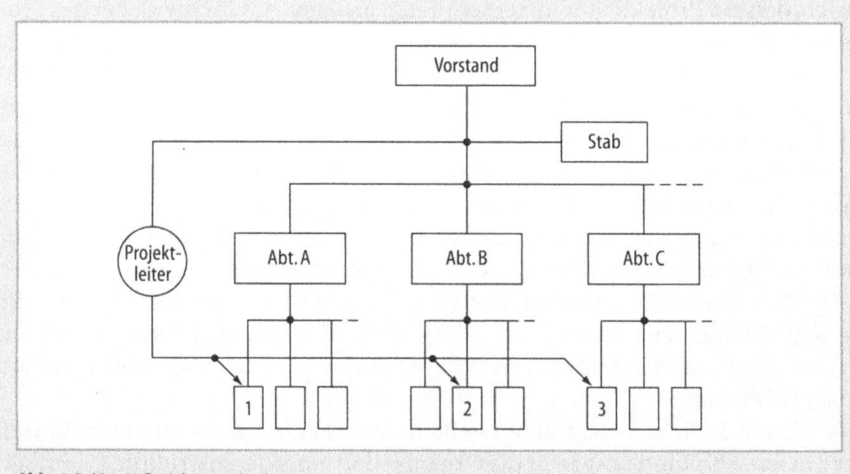

Abb. 4-2 Matrix-Projektorganisation

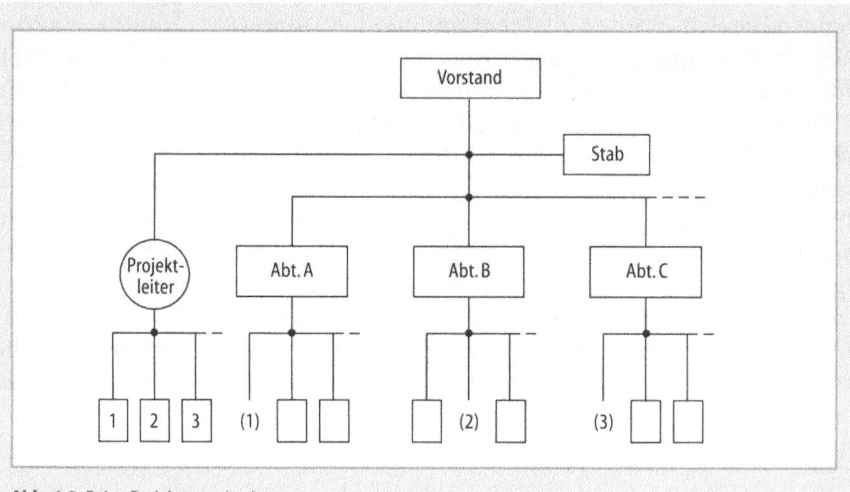

Abb. 4-3 Reine Projektorganisation

sämtliche Mitarbeiter, die für ein Projekt verantwortlich sind, sowohl an den direkten Vorgesetzten (Abt. A, B oder C) als auch an den Projektleiter berichten. Matrixstrukturen bedeuten einen erheblichen Einschnitt in heute noch vielfach übliche, streng geregelte „Top-down-Organisationen". Ihre Vorteile kommen erst dann zur vollen Entfaltung, wenn Mitarbeiter und Vorgesetzte eine entsprechende Lernphase durchlaufen haben.

Bei sehr komplexen Projekten, die interdisziplinäre Aufgaben zum Inhalt haben, wird die sog. reine Projektorganisation angewandt (Abb. 4-3). Sie unterscheidet sich von den bisher vorgestellten Organisationsstrukturen im wesentlichen dadurch, daß ein Projektleiter mit einem Team arbeitet, das für die Dauer des Projekts ausschließlich für dessen Erfüllung arbeitet und nicht wie bei der Projektkoordination oder der Matrixorganisation nur teilweise oder zeitweilig. In dieser Organisationsform sind die Mitarbeiter vollständig dem Projektleiter unterstellt und werden aus den vorhandenen Unternehmensstrukturen herausgelöst.

Ist die Projektorganisation festgelegt, sind einerseits die Aufgabenbereiche sachgerecht zu gestalten und ist andererseits die Kommunikation zwischen den Projektteilnehmern aufzubauen. Für die Erfüllung der fünf Ws gibt es genaue Zuständigkeiten: so entscheidet z. B. der Projektleiter, was wann gemacht werden soll. Die Abteilungen bestimmen, wer an welchem Ort und auf welche Weise die festgelegten Aufgaben erfüllt. Mitsprache gibt es zwischen allen Bereichen, so daß sämtliche am Projekt Beteiligten stets miteinander kommunizieren können und müssen (Abb. 4-4).

Die für ein Projekt zusammengestellten Teams sind bestimmten Strukturen unterworfen. Abbildung 4-5 zeigt die Organisation einer Teamstruktur. Unterhalb des Vorstands wird ein sog. Programmsteuerungs-Team (PST) gebildet, das die Ziele für das Gesamtfahrzeug bestimmt und die Aufgaben festlegt. Im darunterliegenden Bereich arbeiten die Programmmodul-Teams (PMT), die für einzelne Systeme, z. B. die Aggregate- oder Karosserieentwicklung zuständig sind. Die PMTs werden wiederum von den Programmmodul-Subteams (PMST) unterstützt. Neben diesen Teams können je nach Notwendigkeit Programmaktivitäts-Teams (PAT) zum Einsatz kommen, die aus den Fachbereichen zur Lösung spezieller Aufgaben herangezogen werden.

In Abb. 4-5 soll die Gesamtstruktur anhand eines Beispiels näher erläutert werden. Für ein Fahrzeugmodell wird ein Programmsteuerungs-Team unter der Leitung eines Fahrzeugdirektors eingerichtet. Auf der Aggregate-Seite wird ein Programmodul-Team für die entsprechende Motorenfamilie etabliert, die direkt an das übergeordnete Fahrzeug-PST berichtet. Das Motor-PMT erhält Unterstützung von PMSTs, die sich – wie im Beispiel gezeigt – mit speziellen Fragestellun-

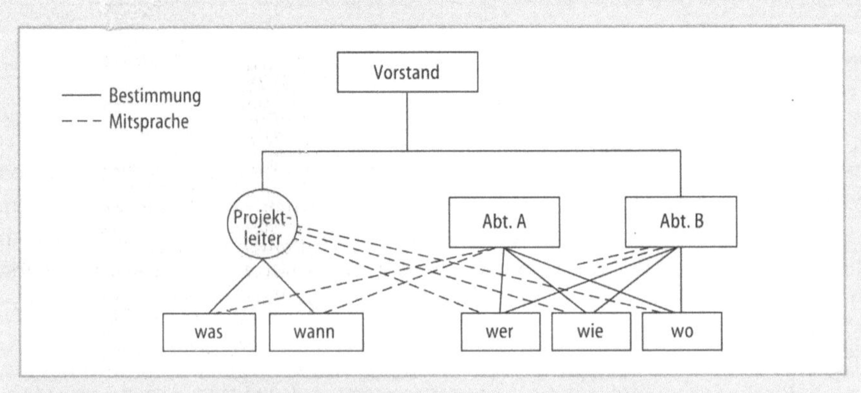

Abb. 4-4 Aufgabenverteilung und Kommunikation

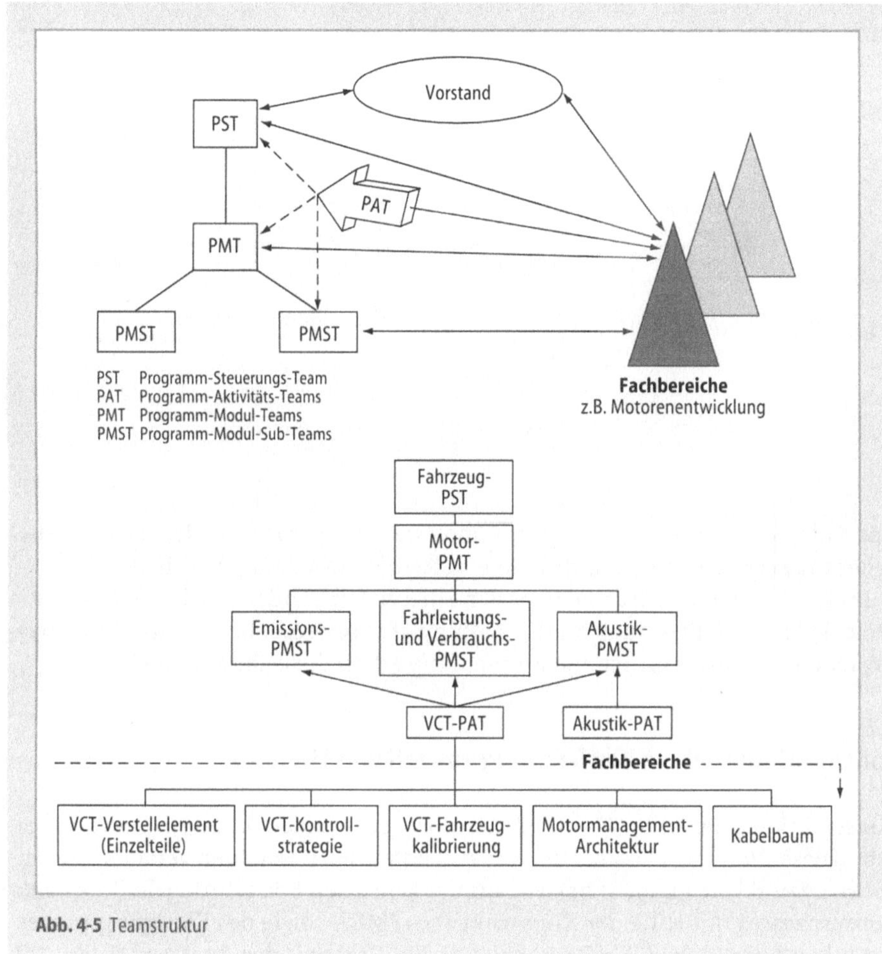

Abb. 4-5 Teamstruktur

gen hinsichtlich Emissionen, Fahrleistungen, Verbrauch oder Akustik befassen. Diesen dem Gesamtfahrzeug zugeordneten Teams stehen Aktivitäts-Teams (PAT) aus den Fachbereichen bei. Beispiele für die Aufgaben dieser Teams sind in Abb. 4-5 das VCT-PAT (*V*ariable *C*amshaft *T*iming) und das Akustik-PAT.

Abbildung 4-6 erläutert die Arbeit eines Programmaktivitäts-Teams für den Bereich Akustik anhand der Gesetzesvorgabe für das Vorbeifahrtgeräusch von 74 dB(A). Der Auftrag des Akustik-PAT ist es nun, die Maßnahmen zu definieren, die die günstigste Lösung für die geforderte Aufgabenstellung darstellen. Im vorliegenden Fall können Maßnahmen für den Motor ergriffen werden, wie eine entkoppelte Ventilhaube und ein Kurbelwellenlagergürtel mit einer angepaßten Kalibrierung der Motorsteuerung. Hierdurch läßt sich der Pegel des Motors auf 89 dB(A) bei 4000 min^{-1} und Vollast reduzieren. Neben Motormaßnahmen kann auf der Fahrzeugseite eine Vergrößerung des Schalldämpfervolumens auf 12 l oder

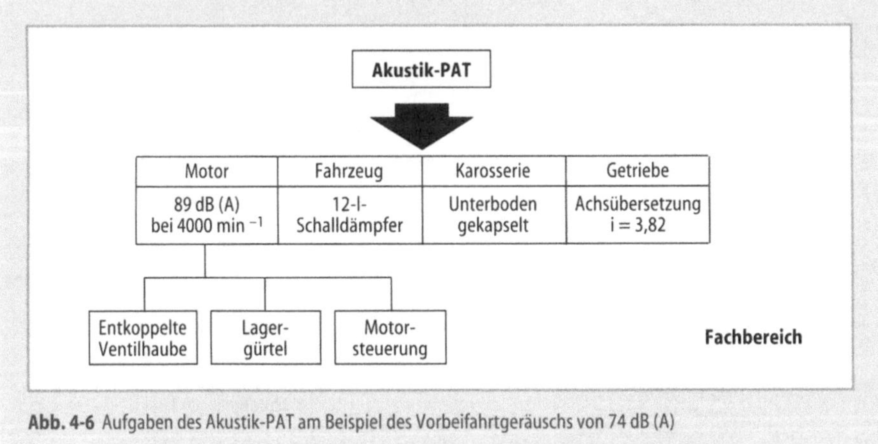

Abb. 4-6 Aufgaben des Akustik-PAT am Beispiel des Vorbeifahrtgeräuschs von 74 dB (A)

eine Unterbodenkapselung vorgenommen werden. Wird zusätzlich die Getriebegesamtübersetzung angepaßt, ist eine weitere Verbesserung möglich.

Im PAT wird nun entschieden, welche dieser Mittel oder welche Kombination verschiedener Maßnahmen zur Einhaltung des vorgegebenen Grenzwertes greifen sollen. Die ausgesprochene Empfehlung erhält das Fahrzeug-PST.

4.2 Konstruktionsanalyse, Verifizierungsprozeß und Freigabe

Konstruktionsanalyse und Verifizierungsprozeß münden in die Produktionsfreigabe. Dieser Vorgang ist wesentlicher Bestandteil des simultanen Verlaufs von Entwicklung und Fertigung. Er besteht aus der kritischen Betrachtung des Konstruktionsprozesses mit Hilfe der Konstruktions-FMEA sowie des Fertigungsprozesses anhand der Prozeß-FMEA (Abb. 4-7). Ein Ergebnis der Analysen sind i.d.R. Konstruktions- bzw. Prozeßänderungen oder spezielle Berechnungen und Tests, die die Dauerhaltbarkeit der Bauteile sowie den Fertigungsprozeß selbst bestätigen (verifizieren).

Die Basis für die Verifizierung ist die systematische Betrachtung der Konstruktion anhand der Konstruktions-FMEA, die im folgenden am Beispiel der variablen Nockenwellenverstellung (VCT-System) erläutert wird. Ein Arbeitsblatt für diese Untersuchung zeigt Abb. 4-8.

Die Fehlermöglichkeiten-Einflußanalyse für die Konstruktion ermittelt alle denkbaren und möglichen Ausfälle des untersuchten Teil- bzw. Gesamtsystems. Sie geht von der jeweiligen Funktion im System aus und erforscht den derzeitigen Zustand. Die Konstruktions-FMEA bewertet und verfolgt sowohl konstruktive als auch prüftechnische Verbesserungsmaßnahmen. Ein Team übernimmt die Verantwortung für die Erarbeitung der FMEA und aktualisiert sie ständig während des gesamten Entwicklungsprozesses.

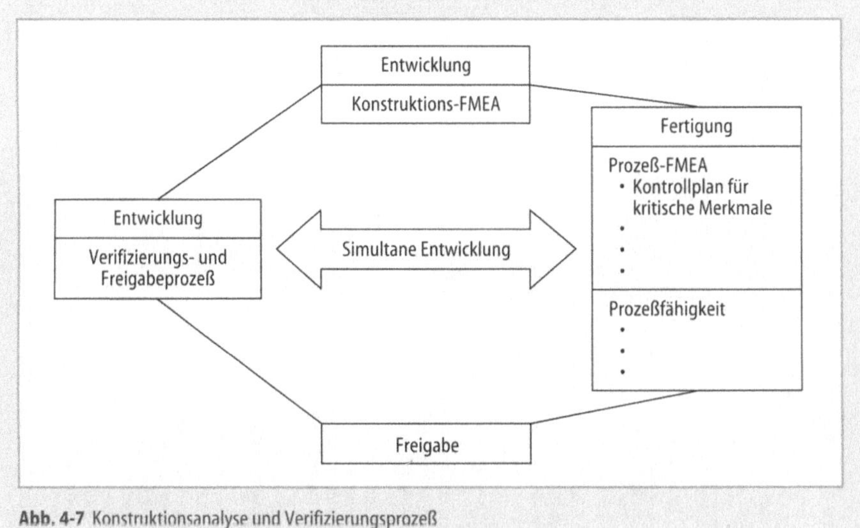

Abb. 4-7 Konstruktionsanalyse und Verifizierungsprozeß

In Abb. 4-8 sind im Kopfteil die Stammdaten aufgeführt. Das zu untersuchende Teil wird einschließlich seiner Untergruppen definiert. Schnittstellen zu anderen Teilen, Systemen und FMEAs müssen ebenfalls angegeben werden. Die erste Spalte der Tabelle beschreibt das zu untersuchende Bauteil (Baugruppe, System) und seine Funktion im Fahrzeug. In der zweiten Tabellenspalte (2) werden alle denkbaren Fehler erfaßt. Dazu gehören auch Schwachpunkte, die nur unter ganz bestimmten Randbedingungen auftreten. Die Fehler sollen als physikalischer Ausdruck beschrieben werden und nicht als Fehlerfolgen, die der Kunde erfährt.

Die nächste Spalte (3) charakterisiert die möglichen Folgen des Fehlers, d.h., hier ist festgehalten, wie sich der Fehler am Produkt oder im System auswirken kann. Maßgebend ist, in welcher Form der Kunde bzw. Anwender die Fehlerfolgen empfinden würde. In der folgenden Spalte (4) sind die denkbaren Ursachen des Fehlers in der Zuordnung zu den beschriebenen möglichen Fehlern aufgeführt.

Sämtliche Maßnahmen, die dazu dienen, Fehler und deren Ursachen zu erkennen bzw. zu vermeiden, sind in der Spalte „Konstruktionsbestätigung" (5) erfaßt. Dazu gehören Funktions- und Dauerlauftests, Simulationsrechnungen und Verifizierungsprogramme.

In der Spalte (6a) wird die Bedeutung jedes Fehlers auf einer Skala von 1–10 bewertet. Entscheidend ist dabei die Auswirkung auf den Kunden. Die Ziffern bedeuten folgende Abstufung:

Fehler kaum wahrnehmbar	= 1
unbedeutender Fehler, geringe Belästigung des Kunden	= 2–3
mäßig schwerer Fehler	= 4–6

(1)

Untergeordnetes System/Name	VCT-Nockenwellenversteller	Betroffene Werke und Lieferanten	Systemlieferant, Unterlieferanten
Konstruktions-Verantwortung	Grundmotorenentwicklung	Modell/Jahr/Typ	MY 97 CDW 27 / CT 120
Andere betroffene Bereiche	PTE, EEO, P&E	Konstruktions-Freigabe-Datum	1996

Blatt ____ von ____
Erstellt durch: VCT-Team
FMEA-Datum (Orig.): 01.92 (geänd.) April 94

Teil-Name-Nummer / Teil-Funktion	Mögliche Fehler (2)	Mögliche Folge(n) des Fehlers (3)	Bedeutung (6a)	▼	Mögliche Ursache(n) des Fehlers (4)	Auftreten (6b)	Konstruktions-bestätigung (5)	Entdeckung (6c)	RPZ	Empfohlene Abstell-Maßnahme(n)	Verantwortl. Bereich/Ing. + Termin (7)	Durchgeführte Maßnahmen (8)	Bedeutung	Auftreten	Entdeckung	RPZ
VCT-Nocken-wellenver-stelleinheit		Überschreiten der Emissionsgrenzwerte	9		VCT-Radiallager fest	8	Berechnung des Lager-spiels, Auslegung neuer Passungen	3	216	Optimiertes minimales Spiel für extreme Laufbedingungen	System-lieferant		1	9	2	18
					Schrägverzahnung verschlissen	2						Vergrößerte Lagerspiele				
		Das OBD-II-Diagnose-system zeigt dieses Fehlverhalten an			Falsche Querschnitte aller Ölbohrungen	2	Verschleißtests mit definierter Verzahnungs-qualität	2	36	Optimierung der Verzahnungsqualität	System-lieferant	Minimierte Zahn-flankenspiele				
		Fahrbarkeit des Fahrzeugs wird schlechter			Fremdpartikel im Motoröl	5	Testprogramm zur Verifizierung	1	18	Simulationsprogramm zur Optimierung der Bohrungsquerschnitte	Ford					
Verstellge-schwindigkeit: 100° KW/s	Niedrige Verstellge-schwindigkeit: < 100° KW/s	Der Kunde muß die Werkstatt aufsuchen			Öl im Nockenwellen-versteller mit Luft vermischt	5	Ford-Ölschlamm-/Verschmutzungstests	5	225	Optimierung der Toleranzen zur Reduzierung der Fremd-partikelsensibilität	Ford	strömungs-optimierte Ölbohrungen				
							Luftverschäumungs-tests	5	225							
										Optimierung des Motorölkreislaufes	Ford	Spezifikation des Ölverschmutzungs-grades für das vor-gesehene Ölwechsel-intervall				
										Verifizierung durch Test: Verstellzeitmes-sung unter extremen Bedingungen: • hohe Motoröl-temperatur • Altöl • reduzierter Öldruck • minimale Toleranzen	Ford	Forderung: Luftanteil im Öl < 1 %				

Abb. 4-8 Konstruktions-FMEA

schwerer Fehler (z.B. Motor läuft nicht mehr), Verärgerung des Kunden	= 7–8
äußerst schwerer Fehler/Sicherheit gefährdet (z.B. Ausfall der Bremsanlage)	= 9–10

Auch die Wahrscheinlichkeit des Auftretens des Fehlers (Spalte 6b) wird nach einem bestimmten Schema beurteilt:

	Häufigkeit	*Bewertung*
unwahrscheinlich, daß der Fehler auftritt	0–1/20 000	1
gering: Konstruktion entspricht früheren erprobten Entwürfen	1/20 000–1/2000	2–3
mäßig: Konstruktion entspricht früheren Entwürfen, bei denen gelegentlich Fehler auftraten	1/2000–1/200	4–6
häufig: Konstruktion entspricht früheren Entwürfen, bei denen häufig Fehler auftraten	1/200–1/20	7–8
extrem häufig: nahezu sicher, daß Fehler in großem Umfang auftreten werden	1/20–1/2	9–10

In einer weiteren Spalte (6c) wird berechnet, wie hoch die Wahrscheinlichkeit ist, den Fehler durch die Konstruktionsbestätigung zu entdecken. Hier bedeuten die Ziffern von 1–10 folgende Abstufung:

sehr hoch	1–2
hoch	3–4
mäßig	5–6
niedrig	7–8
sehr niedrig	9
sicher, daß der Fehler nicht entdeckt wird (durch geplante Tests oder kein Testprogramm)	10

Eine weitere Tabellenspalte des Arbeitsblattes ist mit Risiko-Prioritätszahl (RPZ) überschrieben. Sie ist das rechnerische Produkt aus den Spalten „Bedeutung" (6a), „Auftreten" (6b) und „Entdeckung" (6c). Mit ihrer Hilfe können die verschiedenen Fehlermöglichkeiten anhand einer einheitlichen Meßzahl miteinander verglichen werden. Sie kann als Maß für das Gesamtrisiko gelten. Je größer die RPZ ist, desto vorrangiger muß mit konstruktiven oder versuchs-/prüftechnischen Maßnahmen das entsprechende Risiko gesenkt werden. Diese Maßnahmen werden in der folgenden Spalte (7) empfohlen. Neben konstruktiven Vorkehrungen kann die Bedeutung eines Fehlers z.B. durch konzeptionelle Änderungen verringert werden. Die Wahrscheinlichkeit, einen Fehler zu entdecken, läßt sich auch durch weitergehende Prüfungen oder spezielle Tests erhöhen.

Nach der Zuordnung der Verantwortlichkeit werden in der folgenden Spalte (8) die tatsächlich durchgeführten Maßnahmen beschrieben. Je nach Höhe der Risiko-Prioritätszahl wurden in Abb. 4-8 z.B. das Lagerspiel vergrößert, die Ölbohrungen strömungsoptimiert und die Spezifikation für die Ölverschmutzung sowie die Ölwechselintervalle überarbeitet. Eine zusätzliche Forderung für den Luftanteil im Öl lautet < 1%.

Entsprechend der Konstruktions-FMEA werden ggf. Konstruktionsänderungen vorgenommen und der Verifizierungs- und Freigabeprozeß wird durchgeführt. Dieser gilt für Komponenten, Untersysteme, Systeme, aber auch für den Gesamtmotor und das Gesamtfahrzeug. Es ist wichtig, die Interaktion zwischen den Untersystemen zu berücksichtigen; unabhängig voneinander durchgeführte Freigabeprozesse sind unzureichend. Der Kunde kauft keine optimierten Komponenten, sondern ein optimiertes Gesamtsystem.

Abbildung 4-9 stellt ein Bearbeitungsschema für den Verifizierungs- und Freigabeprozeß dar. Im Kopfteil wird eingetragen, welches System – in diesem Fall das Motorsystem – freigegeben werden soll. Daneben erscheint die Variante des Untersystems, versehen mit einer Nummer, hinter der sich der Zusammenbau des VCT-Systems verbirgt. Aufgeführt sind weiterhin die bearbeiteten Varianten, das Modelljahr, die beteiligten Ingenieure und die einzelnen Genehmigungsschritte. In Form einer Tabelle wird aufgeführt, welche Forderungen im Rahmen der Verifizierung erfüllt werden müssen. Nach Auswertung der Tests, die der Prüfling aufgrund der FMEA über sich ergehen lassen muß, ergibt sich eine Risikoabschätzung, die im positiven Fall zur Freigabe führt.

Als Beispiel zeigt Abb. 4-9 den Prüfstandstest für die Dauerhaltbarkeit nach einer festgelegten Vorschrift, die besagt, daß ein 180-h-Hochdrehzahl-Zyklus (Überprüfung der Dauerhaltbarkeit mit Hilfe einer entsprechend hohen Anzahl von Lastspielen) erfolgreich abgeschlossen werden muß. Der Verschleiß des Systems sowie aller Einzelkomponenten soll innerhalb der Spezifikation liegen. Die Toleranz ist vorher genau festzulegen. Zum abschließenden Untersuchungsbericht gehört die Funktionsprüfung von Ölversorgungsflansch und Hydraulikventil.

Das Testergebnis wird im Protokoll festgehalten. Es gibt darüber Auskunft, ob alle Grundfunktionen des VCT-Systems erfüllt werden und der Motor den Test bestanden hat. Im untersuchten Beispiel sind geringe Ölundichtigkeiten am Verschlußdeckel aufgetreten, die die Forderung nach höherwertigem Dichtungsmaterial nach sich zogen.

Für die Freigabe ist eine Abschätzung des Restrisikos vorzunehmen, das im Hinblick auf den derzeitigen Stand und das zum Zeitpunkt des Produktionsbeginns zu erwartende Risiko untersucht wird. Im vorliegenden Beispiel waren drei „180-h-Läufer" gefordert. In der Tabelle ist ablesbar, daß zum beschriebenen Zeitpunkt erst 33,3% der Anforderung (ein Test) erfüllt worden sind. Aufgrund der positiven Ergebnisse dieses ersten Tests wird das derzeitige Risiko als gering eingestuft. Gleichzeitig ist davon auszugehen, daß bis zum Zeitpunkt des Produktionsbeginns die noch fehlenden Tests erfolgreich abgeschlossen sein werden; es ist daher kein Risiko zu erwarten. Nach gelungenem Durchlaufen aller geforderten Tests erfolgt die Produktionsfreigabe.

Konstruktions-Verifizierungsplan und Freigabebericht		Seite 1	Datum: Überarbeitung:	Programm: Modelljahr: Quartal: 2
System: 3 Motorsystem	Zusammenbau/VCT-System/ Variante: S4P07P	DVP Nr.: P-97.03.09.01-01	Ingenieur:	Genehmigt:
Untersystem: 09.01	Bauteil/Nockenwellen- verstelleinheit	Letzter Entwicklungs- stand:	Postzeichen: Tel.:	S4P Datum: Produktionsbeginn:

Nr.	Testname	Systemanforderungen	Testergebnisse	Entwicklungs- stand	ge- fordete Prüflinge	ge- testete Prüflinge	geplant Start/Ende	durchge- führt %	Bemerkungen	Risiko jetziges	Risiko erwar- tetes	Test- typ
Titel: 10 Prüfstandstest für Dauerhaltbarkeit/Vorschrift: 03.00.26.03												
10	180-h-„Hoch-Dreh- Zahl"-Zyklus	Erfolgreicher Testdurchlauf Verschleiß des VCT-Systems und der Einzelkomponenten innerhalb der Spezifikation Funktionsprüfung von Öl-versorgungsflansch und Hydraulikventil (Spezifikation: Öl-Volumenstrom-Kennlinie) → Untersuchungsbericht	28 N 4532 mit 50° KW VCT Verstellelement: Test beendet; alle Grundfunktionen des VCT-Systems i.O.; detaillierter Test-/Untersuchungsbericht vorhanden Motorwiederbau für Spezialtest	Serie 0	3	1	/	33,3	Merkmale für VCT-Anforderungen: Definierte Überprüfung der Schaltfrequenz Meßgrößen: System Reaktionszeit/Schaltgenauigkeit/Öldruckverlauf bei Verstellung	gering	kein	Prüf- stand

Abb. 4-9 Verifizierungs- und Freigabeprozeß

4.2.1 Wertorientierte Konstruktionsanalyse

In der Serienentwicklung werden die Produktionsprozesse gezielt auf die Detailkonstruktionen abgestimmt. Wie in Abschn. 3.3.3 beschrieben, ist zu diesem Zweck fortwährend die technische Durchführbarkeit bzw. Optimierung der Bauteil- und Systemfertigung zu untersuchen. Wichtigstes Ziel ist hier die effiziente Fertigung unter Einhaltung der Qualitätsziele, d.h. die sichere Funktion aller Bauteile im einzelnen sowie nach dem Zusammenbau im System.

Dieser Optimierungsprozeß erfährt maßgebliche Unterstützung durch die Methode der wertorientierten Konstruktionsanalyse. Der *Wert* ist definiert als die zuverlässige Erfüllung dessen, was ein Produkt oder ein Verfahren leisten muß, damit es seine Funktion erfüllt und zu möglichst geringen Kosten hergestellt und dem Kunden angeboten werden kann. Die wertorientierte Konstruktionsanalyse basiert auf der Kenntnis der Funktion eines Bauteils, Untersystems oder Gesamtsystems. Ein Bauteil kann z.B. die Nockenwelle sein, das zugehörige Untersystem stellt der Ventiltrieb dar. Dieser findet sich im Gesamtsystem Motor wieder. Die zu erfüllenden Funktionen sind bereits für die Definition der Qualitätsziele bestimmt und bei der Konzeptauswahl als eines der wichtigsten Auswahlkritierien herangezogen worden.

Zu beachten ist, daß die Funktionen stets aus der Sicht des Kunden betrachtet werden. Sie müssen also als Bestandteil der Gesamtfunktion, die das Produkt – hier das Fahrzeug – dem Kunden anbietet, identifiziert werden. Im Extremfall bedeutet das, daß ein Bauteil bzw. ein Konstruktionsdetail, das eine Funktion aufweist, die nicht die Gesamtfunktion des Fahrzeugs unterstützt, entfallen kann. Das ergibt sich dann, wenn andere Bauteile oder Systeme dieselbe Aufgabe übernehmen oder die Funktion durch Integration überflüssig gemacht werden kann. Daher ist eine fortwährende und gezielte Verbesserung der Konstruktion und der Fertigungsverfahren hinsichtlich der Erfüllung der Einzelkomponenten- bzw. Systemfunktionen sowohl bei Neukonstruktionen als auch bei bereits bestehenden Produkten zur Optimierung des *Wertes* unerläßlich.

Neue Fertigungsverfahren können zu einer Reduzierung der Fertigungsschritte und überdies zu verbesserten Funktionen führen. Ein Beispiel dafür ist die „gebaute Nockenwelle", bei der einzelne, vorgefertigte Nocken auf ein Stahlrohr aufgepreßt werden (Abb. 4-10). Die Stahlnocken müssen i.d.R. nach der Montage auf das endgültige Maß gebracht und die Oberflächengüte durch Feinschleifen sichergestellt werden. Um die gewünschten Ventilöffnungszeiten zu erreichen, müssen diese Nocken insbesondere bei Nockenwellen für Rollenschlepphebel-Ventiltriebe hohl geschliffen werden (negativer Radius < 80 mm). Aufgrund des kleinen Radius kommen hier nur im Durchmesser kleine Schleifscheiben oder ein alternatives Bandschleifverfahren in Frage. Beide Verfahren verursachen höhere Bearbeitungskosten als der Schleifvorgang bei herkömmlichen konvexen Nockenwellenprofilen. Das Schleifen kann jedoch gänzlich entfallen, wenn die Nocken im Sinterverfahren hergestellt werden. Hier erübrigt sich aufgrund der Oberflä-

Abb. 4-10 Gebaute Nockenwelle

chengüte und der Genauigkeit der Nocken selbst sowie infolge der Präzision bei der Montage von Nocken und Stahlwelle die Notwendigkeit eines nachfolgenden Schleifvorgangs auf Endmaß.

Auch zur Konzeptauswahl in der Produktvorentwicklung wird neben den in Abschn. 3.1.6 beschriebenen Verfahren die Methode der wertorientierten Konstruktion angewendet. Mit der Formel

$$F = RG \times LB$$

wird die Funktion F als Produkt aus der relativen Gewichtung der Funktion RG und der Leistungsbeurteilung LB der einzelnen Kriterien berechnet.

Anhand von Abb. 4-11 läßt sich der Prozeßablauf verdeutlichen. Zunächst sammeln alle am Prozeßablauf beteiligten Teammitglieder notwendige Informationen, wie projektbezogene Daten (Qualitätsziele, Zeitpläne usw.), Funktionsbeschreibungen und Konstruktionsdaten wie Einzelteil-, Explosions- oder Montagezeichnungen, Materialspezifikationen und kritische Abmessungen/Toleranzen. Alle für den Fertigungsprozeß relevanten Informationen, z. B. bezüglich der Rohteilherstellung beim Zulieferer, sowie Daten aus der statistischen Prozeßkontrolle müssen ebenfalls erfaßt werden. Des weiteren werden die anfallenden Kosten, wie Material-, Lohn- und Investititonskosten, herangezogen. An der Vielfalt der benötigten Daten läßt sich bereits erkennen, daß für den Prozeß der wertorientierten Konstruktionsanalyse Mitarbeiter aus den verschiedensten Bereichen zusammenarbeiten müssen. Das neue Team setzt sich zusammen aus Programm-Management-Mitarbeitern, Konstrukteuren, Einkäufern und Lieferantenvertretern, so daß Konstruktion, Fertigung und Finanzabteilung etwa die gleiche Wichtung erhalten. Zur zielgerichteten Durchführung des Prozesses wird ein

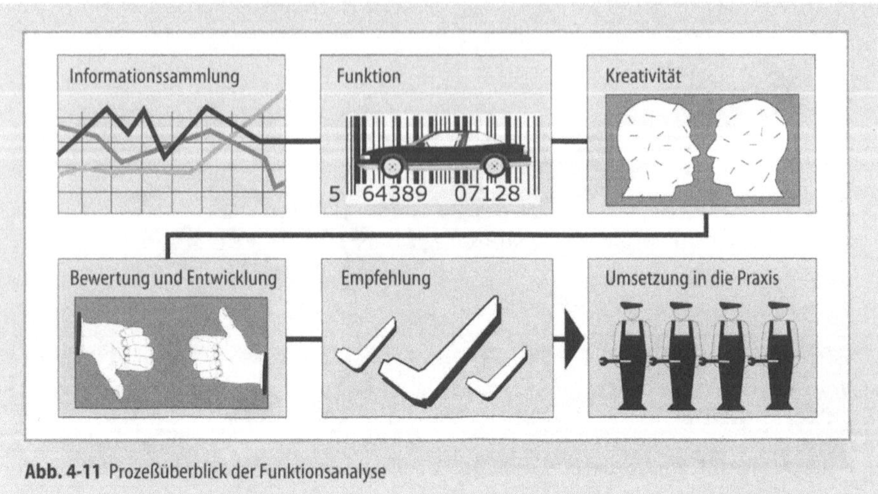

Abb. 4-11 Prozeßüberblick der Funktionsanalyse

geschulter Moderator eingesetzt, der gemeinsam mit Vertretern aus dem Programmanagement das Team führt. Die Initiierung eines solchen Konstruktionsanalyse-Workshops geht häufig auch von den für ein Bauteil bzw. ein System verantwortlichen Entwicklungsingenieuren aus.

Nach der Informationssammlung analysiert das Team die Funktion des Produkts bzw. Prozesses. Wenn sichergestellt ist, welche Funktion erfüllt werden soll, muß diese so allgemein wie möglich beschrieben werden. Darin ist *nicht* enthalten, *wie* die Funktion erfüllt wird.

Am Beispiel der Nockenwelle sieht die Funktionsbeschreibung folgendermassen aus:

- Beschleunigung und Höchstgeschwindigkeit des Fahrzeugs bedingen, daß die Nockenwelle die Stößel oder Schlepphebel derart betätigt, daß diese die Ventile zeitlich so öffnen und schließen, daß der Motor die erforderliche Luftmasse jeweils so ansaugt, daß die geforderten Drehmomente und Leistungswerte erfüllt werden,
- Dauerhaltbarkeit und Zuverlässigkeit bedeuten, daß die Nockenwelle ihre Funktion über die Lebensdauer des Motors zuverlässig ausübt,
- Wartungsfreundlichkeit und geringe Wartungskosten ersetzen im Idealfall die Wartung über die Lebensdauer des Bauteils völlig (z.B. hydraulischer Ventilspielausgleich) bzw. gestalten Wartung oder Service, wenn erforderlich, einfach und kostengünstig,
- geringe mechanische Geräusche,
- möglichst geringe Produktkosten: minimierte Rohteil-, Fertigungs-, Montage- und indirekte Kosten.

Die gebaute Nockenwelle gehört – wie Zahnrad und Befestigungselemente – zu den Systemgrenzen. Sie läßt sich in Untersysteme und Komponenten zerlegen;

dazu werden im folgenden der vordere Flansch der Nockenwelle und der Druckring für das Nockenwellenaxiallager betrachtet.

Der nächste Schritt in der Funktionsbeschreibung läßt sich mit Kreativität umschreiben und bedeutet „Brainstorming“ im Team. Dabei werden zunächst alle denkbaren Lösungen für die Detailkonstruktion und den Fertigungsprozeß ungeachtet der Realisierbarkeit gesammelt. Alternative Konstruktionsvorschläge oder Fertigungsverfahren sind i.d.R. von den Teammitgliedern bereits untersucht und vorbereitet worden. Abbildung 4-12 zeigt einen Alternativvorschlag für den vorderen Flansch der Nockenwelle. Die Verbesserung besteht in der Kombination des ursprünglich separaten Kettenradflansches und des Druckbundes zu einem gesinterten Bauteil. Der Kostenvorteil würde DM 0,28 bei gleichbleibendem Gewicht betragen. Gleichzeitig werden die Vor- und Nachteile gegenübergestellt.

Anschließend treffen die Teammitglieder eine Vorauswahl. Alle Vorschläge, die zeitlich nicht realisierbar, nicht schubladenreif oder für eine Umsetzung nicht verfügbar sind, werden ausgegrenzt. Die Bewertung der ausgewählten Vorschläge geschieht in Form einer Matrix. In Abb. 4-13 stehen fünf Alternativen zur Wahl, die in einer Skala von 1–10 hinsichtlich verschiedener Kriterien, wie Gewicht, Fertigungsfreundlichkeit und NVH (Noise Vibration Harshness), eingeschätzt werden. Dabei ist 1 die schlechteste und 10 die beste Note. Jedes Kriterium wird aus-

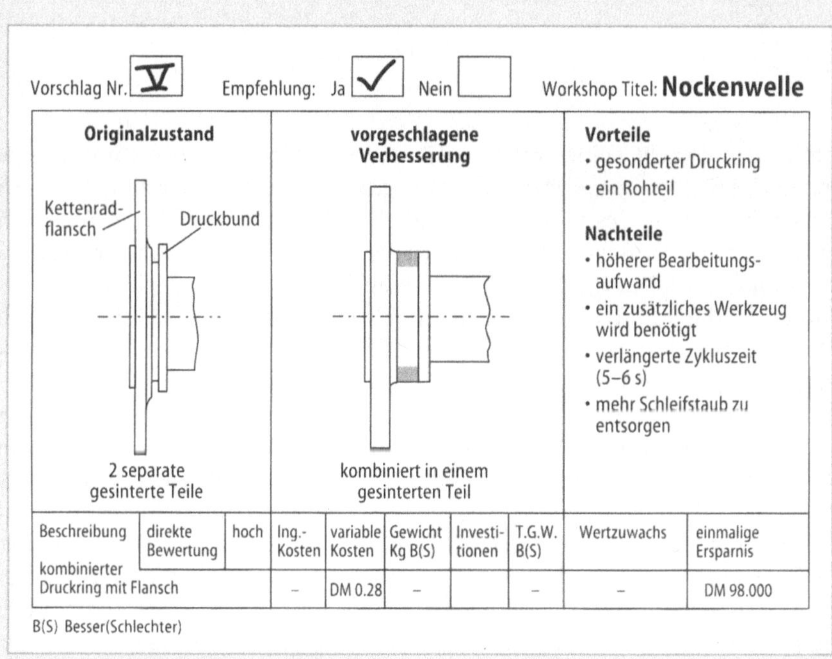

Beschreibung	direkte Bewertung	hoch	Ing.-Kosten	variable Kosten	Gewicht Kg B(S)	Investitionen	T.G.W. B(S)	Wertzuwachs	einmalige Ersparnis
kombinierter Druckring mit Flansch			–	DM 0.28	–		–	–	DM 98.000

B(S) Besser(Schlechter)

Abb. 4-12 Wertorientierte Konstruktionsanalyse

Workshop-Titel: **Nockenwelle für einen Dieselmotor**

relative Gewichtung RG	Auswahlkriterien	Alternativen: I	II	III	IV	V	Basis
		LB/F	LB/F	LB/F	LB/F	LB/F	LB/F
7	Gewicht	8/56	5/35	8/56	8/56	5/35	5/35
5	Fertigungsfreundlichkeit	4/20	6/30	3/15	5/25	5/25	5/25
8	NVH	5/40	5/40	3/24	5/40	5/40	5/40
10	Dauerhaltbarkeit	6/60	5/50	4/40	5/50	5/50	5/50
8	Durchführbarkeit	5/10	5/40	5/40	5/40	5/40	5/40
2	Serienfreundlichkeit	5/10	5/10	2/4	5/10	5/10	5/10
5	Komplexität	5/25	5/25	6/30	5/25	6/30	5/25
5	Montierbarkeit	7/35	6/30	4/20	5/25	7/35	5/25
2	Umwelt	5/10	5/10	5/10	5/10	5/10	5/10
5	Motormontage	5/25	5/25	5/25	5/25	5/25	5/25
	Vertrauensniveau	M	H	T	H	H	
	Investitionsersparnis	–	–	1,7	–	–	
gewichtete Gesamtfunktion (A)		321	295	264	306	300	285
Stückkosten [DM] (B)		46,37	46,35	42,85	46,17	46,25	46,53
Wert A/B		6,92	6,36	6,16	6,63	6,49	6,13
Gewichtsersparnis in [g]		210	–	200	200	–	–

RG Relative Gewichtung F = RG × LB
LB Leistungsbeurteilung
F Funktion

Abb. 4-13 Entscheidungsmatrix für Wertorientierte Konstruktionsanalyse

serdem in Anbetracht seiner relativen Bedeutung für die Gesamtfunktion gewichtet (*RG*, erste Spalte), wobei als Ausgangspunkt die Basis der zu verbessernde Konstruktion bzw. des zu verbessernden Fertigungsprozesses gewählt wird. In der Bewertung der Basis erhält jedes Kriterium die Note 5 (letzte Spalte). Aus dem Produkt von *LB* und *RG* resultiert die Funktion *F*. Die gewichtete Gesamtfunktion *A* ist die Summe der einzelnen Funktionen, hier: A = 285 für die Basis. Der *Wert* ergibt sich aus dem Verhältnis von der Gesamtfunktion *A* zu den Stückkosten *B*, hier *A*/*B* = 6,13.

Alle fünf Alternativen werden nun mit der Basis bezüglich ihrer Funktion, ihrer Kosten und ihres *Wertes* verglichen. Hier gibt es unterschiedliche Blickwinkel, die zu verschiedenen Aussagen führen. Beim Vergleich der Kosten schneidet Variante III sichtlich am besten ab. Die Erfüllung der Funktion ist allerdings deutlich niedriger als die der Basis. Bezüglich der Funktion ist Variante I vorzuziehen, die die Basispunktzahl um 36 Punkte übertrifft. Die Überprüfung anhand des *Wertes* ergibt, daß diese Variante eindeutig den höchsten *Wert* erreicht (6,92) und damit für die Umsetzung empfohlen werden kann. Gegenüber der Basis weist sie eine um 13% verbesserte Funktion auf bei um DM 0,16 reduzierten Kosten und 210 g Gewichtsersparnis.

Nach der Empfehlung der Teammitglieder folgt die Planung für die Implementierungsphase. Zur Einführung in die Praxis stellt das Team einen Zeit-, Arbeits- und Ressourcenplan zusammen, der entsprechend der jeweiligen Verantwortungszuordnung ausgeführt wird.

4.2.2 Verifizierung durch Komponenten-, System- und Fahrzeugtests

Die Verifizierungstests beginnen mit den Fahrzeug-Untersystemen, z. B. dem Motor. Sie starten nach erfolgreichem Passieren des Motor-Programmkontrollpunktes <6> „Analytische Konstruktion und analytische Fertigungsprozeßentwicklung beendet und alle Konstruktionsdaten festgelegt" (Abb. 2-2).

Der Testaufbau ist modular. Das bedeutet, wie noch erläutert wird, daß man zwischen Komponenten-, System- (z.B. Ventil- oder Kurbeltrieb), Motor-, Gesamttriebwerk (Motor in Verbindung mit Getriebe) und Fahrzeugtests unterscheidet.

Neben der reinen Verifizierung der analytischen Konstruktion dienen die Verifizierungstests auch der Überprüfung der einzelnen Funktionen unter Betriebszuständen bzw. Randbedingungen, die eine besondere Belastung darstellen und nicht hinreichend genau mittels Computermodellen simuliert werden können.

Besonders wichtig ist daher die Entwicklung dieser Verifizierungstests. Sie müssen eine Aussage über die Dauerhaltbarkeit in Kundenhand unter allen tatsächlich auftretenden Randbedingungen erlauben. Das heißt, daß kritische Belastungszustände wie häufige Kaltstarts, verbunden mit entsprechend häufigen Temperaturwechseln, bezüglich ihrer Belastung auf die einzelnen Komponenten und Untersysteme gezielt untersucht werden müssen. Dies ist jedoch nur möglich, wenn durch Ursachenforschung z. B. signifikante Verschleißmechanismen sowie die verantwortlichen Parameter (Störgrößen) erfaßt und definiert werden können. Erst dann ist eine sinnvolle Entwicklung eines Tests möglich, der die identifizierten Störgrößen gezielt „abtestet" und damit eine Aussage über die Robustheit des jeweiligen Systems oder der Komponente liefert.

Die Verifizierungstests dienen nicht nur der Verifizierung der Hardware, sondern auch der Software. So wird insbesondere auf hochdynamischen Prüfständen mit Kaltstart- und Heißstartvorrichtungen die Verifizierung und Optimierung der Kalibrierung (Abstimmung der Motorsteuerung) vorgenommen. Diese Tests werden i.d.R. mit dem Gesamttriebwerk (Motor und Getriebe) durchgeführt, um sowohl den stationären als auch den transienten Motorbetrieb im Fahrzeug zu simulieren. Das bedeutet, daß die Kalibrierung – noch bevor das Triebwerk ins Fahrzeug installiert worden ist – bereits für transienten Betrieb auch unter extremen Bedingungen wie Kaltstarts bei -40°C abgestimmt werden kann und damit Hardware-Verifizierungstests unterstützt.

Im folgenden werden Entwicklung, Vorbereitung und Durchführung von typischen Prüfstands- und Fahrzeugtests vorgestellt.

4.2.2.1
Prototypenbau und Testvorbereitung

Trotz Vorausberechnung mit Hilfe der Computersimulation sowie entsprechender analytischer Modelle kommt dem Prototypenbau und dem Versuch mit speziellen Testeinrichtungen nach wie vor große Bedeutung zu. Um ein neues Produkt zu entwickeln, werden – wie bereits beschrieben – die ersten Prototypen (Serie Null) in der Vorentwicklung gebaut und getestet. In der später folgenden Serienentwicklung kommen die sog. Bestätigungs-Prototypen (Serie CP, vgl. Phase I–III in Tabelle 4–1) zur Anwendung.

Prototypmotoren der Serie Null sollen in geringer Stückzahl innerhalb kürzester Zeit zur Verfügung stehen. Mit Hilfe ausgewählter Prototyp-Formgebungs- und Bearbeitungsprozesse lassen sich neue Technologien im Zusammenspiel bewerten. Prototypen der Serie Null unterstützen die Konstruktionsphase dort, wo CAE beim heutigen Stand der Technik noch nicht ausreicht, um z.B. verläßliche Aussagen hinsichtlich eines bestimmten Brennverfahrens auf Wirkungsgrade oder Emissionen zu gewährleisten. Sie helfen bei der Ableitung des besten Zielkompromisses (z.B. bzgl. Funktion und Kosten). Ein Beispiel ist der direkteinspritzende Ottomotor; hier werden anhand einer Prototypenserie Null das Brennverfahren feinabgestimmt und das tatsächliche Verbesserungspotential von Brennstoffverbrauch und Rohemissionen abgeschätzt.

Um die Beschaffungs- und Testzeit in der Bestätigungs- bzw. Verifizierungsphase zu optimieren, werden Prototypen mit unterschiedlichen Herstellungsverfahren (unterschiedlicher Herstellungszeit), jedoch alle nach derselben Zeichnung gefertigt. Die ersten Prototypen (Phase I) entstehen mit produktionsnahem

Tabelle 4-1 Definition der Motorverifizierungs-Prototyp-Bauphasen

Phase I	Phase II	Phase III
Prototypen-Hardware mit produktionsnahem Design (3D-Festkörpermodell) unter Anwendung von Freiform-Fabrikationsmethoden	Benutzung von produktionsnahen Fertigungsverfahren, um Vertrauen zum Produkt und Prozeß zu gewinnen	Prototypen-Hardware insbesondere für Fahrzeug-Verifizierungstests, hergestellt durch produktionsnahe Fertigungsverfahren (s. Phase II)
Beschreibung • Funktionen entsprechen Produktionsstandard (produktionsnahe Prozesse nicht notwendig) • Package-relevante Maße nach Zeichnung • produktionsabweichende Reparaturstandards (Schweißen, Porösität) werden akzeptiert	Beschreibung • alle kundenrelevanten Merkmale werden erfüllt • hergestellt mit produktionsnahen Fertigungsverfahren • Aufnahmepunkte und Schnittgeschwindigkeiten wie in der Serienfertigung • Produktionsreparaturstandards müssen eingehalten werden • Teile müssen nicht mit Werkzeugen und Maschinen aus der Produktion gefertigt werden	Beschreibung • wie Phase II • alle Motoranbauteile müssen verfügbar sein • alle Schnittstellen-Komponenten zum Fahrzeug müssen vorhanden sein

„Design“ unter Anwendung von Freiform-Fabrikationsmethoden (Rapid Prototyping) auf der Basis von 3D-Festkörpermodellen und CAM.

Die nächsten Prototypen (Phase II) basieren auf produktionsnahen Fertigungsverfahren. Die dritte und letzte Phase verlangt, daß alle Motorbauteile sowie alle Bauteile zur Installation des Motors ins Fahrzeug (Schnittstellenkomponenten, z. B. Motoraufhängung) mit produktionsrepräsentativen Fertigungsverfahren ausgeführt werden. Die Phasen II und III sind deshalb von besonderer Wichtigkeit, da sie den endgültigen Produktionsstand repräsentieren, d. h., die Fertigung unter Produktionsbedingungen. Je nach geplanter Verfügbarkeit kommen die Prototypenteile für die entsprechenden Komponenten-, Motor- und Fahrzeugtests zur Anwendung. Alle Prototypphasen unterstützen **eine** Testphase, die ausschließlich der Verifizierung dient.

Ein Beispiel für einen Auftrag zum Prototypenbau zeigt Abb. 4-14 anhand der Motorenprototyp-Phase I mit VCT. Neben der Auftragserteilung werden die Zeichnungen der VCT-Einheit sowie die zahlreichen Motorzeichnungen an die Prototypen-Beschaffung gegeben. Diese nimmt Verbindung zu Lieferanten und der Produktion in den verschiedenen Werken auf. Sind alle Fragen der Herstellung abgestimmt und geprüft worden, stellt die Beschaffung sicher, daß alle Teile – sowohl aus den eigenen Fertigungsbereichen als auch von den Lieferanten – zum richtigen Zeitpunkt in das Prototypenteilelager angeliefert werden. Nur so

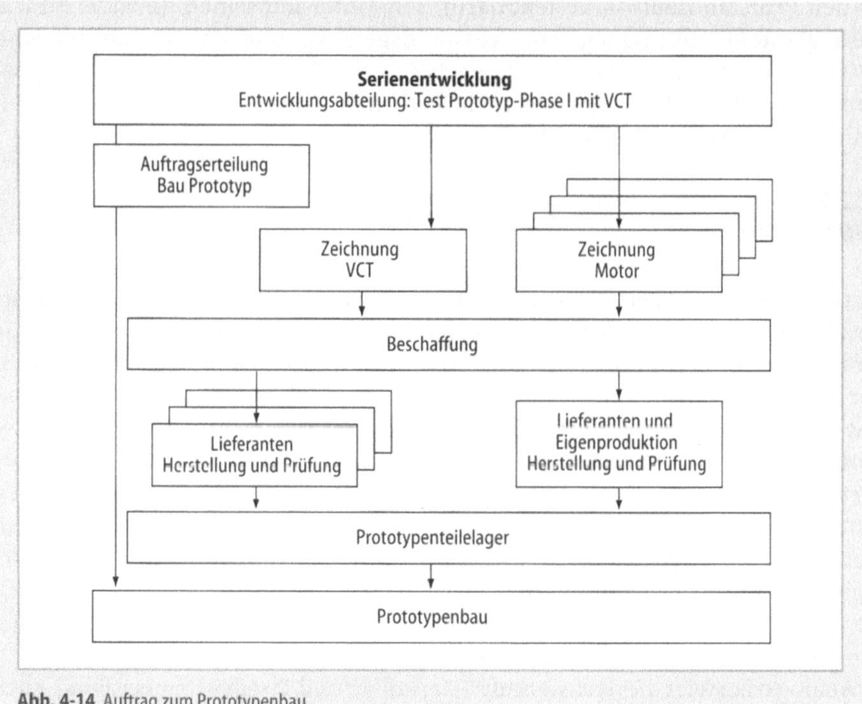

Abb. 4-14 Auftrag zum Prototypenbau

kann der Prototypenbau, der u. U. 200 Motoreneinheiten umfassen kann, sicher vonstatten gehen.

Wie ist nun die Fertigung eines Motor-Prototypen aufgebaut? Zunächst geht der Auftrag an den Motorenbau und das Prototypenteilelager. Letzteres veranlaßt die Anlieferung der Teile (das können bis zu 2000 Einzelteile pro Motor sein). Die Prototypenteile werden vor dem Zusammenbau je nach geplantem Testzweck vermessen und geprüft. Den Umfang dieser Vermessung bzw. Inspektion legt der Entwicklungsingenieur fest. Typische Inspektionen sind z. B. die Rundheitsmessung der Nockenwellenlager und die Lagerfluchtmessung. Auch die Oberflächenrauhigkeitsmessung der Zylinderkopf-Dichtfläche ist eine wichtige Maßnahme im Hinblick auf das Dichtungsverhalten. Eine andere elementare Aussage ist z. B. der Ausgangszustand, d. h. das Vermessen der Verschleißteile, die für einen Dauerlauftest Verwendung finden.

Nach der Inspektion folgt der Zusammenbau nach einer exakten Montageanweisung, die bereits auf die Serie zugeschnitten ist. Während der Montage ist eine ausführliche Dokumentation über Toleranzen, Anzugsdrehmomente und Laufspiele unerläßlich. Dieses „Logbuch“, das u. a. auch die tatsächlich vorliegenden Verdichtungsverhältnisse enthält, hilft später die Gründe nachzuvollziehen, falls es zum Ausfall eines Prototypenmotors kommen sollte. Anschließend wird jeder Prototyp einem Abnahmetest unterzogen. Dieser besteht i. d. R. aus einer Dichtigkeitsprüfung und der Ermittlung des Durchdrehmoments. Die Vorbereitung für den Prüfstandsaufbau besteht darin, den Motor mit seinen Anbauteilen wie Ansaugsystem, Hilfsaggregaten, Prüfstandsgetriebe und Kabelbaum auf eine Prüfstandspalette zu montieren. Je nach Art des Tests wird zusätzlich die entsprechende Meßtechnik installiert. Die fertig montierte Palette erlaubt dann den schnellen Aufbau im Prüfstand.

4.2.2.2
Prüfstandstests

Zu den anschließenden Versuchen gehören Prüfstandstests und spezielle Testverfahren. Der Prüfstandsablauf läßt sich schematisch in Form einer Pyramide veranschaulichen (Abb. 4-15). Die Testpyramide ist modular aufgebaut: zunächst werden die einzelnen Komponenten getestet, anschließend die Untersysteme und erst dann das Gesamtsystem. Es ist wenig sinnvoll, den kompletten Motor zu testen, wenn z. B. nur eine Aussage über die Funktionstüchtigkeit des Pleuels gefordert wird. Eine Aussage darüber, ob das Pleuel unter gegebenen Bedingungen die Haltbarkeitskriterien erfüllt, liefert ein Pulsertest. Erst wenn dieser die richtigen Werte ergibt, wird das Pleuel in den Motor eingebaut. Darüber hinaus ist die Verfügbarkeit einzelner Bauteile früher gegeben als die des Gesamtmotors, so daß die Einzelkomponententests ebenfalls früher starten und somit zu einer Verkürzung der gesamten Versuchsphase beitragen können.

Analog dazu folgt die nächste Stufe: der Aufbau und Test der Untersysteme. Auch hier muß z. B. zum Testen eines Ventiltriebs mit Zahnriemen nicht der komplet-

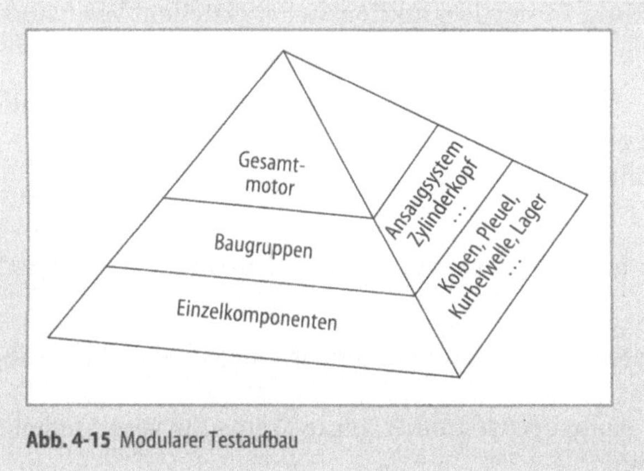

Abb. 4-15 Modularer Testaufbau

te Motor aufgebaut werden. Denkbar ist hier der Antrieb des Ventiltriebs über einen Elektromotor, um Informationen über die Dauerhaltbarkeit des Zahnriemens im Hinblick auf Feuchtigkeit und erhöhte Temperaturen zu gewinnen. Zahnriemen sind nicht selten anfällig gegen hohe Feuchtigkeitswerte und überhöhte Temperaturen im Motorraum, so daß u.U. ihre Lebensdauer reduziert werden kann. Mit Hilfe des Elektromotors lassen sich erschwerte Bedingungen über eine bestimmte Anzahl von Stunden simulieren, so daß über die Haltbarkeit des Zahnriemens eine zuverlässige Aussage gemacht werden kann.

Einzelkomponententests sowie auch Baugruppentests werden intern und extern (bei Zulieferern) durchgeführt. Beide finden im wesentlichen in der Serienentwicklungsphase statt, werden aber auch zur frühen Bestätigung der analytischen Berechnung innerhalb der Vorentwicklung vorgenommen. Zusammenfassend ist festzustellen, daß Einzelkomponententests der Entwicklung und Erprobung folgender Qualitätsziele dienen:

- mechanische Festigkeit,
- Dauerhaltbarkeit (Schwingungsbeanspruchung),
- Temperaturbeständigkeit.

Die darauffolgenden Baugruppentests sollen die Funktion der Untersysteme überprüfen. Dazu zählen

- Qualitätszielerfüllung der Baugruppen/Systeme aus Einzelkomponenten,
- Überprüfung der Verschleißfestigkeit,
- Dauerhaltbarkeitserprobung.

Sind die Komponenten- und Baugruppentests erfolgreich abgeschlossen, kann die Kontrolle des Gesamtmotors stattfinden. Diese Tests werden zur frühen Bestätigung der CAE-Berechnungen in der Vorentwicklung, jedoch vornehmlich in der Serienentwicklung und bei der Verifizierung der Produktion durchgeführt. Während der Produktion gibt es ebenfalls Überprüfungen einzelner Motoren, um die gleichbleibende Qualität in der Produktion sicherzustellen. Verifiziert werden

- Funktion des Motors: Drehmoment, Leistung, Kraftstoffverbrauch, Schadstoffemission, Geräusch, Laufruhe usw.,
- Dauerhaltbarkeit/Verschleißfestigkeit und
- Qualitätsziele.

Das modulare Testverfahren hat sich hierbei in vielerlei Hinsicht als vorteilhaft erwiesen:

- Fehler an Einzelkomponenten oder Baugruppen sind in einem frühen Entwicklungsstadium erkennbar.
- Einzelkomponenten und Baugruppen können ohne Motor für verschiedene Einbaufälle getestet werden.
- Aufwendige Gesamtmotortests werden vermieden oder nur dort herangezogen, wo Aussagen über das Gesamtsystem erforderlich sind.
- Das Verfahren spart Kosten und Zeit.

Diese Überlegungen müssen in den Entwicklungsplan einfließen, da Prüfstandskapazität nicht nur sehr teuer, sondern i.d.R. limitiert ist.

Darüber hinaus muß das Gesamtfahrzeug gleichermaßen verifiziert werden. Das passiert immer weniger auf der Straße, sondern mehr und mehr im Labor mit Prüfstandseinrichtungen. Der Trend geht dahin, soviel wie möglich zuverlässige Werte über Prüfstandstests zu erhalten. Das bedeutet aber nicht, daß Straßentests vollständig eliminiert werden können. Sie stellen vielmehr die Grundlage für die Aufbereitung der Daten dar (Abb. 4-16), die benötigt werden, um den

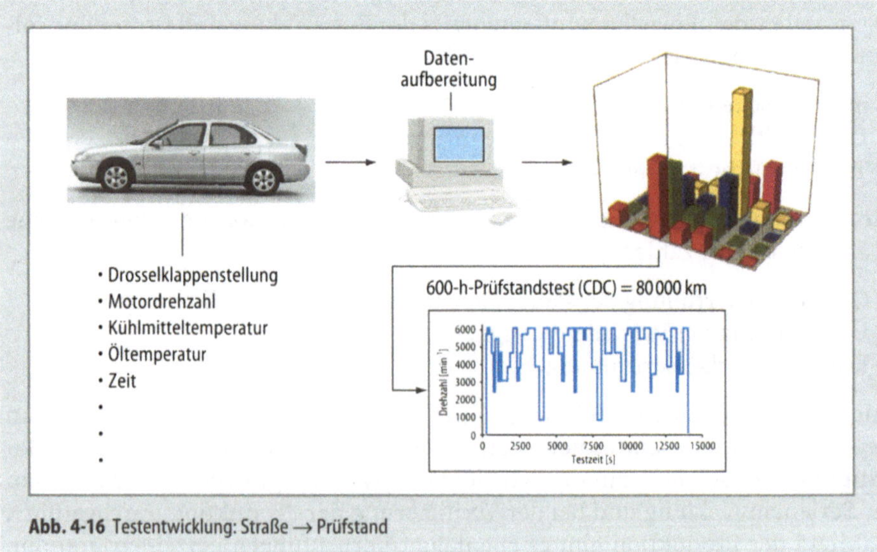

Abb. 4-16 Testentwicklung: Straße → Prüfstand

Motor oder die Motor/Getriebeeinheit auf dem Prüfstand so zu betreiben, daß der Test den Belastungen des Straßenbetriebs entspricht. Kenngrößen wie Drosselklappenstellung, Motordrehzahl oder Kühlmitteltemperatur werden während der Tests auf der Straße ermittelt, als Daten aufbereitet und z.B. im CDC-Prüfstandstest simuliert. So entspricht ein CDC-600-Stunden-Test einer Laufleistung von ca. 80 000 km auf der Straße.

Abbildung 4-17 zeigt das Belastungsprofil während eines Straßentests mit einem Fahrzeug der Mittelklasse. Eine bestimmte Autobahnstrecke wird mit möglichst hoher Geschwindigkeit durchfahren. Ermittelt werden nun die durchschnittliche Drehzahl und die Lastanteile in % im Verhältnis zur Gesamtfahrzeit. Besonders hervorstechend ist der Balken bei einer Drehzahl zwischen 4600 und 5400 min^{-1} und einer Last von 80 %. Die Höhe des Balkens veranschaulicht den Anteil an der Gesamtfahrzeit von ca. 25 %, wodurch deutlich wird, daß der Fahrer tatsächlich den größten Teil der Stecke mit hoher Geschwindigkeit gefahren ist.

Bei einem Vergleich verschiedener Fahrzeugklassen lassen sich die unterschiedlichen Belastungsprofile gut interpretieren (Abb. 4-18). Zwischen 4300 und 5200 min^{-1} und einer Last von 80 % liegt der Anteil an der Gesamtfahrzeit beim Durchfahren der Teststrecke mit einem Kleinwagen am höchsten. Im gleichen Drehzahlbereich wurde das großvolumigere Fahrzeug wesentlich weniger belastet. Diese differierenden Belastungsprofile können mit Aussagen über Verschleißmessungen, die auf einem dynamischen Prüfstand durchgeführt wurden, kombiniert werden (Abb. 4-19). Der sich daraus ergebende neue Testzyklus vermag eine Laufstrecke von 160 000 km zu simulieren. Die Ergebnisse der beiden Einzeltests ermöglichen Aussagen darüber, wie der Motor sich unter kritischen Verschleißbedingungen z.B. im Hinblick auf Dauerhaltbarkeit verhält.

Darüber hinaus werden die Abstimmungsarbeiten zur Kalibrierung der Motor- und Getriebesteuerung auf stationären und vor allem auf hochdynamischen Prüfständen durchgeführt. Die Diagnosemöglichkeiten am Prüfstand und die deutlich bessere Reproduzierbarkeit bestimmter Fahrzustände erlauben eine zuverlässigere Kalibrierung als im Fahrzeug. Das bezieht sich nicht nur auf den betriebswarmen Motorzustand, sondern auch auf den Warmlauf nach Kaltstart, da mittlerweile hochdynamische Prüfstände in einer Klimakammer zur Verfügung stehen, die sowohl Kaltstarts bei -40 °C als auch den Betrieb bei hohen Umgebungstemperaturen simulieren.

Weitere Prüfmöglichkeiten ergeben sich durch den Rückkauf von Kundenfahrzeugen. Analysiert werden Fahrzeuge mit hoher Laufleistung oder solche, die unter erschwerten Bedingungen, z.B. überwiegend im Stadtbetrieb, gefahren wurden. Eine Methode ist der Ausbau des Motors, der dann auf dem Prüfstand auf Leistung, Emissionen, Drehmoment und andere funktionale Kriterien untersucht wird. Anschließend wird er in seine Einzelteile zerlegt, und die Verschleißdaten der Bauteile werden ermittelt. Auf diese Weise ergeben sich zusätzliche Informationen für neue Programme.

Bauteile werden nicht nur auf dem Prüfstand getestet. Es gibt spezielle Testverfahren, die jeder Fahrzeughersteller individuell entwickelt. Hier ist der Ingenieur

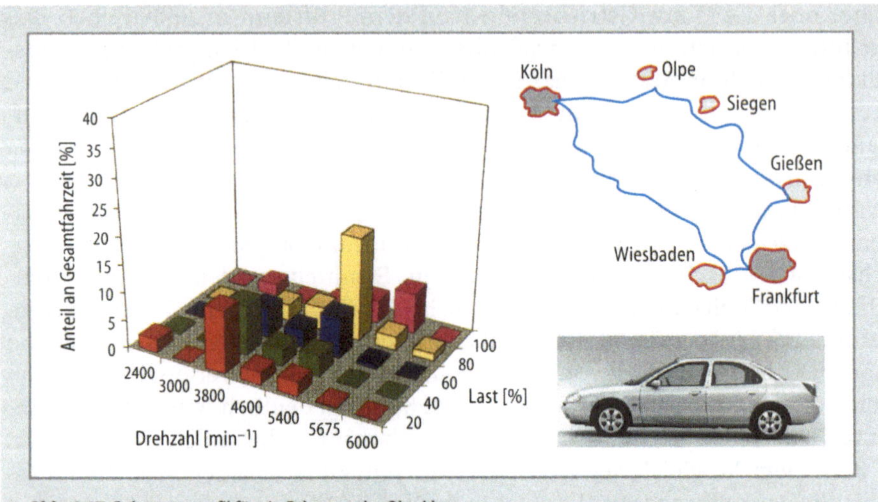

Abb. 4-17 Belastungsprofil für ein Fahrzeug der Oberklasse

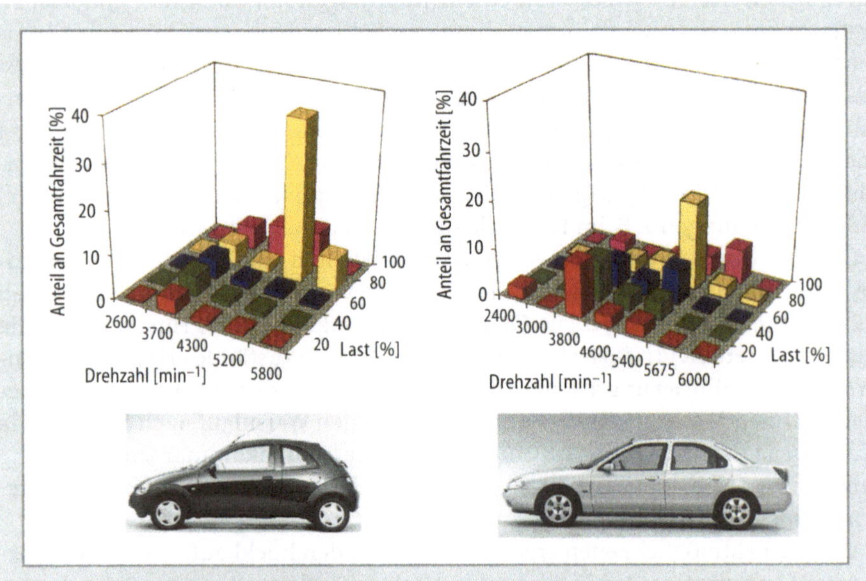

Abb. 4-18 Vergleich von Belastungsprofilen

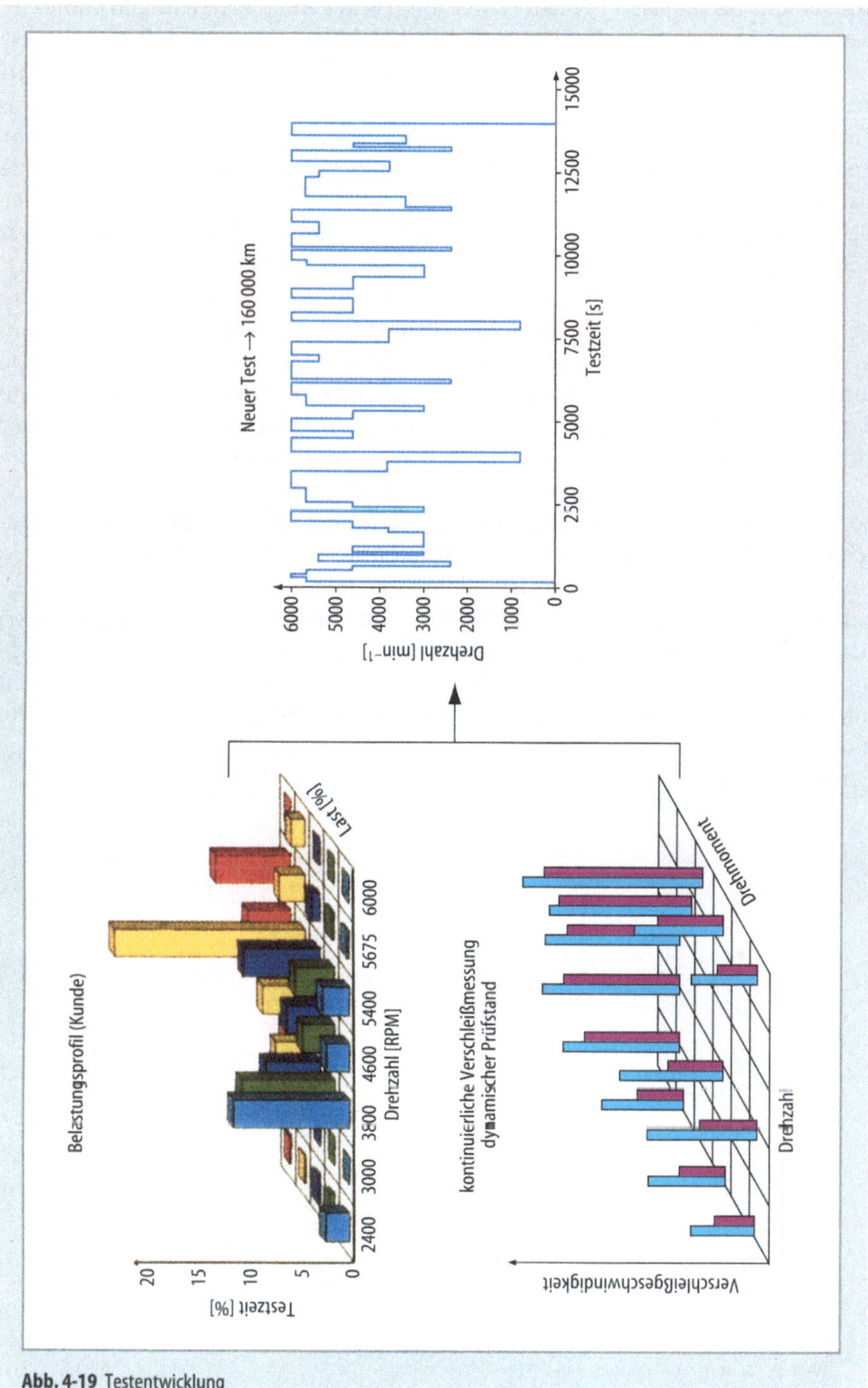

Abb. 4-19 Testentwicklung

mit seinem Fachwissen gefordert, der aufgrund seiner Erfahrungen subjektive Bewertungskriterien zu Rate zieht. Ein Beispiel für ein spezielles Bewertungssystem, bei dem subjektive Empfindungen eine Rolle spielen, zeigt Abb. 4-20. Die im Testlabor vorliegenden Stößeloberflächen werden nach einem bestimmten Bewertungsindex beurteilt, der in den Maßzahlen von 1 bis 10 in annehmbare und nicht annehmbare Qualitätskriterien unterteilt. Werden z. B. fünf Charakteristika untersucht, kann der Proband maximal 50 Punkte erreichen. Die untere Zeile in Abb. 4-20 erläutert die Bewertung der Bauteile. Die drei mit 3 und 4 beurteilten Stößel können nicht in die Produktion übernommen werden, der mit 5 bewertete ist ein Grenzfall, und die restlichen drei Stößel sind „noch annehmbar“ bis „gut“. Das Hauptkriterium bei dieser Bewertung sind die Verschleißmarken, die hier in Form von „Rillen“ (Oberflächengüte) sichtbar werden. Der Ingenieur entscheidet aufgrund seiner Erfahrung, welches Verschleißbild unter den gegebenen Randbedingungen noch annehmbar ist und führt parallel dazu eine Korrelationsbetrachtung zu im Feld auftretenden Auswirkungen durch.

Typische Verschleißgeschwindigkeiten verschiedener Systeme zeigt Abb. 4-21. So ist zu erkennen, daß Bremsklötze – im Rennbetrieb getestet – sehr hohe Verschleißraten aufweisen. Diese Verschleißraten sind natürlich extrem. Bei Kolbenringen liegt der Verschleißwert zwischen 5 und 70 nm/h, bei Nocken und Stößeln beträgt er ca. 1 nm/h, und bei Gleitlagern kann ein Wert über 1 nm/h bereits kritisch sein. Um eine zuverlässige Aussage über das Verschleißverhalten eines Motors zu erhalten, sind ca. 300 h Laufleistung erforderlich. Diese zeit- und kostenintensive Testmethode ist nicht sehr wirtschaftlich. Heute kann mit Hilfe der Radionuklid-Verschleißmeßtechnik in 3 – 10 Stunden das gleiche Meßergebnis geliefert werden wie nach 300 Stunden Prüfstandsbetrieb.

Bewertungsindex	nicht annehmbar					annehmbar				
	1	2	3	4	5	6	7	8	9	10
Bewertung des Fahrzeugs oder der Aggregate	Produktionsverwerfung					annehmbar				
	schlecht			Kundenbeschwerden	Grenzfall	noch annehmbar	ausreichend	gut	sehr gut	ausgezeichnet

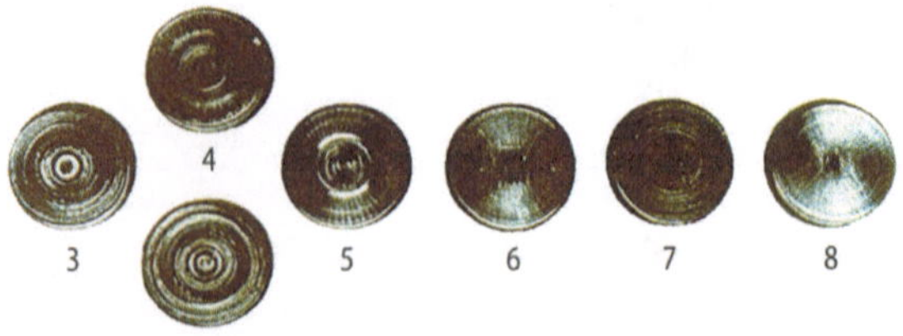

Abb. 4-20 Bewertungssystem am Beispiel von Tassenstößeln

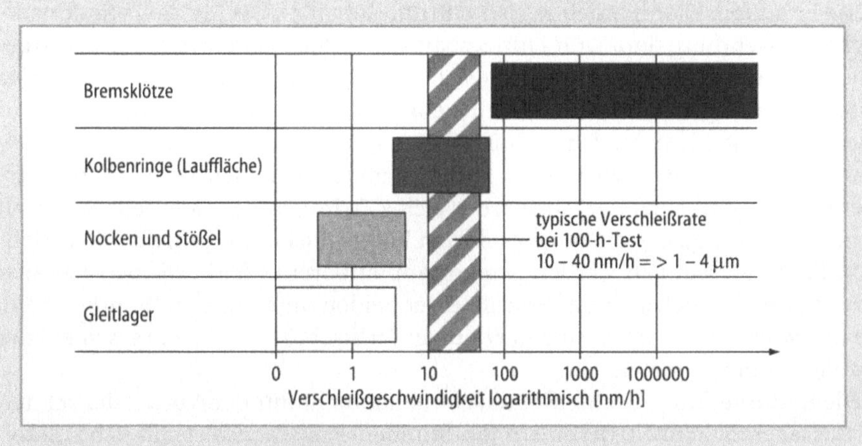

Abb. 4-21 Typische Verschleißgeschwindigkeiten

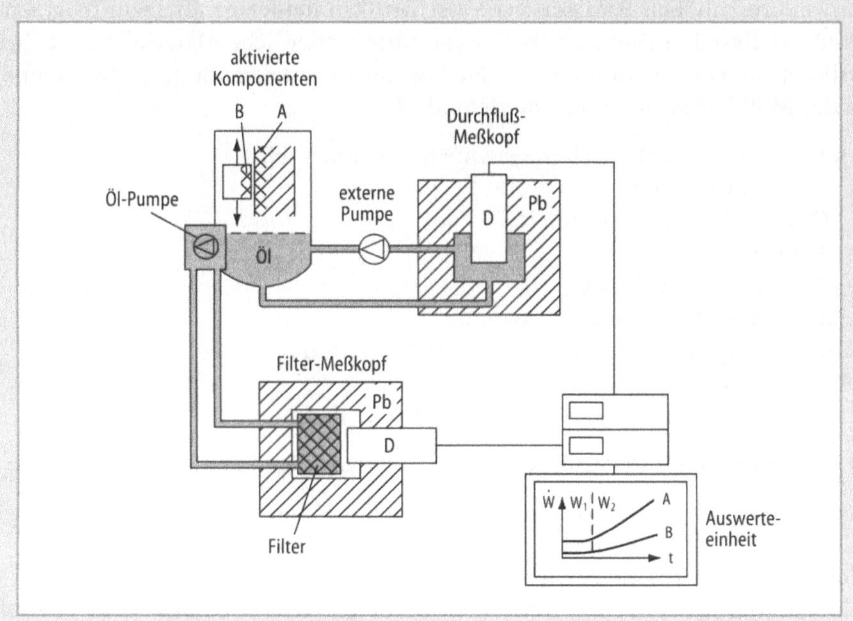

Abb. 4-22 Prinzip der Radionuklid-Verschleißmessung

Der Aufbau einer solchen Radionuklidmessung ist in Abb. 4-22 schematisch dargestellt. In diesem Fall soll der Verschleiß der Zylinderlaufbüchse (A) und der Kolbenringe (B) gemessen werden. Dazu werden die einzelnen Komponenten radioaktiv beaufschlagt, so daß sich im Aktivitätsspektrum des zu untersuchenden Systems Isotopen nachweisen lassen, die eine Zuordnung zur abgetragenen

Masse erlauben. Hier handelt es sich z.B. um Kobalt 57, das für die Zylinderlaufbüchse Anwendung findet, und um Kobalt 56 für den Kolbenring. Die sich ergebenden Verschleißpartikel sammeln sich im Ölbehälter, in dem das radioaktive Material herausgefiltert wird. Mit Hilfe einer externen Pumpe gelangt das Öl in einen Kreislauf mit einem Durchfluß-Meßkopf, an dem der im Öl befindliche Kolbenring – Abriebteile – wie mit einem Geigerzähler gemessen werden kann. Darüber hinaus muß auch der Abrieb, der sich z.B. im Ölfilter sammelt, bestimmt werden. Hierfür gibt es einen gesonderten Filterkreislauf mit einem Filter-Meßkopf. Beide Messungen werden gemeinsam aufbereitet und erlauben die Auswertung im Hinblick auf den Verschleiß der beiden untersuchten Komponenten. Die Energiespektren der Isotopen erlauben Rückschlüsse auf den Verschleiß der einzelnen Komponenten.

Die Radionuklid-Verschleißmeßtechnik hat nicht nur den Vorteil der schnellen Aussagemöglichkeit. Bei einem 300-Stunden-Prüfstandstest läßt sich z.B. keine unmittelbare Aussage darüber treffen, wie der Verschleiß sich innerhalb der ersten Stunde (Einlaufverhalten) auswirkt. Das ist mit der Radionuklidmethode ohne weiteres möglich. Es lassen sich Verschleißkennfelder ermitteln und sog. Sensitivitätsanalysen vornehmen, bei denen unterschiedliche Materialien auf ihre Sensivität hin geprüft werden können. Für folgende Anwendungsgebiete eignet sich das Meßverfahren in besonderem Maße:

- Optimierung tribologischer Systeme hinsichtlich der
  - Systemauslegung,
  - Oberflächenbeschaffenheit,
  - Materialpaarung,
  - Toleranzkonfiguration,
- Untersuchung des Einlaufverhaltens,
- Entwicklung verschleißrelevanter Testprogramme,
- Optimierung von Schmierstoffen und
- Unterstützung der CAE-Modelle bei Verschleißsimulation.

Die Radionuklid-Meßtechnik zeichnet sich durch folgende Eigenschaften aus:

- berührungslose, kontinuierliche Messung des Materialverschleißes einzelner Komponenten,
- Messung unter realen Betriebsbedingungen,
- Zuordnung des Verschleißverhaltens zu den Betriebsbedingungen (Einlauf, Kaltstart, Last-Drehzahl-Charakteristik),
- hohe Meßempfindlichkeit,
- Anwendung auf alle Stähle, Nichteisenmetalle, Sintermetalle und Keramiken.

Als Anwendungsbeispiel sind die Meßergebnisse des Verschleißes von drei Stösselvarianten in Abb. 4-23 dargestellt. Gemessen wird die Verschleißgeschwindigkeit über der Drehzahl, wobei auffällt, daß bei niedrigen Drehzahlen zwischen 1000 und 2000 min^{-1} ein höherer Verschleiß mit anschließendem Anwachsen der Verschleißrate zu verzeichnen ist. Ungefähr 10 nm/h wird als obere Grenze für

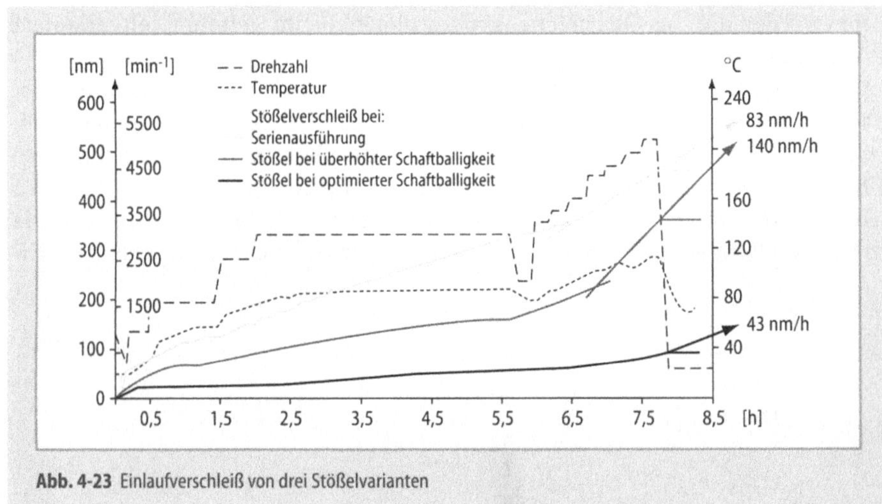

Abb. 4-23 Einlaufverschleiß von drei Stößelvarianten

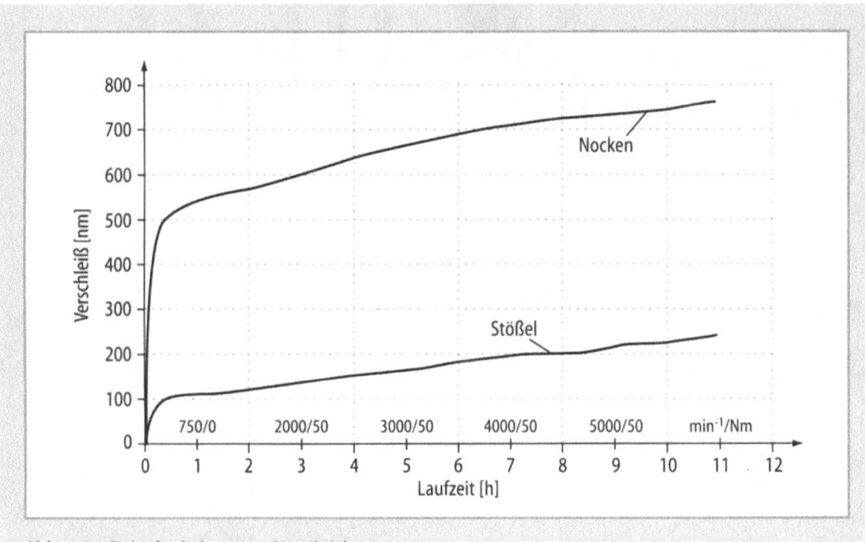

Abb. 4-24 Einlaufverhalten eines Ventiltriebs

unkritischen Verschleiß angenommen. Etwa 30 nm/h entsprechen einer Laufleistung von 160 000 km.

In Abb. 4-24 ist das Einlaufverhalten des Ventiltriebs abzulesen. Dabei ist die Laufzeit so charakterisiert, daß bestimmte Drehzahlen bei verschiedenen Lasten gefahren werden. Zu erkennen ist, daß der Nockenwellenverschleiß wesentlich höher ist als der Stößelverschleiß, was natürlich durch den kleinen Radius an der Nockenspitze vorgegeben ist. Auch die Materialpaarung und das Einlaufverhalten haben Einfluß auf den Verschleiß. Während der ersten Betriebsminuten des

Motors werden die sog. Oberflächenspitzen abgebaut, im weiteren Zeitverlauf ist der Verschleiß erheblich geringer.

Aus diesen Untersuchen lassen sich Verschleißkennfelder aufbauen. In Abb. 4-25 ist das Kennfeld für den Verschleiß des oberen Kolbenrings aufgetragen. Genau wie bei den Untersuchungen der Nockenwelle nimmt die Verschleißrate im Bereich niedriger Drehzahlen und hoher Lasten zu, um im weiteren Verlauf wieder abzunehmen. Die Erklärung hierfür sind hohe Verbrennungsdrücke, die sich belastend für Kolben, Kolbenring und Zylinderlaufbüchse auswirken. Gleich-

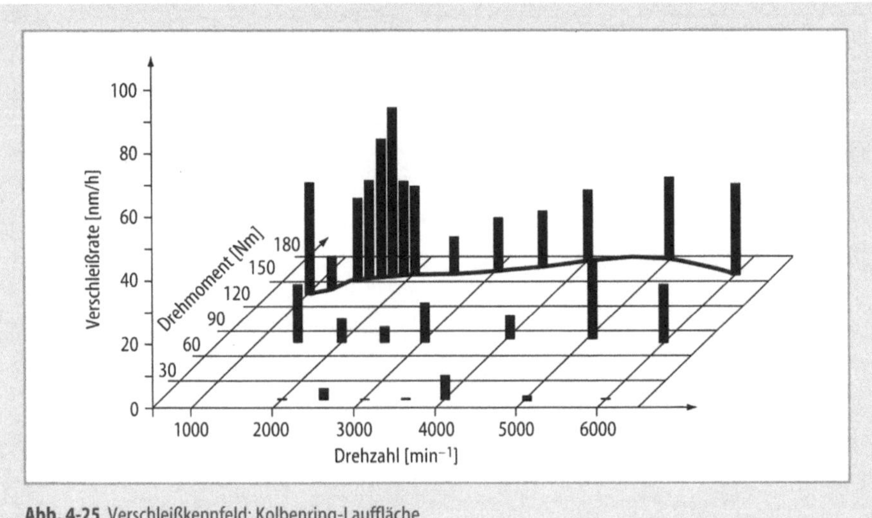

Abb. 4-25 Verschleißkennfeld: Kolbenring-Lauffläche

Abb. 4-26 Ventiltriebsverschleiß (Nocken und Stößel) als Funktion von Drehzahl und Öltemperatur

zeitig kann bei niedrigen Drehzahlen der hydrodynamische Schmierfilm noch nicht so vollständig aufgebaut werden wie bei hohen Drehzahlen. Bei höheren Drehzahlen wirken die Massenkräfte den Gaskräften entgegen. Dies beeinflußt die Verschleißrate positiv.

Auch die Öltemperatur wirkt sich auf das Verschleißverhalten aus. In Abb. 4-26 sind Nocken und Stößel als Funktion der Drehzahlen 2000 und 6000 min^{-1} in Abhängigkeit von der Öltemperatur aufgetragen. Mit zunehmender Temperatur – über 100 °C – steigen die Verschleißgeschwindigkeiten an. Werden vorgegebene Grenzwerte überschritten, muß z. B. ein Ölkühler vorgesehen werden, um die Temperatur zu reduzieren.

Die Vorteile der Radionuklid-Verschleißmeßtechnik lassen sich im folgenden zusammenfassen:

- Verbesserung des Verständnisses der Verschleißmechanismen,
- Verkürzung von Verschleißtests,
- Reduzierung von Entwicklungskosten,
- detaillierte Zuordnung des Verschleißes zu Betriebsbedingungen,
- zuverlässige Standzeitermittlung von Motorkomponenten,
- gezielte Steigerung der Effektivität von Schmiermitteln, Filtern und Kühlsystemen,
- Entwicklung verschleißrelevanter Teststrategien.

4.2.2.3
Fahrzeugtests

Auch wenn die Minimierung der Fahrzeugtests sehr weit fortgeschritten ist, sind diese unbedingt erforderlich. Die ultimative Beurteilung der Qualität des Produkts „Auto" muß nach wie vor mit dem Fahrzeug selbst erfolgen. Das, was der Fahrer als gute oder schlechte Fahrzeugbeschleunigung, angenehme oder unangenehme Vibrationen fühlt, was er als Geräusch positiv oder negativ wahrnimmt, was er als angenehmes oder unangenehmes Klima im Fahrzeug empfindet, was er als sportliche oder komfortable Fahrwerkabstimmung registriert, ist nur im Fahrzeug als Ganzes tatsächlich nachvollziehbar.

Die Qualität des Fahrwerkes wird auf einem „Handlingkurs" mit verschiedenen Kurven, Steigungen und Gefällen sowie unterschiedlichen Straßenbeschaffenheiten (Asphalt, Kopfsteinpflaster) überprüft und bewertet. Zusätzlich werden die Verifizierungsfahrzeuge auf Hochgeschwindigkeits-Teststrecken erprobt.

Ähnlich wie bei den Motortests auf dem Prüfstand dienen die Fahrzeugtests neben der reinen Verifizierung der analytischen Konstruktion auch der Überprüfung der einzelnen Funktionen unter Betriebszuständen bzw. Randbedingungen, die eine besondere Belastung darstellen und nicht hinreichend genau mittels Computermodellen simuliert werden können. So werden Ölverschäumungstests mit dem Fahrzeug auf der Kreisbahn durchgeführt. Sie sollen sicherstellen, daß die Konstruktion von Ölansaugschnorchel der Ölpumpe und der Ölwanne unter den extremen Fahrzuständen einerseits ein einwandfreies Ansaugen von Öl (keine Luft) bei minimalem Ölpegelstand ermöglicht und andererseits bei maximalem Ölpegelstand eine übermäßige Ölverschäumung vermeidet, um so niedrige Gasgehalte im Schmieröl zu erreichen.

Ebenso ist die Simulation der Einwirkung von extremer Kälte oder Hitze nach wie vor nicht vollkommen auf dem Prüfstand realisierbar. Erst Fahrzeugtests wie der Heißklimatest in Arizona oder der Anhängertest am Großglockner geben die endgültige Sicherheit, ob z. B. das Fahrzeug- und Motorkühlsystem den extremen Hitzebeanspruchungen beim Ziehen von hohen Lasten (beladener Anhänger) bei gleichzeitig niedriger Fahrgeschwindigkeit und damit geringer Fahrtwindkühlung gewachsen ist.

Ein Großteil der Fahrzeugtests findet auf dem Rollenprüfstand statt. Hier werden Kraftstoffverbrauch, Schadstoffemissionen, Geräuschemissionen, Temperaturen und andere Werte beim Befahren von definierten Fahrzyklen wie dem europäischen Fahrzyklus (vgl. Abb. 3-6) gemessen.

Seit dem 1. Januar 1996 erfolgt die Kraftstoffverbrauchsbestimmung von Pkw für die Homologierung von Neufahrzeugen auf Basis des neuen europäischen Fahrzyklus. Neben dem Fahrzyklus, der das Geschwindigkeitsprofil exakt vorgibt, sind auch die Schaltpunkte für Pkw mit manuellen Schaltgetrieben genau definiert. Diese Definition der Schaltpunkte ist besonders wichtig, da sie die Fahrweise (Schaltverhalten) des Fahrers festlegt. Würde man vom definierten Schaltverhalten abweichen, würden sich völlig andere Kraftstoffverbräuche ergeben. Ein extrem sportlicher Fahrer, der ständig über die maximale Beschleunigungsreserve (zum Überholen) verfügen möchte und daher die Motordrehzahl nicht unter 3000 min^{-1} absinken läßt, würde in einem Ford Mondeo mit 1,6-l-Motor und 5-Gang-Schaltgetriebe 8,8 l/100 km verbrauchen. Die Messung mit den vorgeschriebenen Schaltpunkten ergibt dagegen den offiziellen Verbrauch von 7,0 l/100 km. Hier wird sichtbar, daß allein die Art und Weise des Schaltens bis zu 26 % mehr Verbrauch verursachen kann. Ein anderer Vergleich zwischen dem Verbrauch gemäß Homologationsverfahren (7,0 l/100 km) mit dem Verbrauch eines ideal ökonomischen Fahrers zeigt ebenfalls signifikante Unterschiede. Der ideal ökonomische Fahrer, der denselben Fahrzyklus (Geschwindigkeitsprofil) befährt, jedoch immer den größtmöglichen Gang benutzt sowie bei stationären Geschwindigkeiten den Motor mit Drehzahlen zwischen 1200 und 1500 min^{-1} betreibt, erreicht einen Verbrauch von nur 6,5 l/100 km (Verbesserung von 7 %).

Diese Vergleiche zeigen eindrucksvoll, warum es entscheidend ist, die Schaltpunkte klar zu definieren. Andererseits wird sehr deutlich, welch großen Einfluß die Fahrweise des Kunden, hier die Schaltweise, auf den Kraftstoffverbrauch hat. Großes Potential zur Verbrauchsverbesserung bei gleichzeitiger Verbesserung der Fahrleistungen bieten Automatikgetriebe, insbesondere automatisierte Handschaltgetriebe (5-Gang- oder besser noch 6-Gang-Getriebe) verbinden den guten mechanischen Wirkungsgrad von Handschaltgetrieben mit der verbrauchsoptimalen Schaltsteuerung durch eine intelligente Motor-Getriebesteuerung. Bei Pkw mit Automatikgetrieben sind daher die Schaltpunkte für die Verbrauchsbestimmung im neuen europäischen Fahrzyklus nicht vorgeschrieben. Sie werden von der Motor-Getriebesteuerung entsprechend der Kalibrierung (Abstimmung) durch den Hersteller gewählt.

Neben Verbrauchs- und Emissionsmessungen werden Rollenprüfstandstests zur Dauerlauferprobung und Überprüfung der Kalibrierung genutzt. Ebenso kann z. B. das Ansprechverhalten des Motors wirkungsvoll getestet werden.

4.3 Fertigungsprozeßplanung und -ausführung

Parallel zur Produktentwicklung vollzieht sich die Fertigungsentwicklung. Im Ablauf der Fertigungsentwicklung nimmt die Fertigungsplanung einen grundlegenden Stellenwert ein. Zu ihrem Verlauf gehört die Durchführbarkeitsanalyse, die in die Prozeßplanung und anschließend in die Ausführungsplanung mündet. Die Prozeßplanung soll anhand von drei Beispielen näher verständlich gemacht werden. Abbildung 4-27 zeigt einen V-Motor, an dem die Zylinderkopfbearbeitung, die Nockenwellenbearbeitung sowie die Zylinderkopfmontage erläutert werden sollen.

Für die Maschinenplanung ist es wichtig, daß der Gedankenaustausch zwischen Produktentwicklung und Fertigung im Rahmen eines Simultaneous-Engineering-Prozesses abläuft. Auf diese Weise sollen nicht nur die Belange einer fertigungsgerechten Konstruktion, sondern auch die Möglichkeiten für einen modularen Aufbau der einzelnen Transferstraßen und Maschinen Berücksichtigung finden.

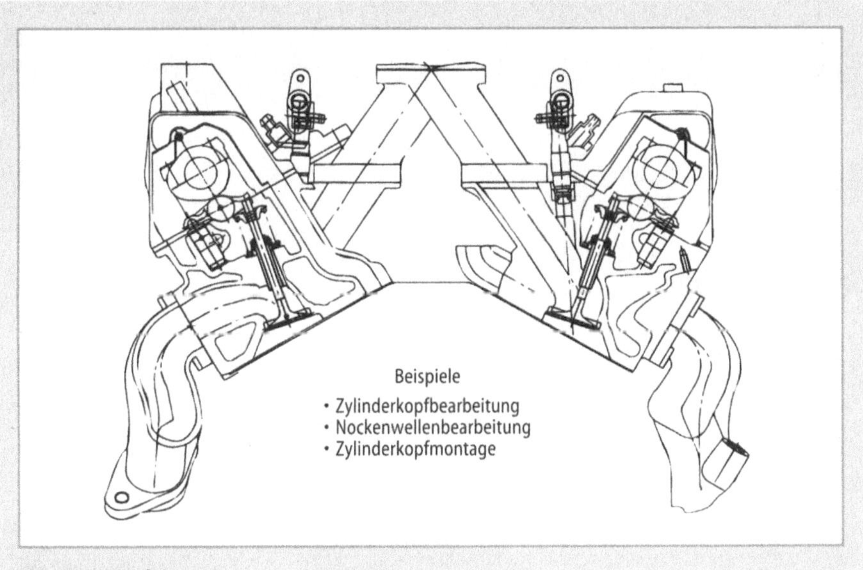

Abb. 4-27 Prozeßplanung

Abbildung 4-28 zeigt den Aufbau einer entsprechenden Maschinenauslegung. Sowohl Werkzeugschlitten (mit Einspannvorrichtung) als auch Grundfundament und elektrischer Schaltschrank sind aus vorgefertigten Modulen zusammengesetzt.

Der modulare Aufbau der Stationen ist in Abb. 4-29 zu erkennen. Mitten- und Seitenteile bestehen aus vorgefertigten Elementen, die sich für die einzelnen Stationen wiederholen.

Die Auslegung einer Fertigungsstraße, im folgenden am Beispiel einer Zylinderkopflinie dargestellt, erfordert die Aufteilung der jeweiligen Bearbeitungsvor-

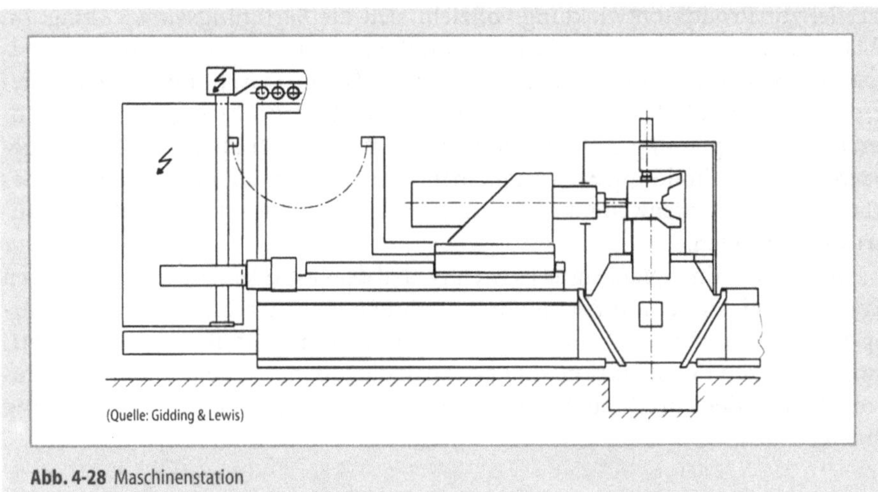

Abb. 4-28 Maschinenstation

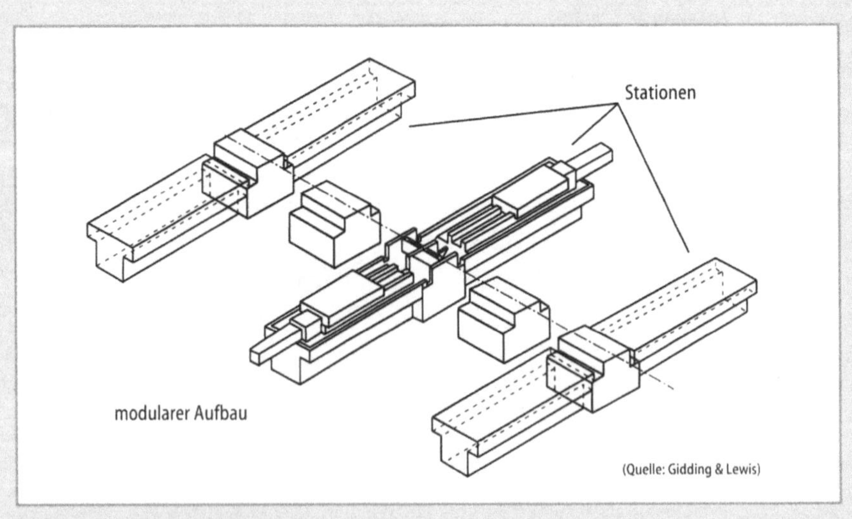

Abb. 4-29 Maschinenkonstruktion

gänge in gesonderte Operationen (Abb. 4-30, Op. 20 bis Op. n). Neben der Bearbeitung ist die Verkettung der einzelnen Schritte, d. h. der Transportvorgang mit eventuell notwendigen Meß- und Steuerungsvorgängen, zu berücksichtigen.

Die Bearbeitungsschritte sind anhand der Zylinderkopfzeichnung in Abb. 4-31 abzulesen. Einlaßkanal und Brennraum sind fertig gegossen und erfordern keine Bearbeitung. Für die Position der hydraulischen Ventilspielelemente muß

Operationen	OP 20	OP 30	OP 40	…	OP n
Bearbeiten					
Spanen **T**rocken, **N**aß					
Montieren					
Entgraten					
Reinigen					
Transportieren					
Palette, **T**ransfer					
Laden, **E**ntladen					
Speichern					
Messen					
Meßsteuerung					
100 %-**M**essen, **S**PC					

Abb. 4-30 Auslegung der Zylinderkopflinie

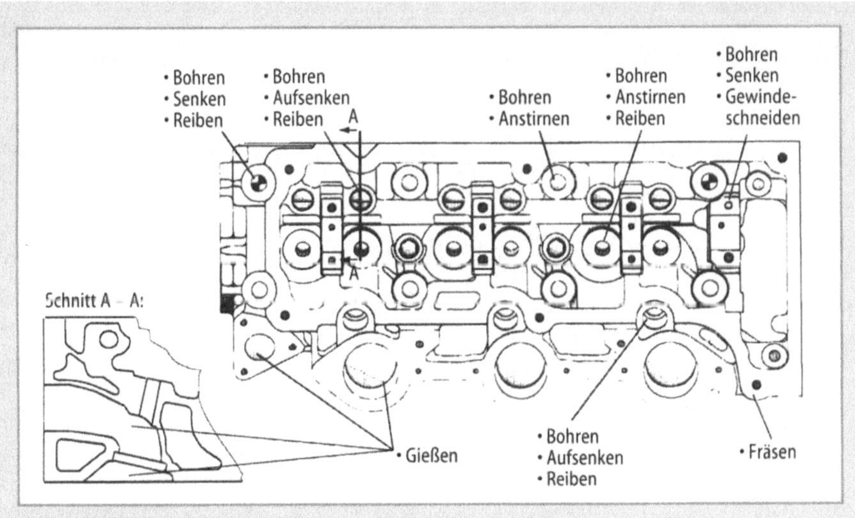

Abb. 4-31 Bearbeitungsverfahren

zunächst gebohrt, danach angesenkt und später mit einer Reibahle feinbearbeitet werden. Es müssen Flächen angestirnt und Gewinde geschnitten werden. Jede Operation erscheint einzeln aufgelistet, um die entsprechende Werkstückbearbeitung planen zu können.

Wie sehen die Bearbeitungsfolgen aus? Jede Ausführung hat bestimmte Toleranzen, innerhalb derer die Bearbeitung durchgeführt werden kann (Abb. 4-32). So kann z.B. für gegossene Oberflächen nur eine Toleranz von ± 0,5 mm erreicht werden. Möchte man an dieser Stelle eine Toleranz von ± 0,01 mm erzielen, genügt das Gießen allein nicht mehr. Es müssen weitere Bearbeitungsschritte in die Arbeitsabfolge eingefügt werden. Analog dazu kann beim Fräsen auf einer Länge von 200 mm eine Oberflächengenauigkeit von 0,08 mm erreicht werden. Die Berücksichtigung dieser Toleranzen bestimmt die Auslegung des Maschinenlayouts.

Eine entscheidende Kenngröße im Bearbeitungsaufbau sind die Bezugsbohrungen (Abb. 4-33). Sie bestimmen den Ablauf der Bearbeitungsvorgänge des Werkstücks. Neben den Bezugsbohrungen sind die Spannvorrichtungen so zu gestalten, daß eine genaue Führung des Werkstücks gewährleistet ist. Im vorliegenden Beispiel wurde eine Klemmvorrichtung im Brennraum gewählt; dies hilft, den Toleranzaufbau so zu gestalten, daß die Unterschiede im Volumen zwischen den verschiedenen Brennräumen minimiert werden können.

Für die Bearbeitung finden heute zwei verschiedene Wege Anwendung. Die konventionelle Form zeigt Abb. 4-34. Das Gußwerkstück (links) erhält eine Fräsbearbeitung, wobei die Toleranz ± x_1 beträgt. Im Brennraumbereich wird zunächst vorgefräst und anschließend fertiggefräst. Beim Fertigfräsen ergibt sich

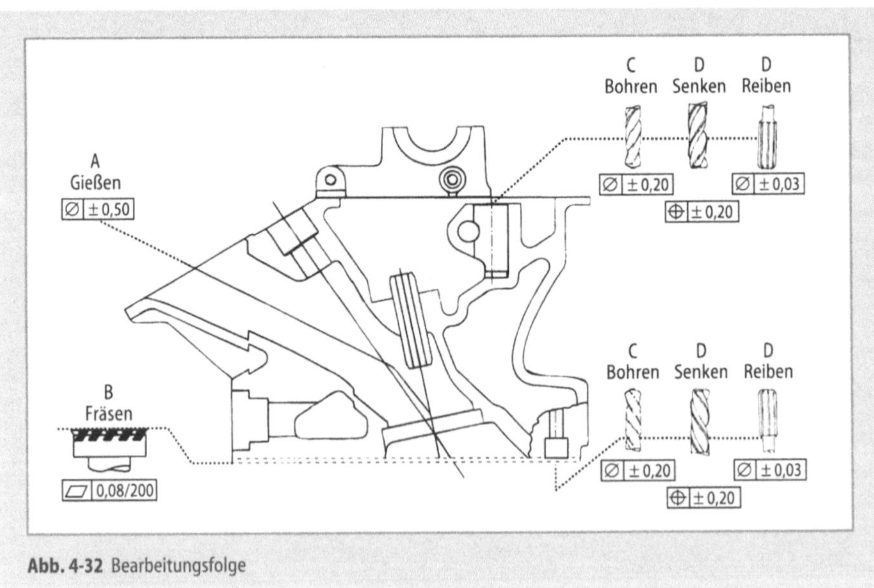

Abb. 4-32 Bearbeitungsfolge

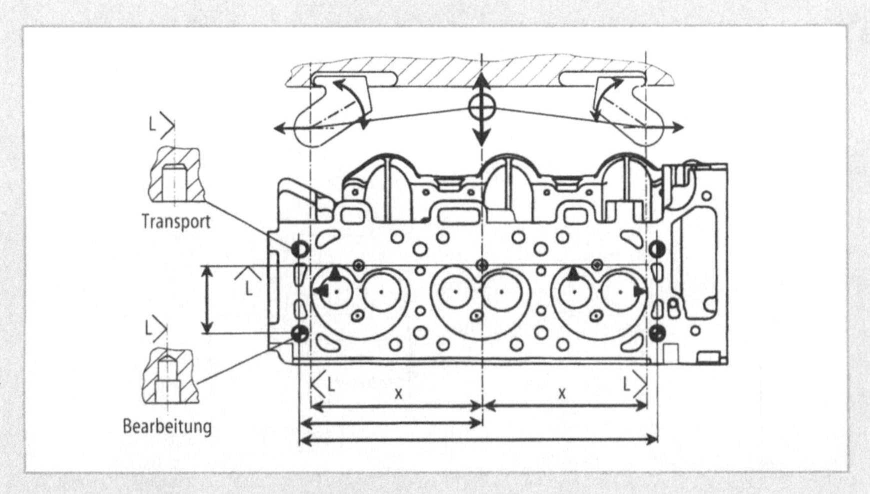

Abb. 4-33 Bearbeitungsaufbau mit Bezugsbohrungen

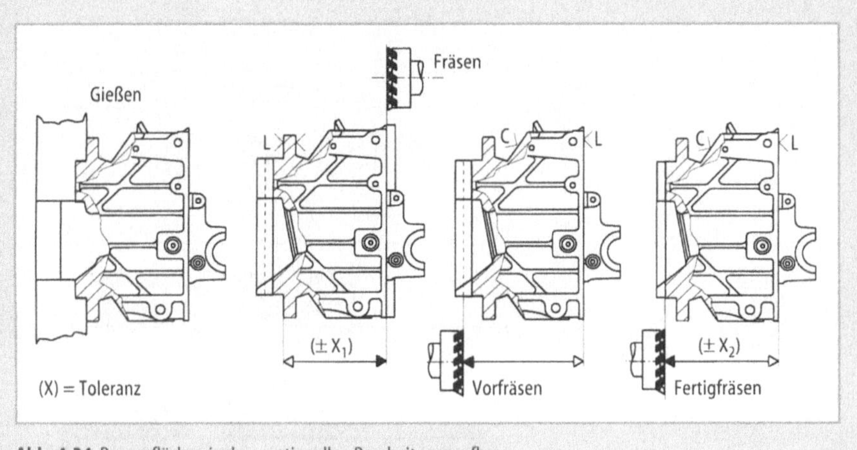

Abb. 4-34 Bezugsflächen im konventionellen Bearbeitungsaufbau

indessen eine Toleranz von $\pm x_2$. Die Addition der Toleranzen, die durch die Folge der Operationen entsteht, läßt sich bei dieser konventionellen Bearbeitung nicht vermeiden. Abhängig vom Bohrungsdurchmesser können die Brennraumtoleranzen u. U. recht groß sein.

Beim optimierten Bearbeitungsaufbau wird am Gußwerkstück vorab eine Bezugsfläche gefräst (Abb. 4-35). Dazu werden im Brennraum ein Soll-Maß und ein Ist-Maß festgelegt. Die Meßsteuerung optimiert je nach Werkstück das Vor- und Fertigfräsen des Gußteils und erlaubt somit eine Reduzierung der Toleranzen. Jede neue Maschinenauslegung sollte diese Meßsteuerung enthalten, damit sichergestellt wird, daß die Brennraumtoleranzen minimiert werden können.

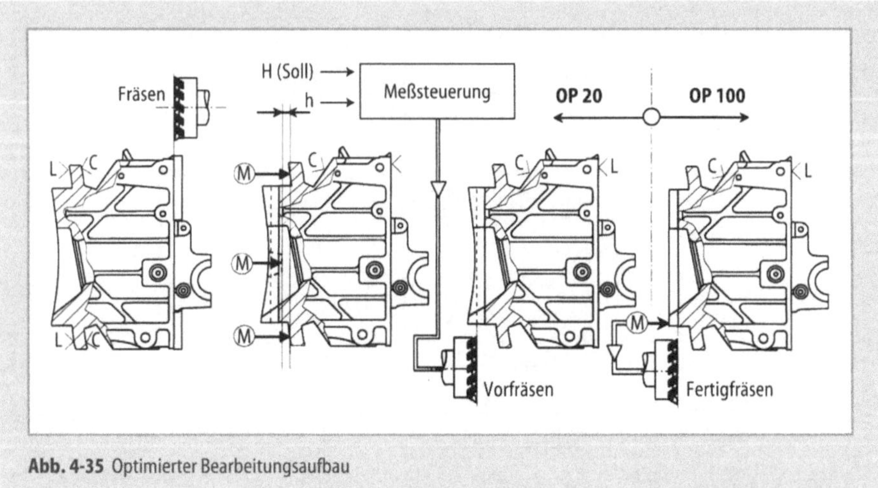

Abb. 4-35 Optimierter Bearbeitungsaufbau

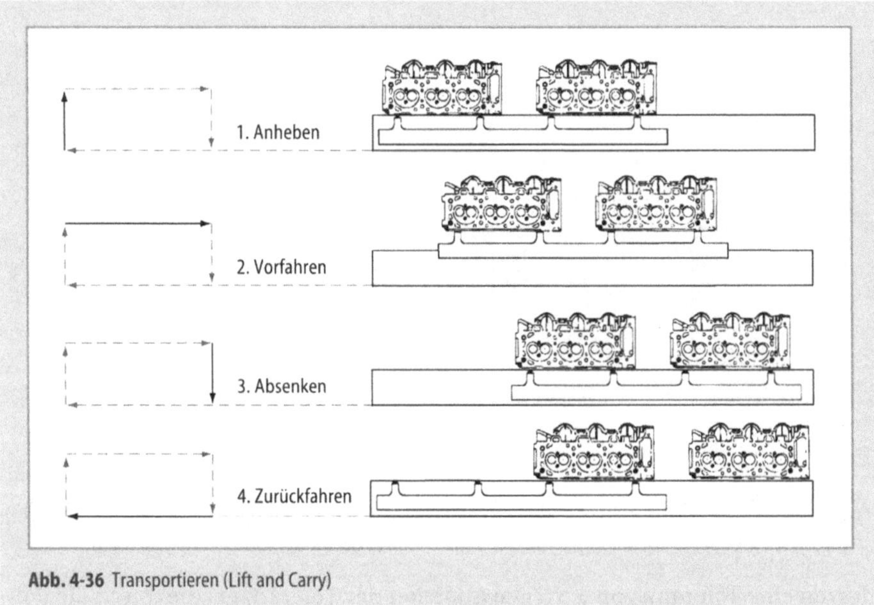

Abb. 4-36 Transportieren (Lift and Carry)

Eine Variante, wie jedes Werkstück von Station zu Station bewegt werden kann, zeigt Abb. 4-36. Das sog. Lift-and-Carry-Verfahren findet heute noch vielfach Anwendung. Das Werkstück durchläuft vier Transportschritte: es wird angehoben, vorgefahren, abgesenkt und wieder zurückgefahren. Parallel zum letzten Schritt wird bereits das nächste Werkstück angehoben. Bei diesem Verfahren müssen die Bohrungen, die für Transport und Ablage nötig sind, separat gearbeitet werden, d.h. diese Methode ergibt zusätzlichen Bearbeitungsaufwand.

Ein anderes System ist die sog. Rollenbahn, eine Art Förderband mit Rollen, auf dem die Werkstücke transportiert werden. In Abb. 4-37 läßt sich ein kleiner Zwischenspeicher erkennen, der notwendig ist, um Kurzzeitstörungen aufzufangen. Durch diesen Zwischenraum ist die zeitliche Möglichkeit gegeben, ein einzelnes Werkstück mit Hilfe einer Vorrichtung zu entnehmen und zu einer separaten Bearbeitungsstation zu transportieren.

Abbildung 4-38 zeigt in einer Übersicht die wesentlichen Parameter, die für die Auslegung der Verkettung und damit der Automationstechnik von Bedeutung sind. Kennzeichnend ist hier der Zusammenhang von Produktionsteil, Produktionsmaschine und Materialfluß. Das Produktionsteil wird bestimmt von Dimension, Gewicht und vorgeschriebenen Qualitätsspezifikationen. Die Produktionsmaschine benötigt Vorgaben über den Transport, die Bearbeitungslage und die Taktzeit. Das Hallenlayout muß so gestaltet sein, daß ein optimaler Materialfluß gegeben ist. Durchlaufzeit und Anlieferung sind ebenfalls von entscheidender Bedeutung. Die drei Systeme Produktionsteil, Produktionsmaschine und Materialfluß bestimmen den Automationsprozeß für Be- und Entladen, Transportieren und Zwischenspeichern.

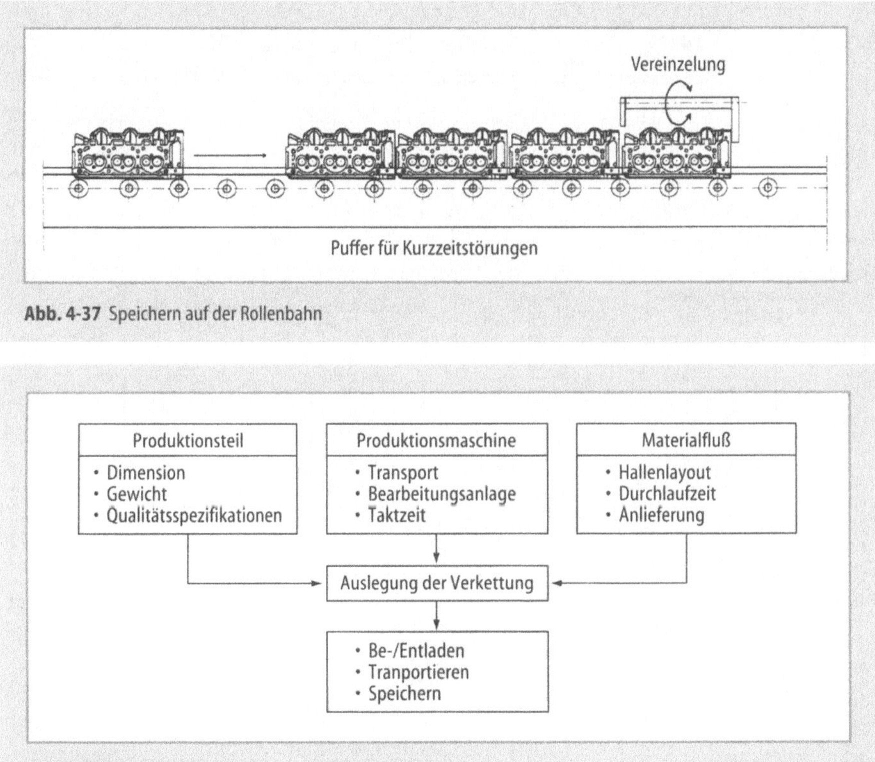

Abb. 4-37 Speichern auf der Rollenbahn

Abb. 4-38 Automationstechnik

Wie ist nun die Werkzeugauslegung zu gestalten? Am Beispiel des Zylinderkopfes in Abb. 4-39 wird die Bearbeitung von Ventilsitzring und Ventilführung dargestellt. Das Werkstück ist in seiner Bearbeitungslage von 11° Neigungswinkel in jeder einzelnen Station zu sehen (Abb. 4-40). Die Bearbeitungsfolge erstreckt sich über das Drehen der Ein- und Auslaßkanäle, das Bohren der Ventilführungen bis zur Halbfertig- und anschließenden Fertigbearbeitung.

Die gezeigte Bearbeitung der Ventilsitzringe entspricht Operation 70 in der Prozeßkette für die Bearbeitungsfolge des SOHC-Zylinderkopfes (Abb. 4-41). Für die

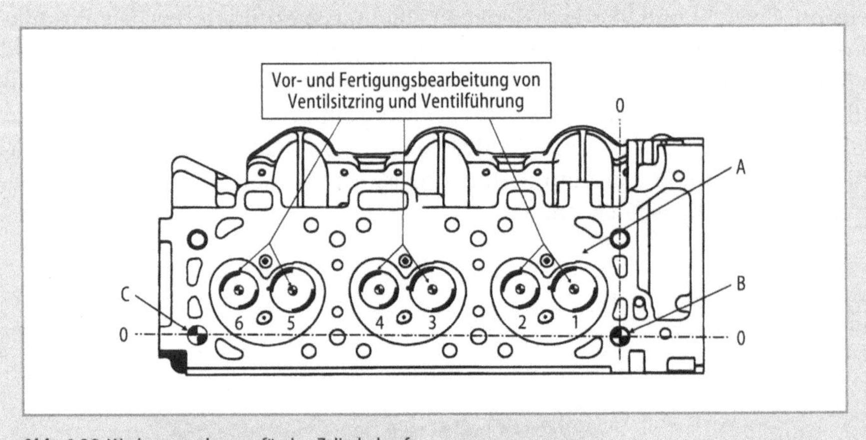

Abb. 4-39 Werkzeugauslegung für den Zylinderkopf

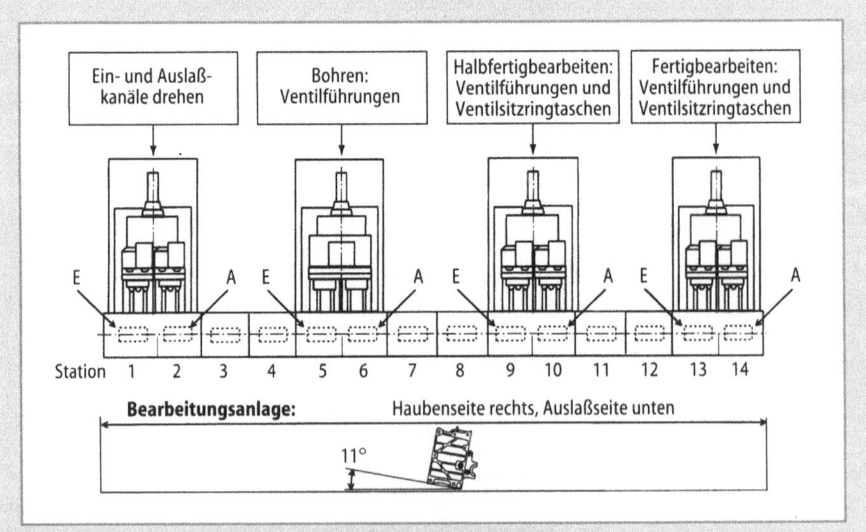

Abb. 4-40 Werkzeugauslegung für die einzelnen Stationen von Operation 70

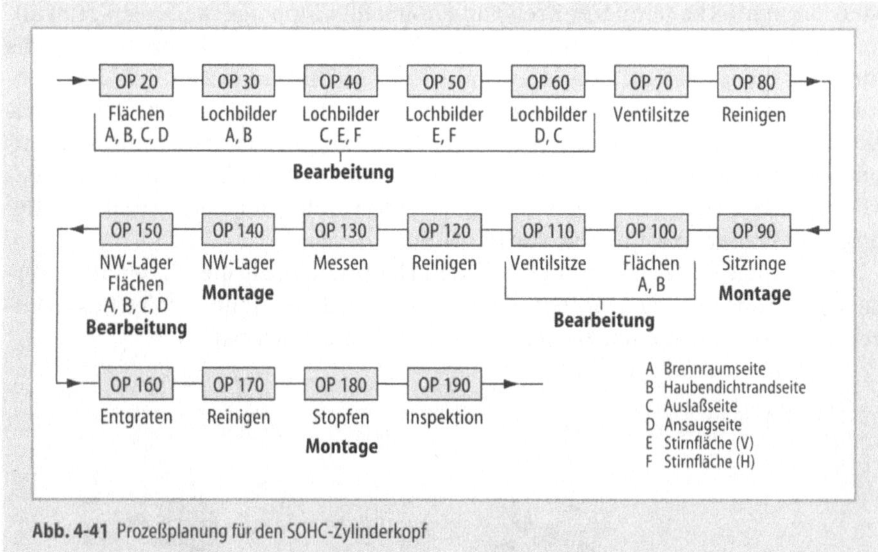

Abb. 4-41 Prozeßplanung für den SOHC-Zylinderkopf

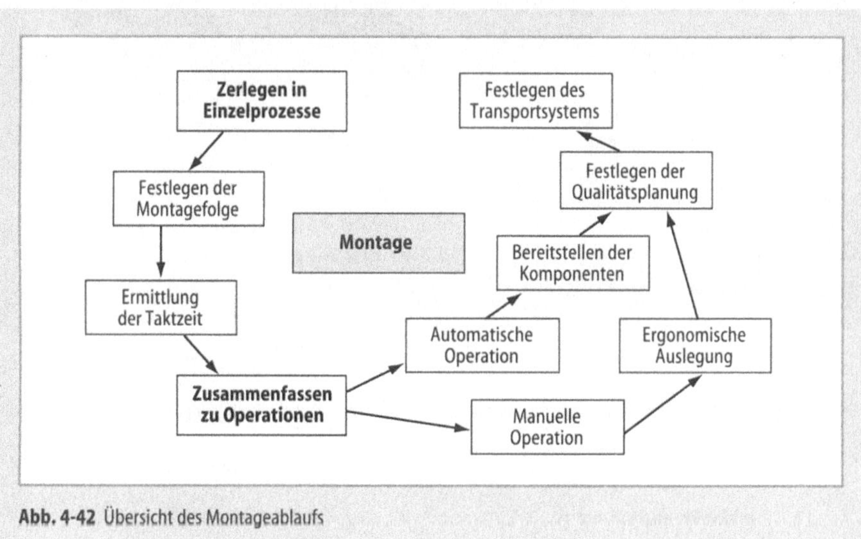

Abb. 4-42 Übersicht des Montageablaufs

Prozeßplanung wird der Gesamtablauf in Einzelabläufe zerlegt. Auf diese Weise werden die Randbedingungen für die Bearbeitungs- und Montagevorgänge des Werkstücks deutlich. Erst hierdurch läßt sich die Reihenfolge der einzelnen Schritte präzise festlegen.

Nachdem die Auslegung der Bearbeitungs- und Werkzeugplanung stattgefunden hat, ist die Montage einer eingehenden Prozeßplanung zu unterziehen. Abbildung 4-42 zeigt die Schritte des Montageablaufs. Grundsätzlich muß hier zwischen automatischer (innerer Kreis) und manueller Montage (äußerer Kreis) unterschieden werden. Ausgehend von einer Zerlegung in Einzelprozesse wird die Montagefolge festgelegt. Über die Ermittlung der Taktzeit lassen sich die benötigten Montageschritte zu einzelnen Operationen zusammenfassen. Der Montagekreislauf führt bei einer automatischen Operation zur Bereitstellung der Komponenten, wogegen eine manuelle Operation die ergonomische Auslegung des Arbeitsplatzes berücksichtigen muß. Für beide Montageformen steht die Festlegung der Qualitätsplanung im Vordergrund.

Die Montage des Zylinderkopfs mit den Hauptteilen, die hierzu benötigt werden, ist in Abb. 4-43 verdeutlicht. Schematisch wird die Montagefolge des Zylinderkopfs – zerlegt in einzelne Schritte – in Abb. 4-44 sichtbar.

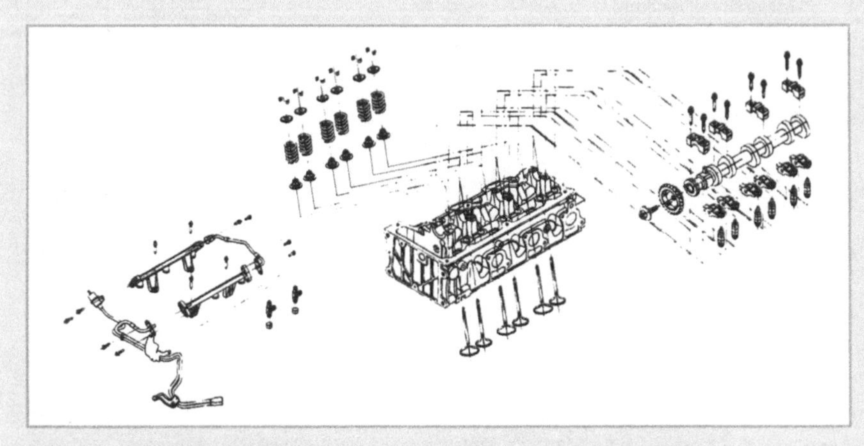

Abb. 4-43 Zylinderkopfmontge

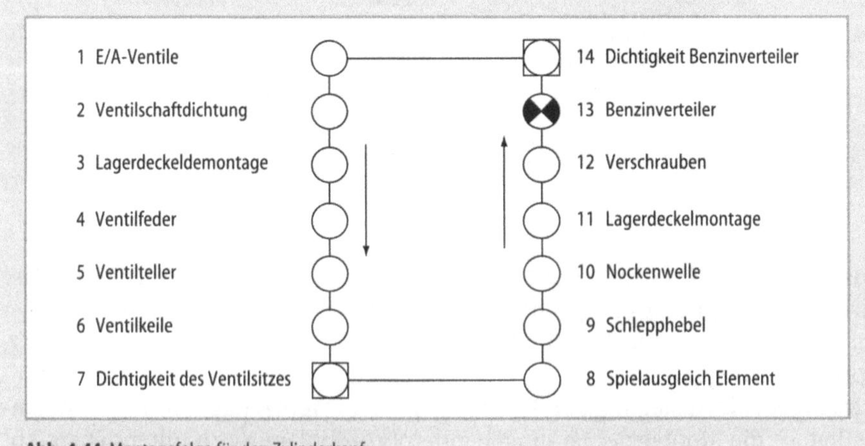

Abb. 4-44 Montagefolge für den Zylinderkopf

Die Maschinenauslegung für eine automatische Montage erfordert die Kenntnis der Maschinentaktzeit T. Die benötigte Formel

$$T = \frac{P \times A \times U \times 60}{V \times 100}$$

ist aus Abb. 3-97 in Abschn. 3.3.3 bekannt. Eine Uptime von 95 % ergibt mit 225 Produktionstagen und einer Arbeitszeit von 22,5 Stunden pro Tag eine Maschinentaktzeit von 0,42 Minuten für einen V6-Motor mit 350 000 Einheiten pro Jahr. Auch in der Montage ist die Taktzeit in Haupt- und Nebenzeiten unterteilt. Die Hauptzeit in Abb. 4-45 nimmt bei einer Maschinentaktzeit von 25,5 s etwa die Hälfte der Gesamtzeit ein. Die übrige Zeit wird benötigt, um das System anzufahren, die Einlaufpalette in die Montageeinheit zu bewegen und gleichzeitig die Palette auf der anderen Seite aus der Montageeinheit herauszufahren. Der Vorlauf kommt zusätzlich durch das Einlesen der Daten und das Anlegen des Indexes zustande. Das gleiche wiederholt sich in umgekehrter Reihenfolge im Anschluß an die Hauptzeit.

Einen wesentlichen Gesichtspunkt während der Motormontage stellt die Qualitätssicherung dar. In der Vormontage wird z. B. der Short-Block, d.h., der Zylinderblock mit allen Einheiten wie Ölsumpf, Kolben, Kolbenringen und Pleuelstangen montiert. Abbildung 4-46 zeigt den Kreislauf dieser Montageeinheit und die Beförderung zur Hauptmontage (Fabriklayout). Parallel dazu ist der Zylinderkopf zu montieren, der ebenfalls zur Endmontage transportiert werden muß. Bei beiden Bauteilen werden nur dann Teile zur Hauptmontage weiterbefördert, wenn sie dem vorgegebenen Qualitätsstandard entsprechen. Deshalb ist es nötig und wichtig, daß sowohl bei der Blockmontage als auch bei der Kopfmontage

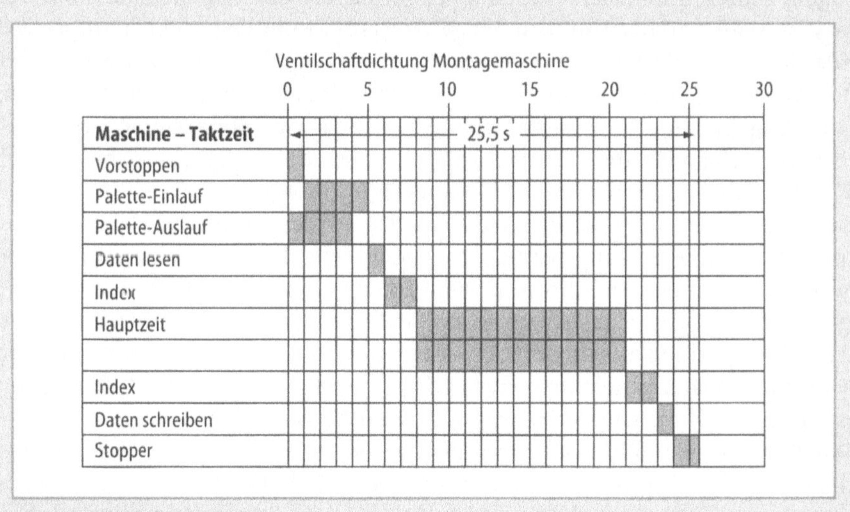

Abb. 4-45 Maschinenauslegung

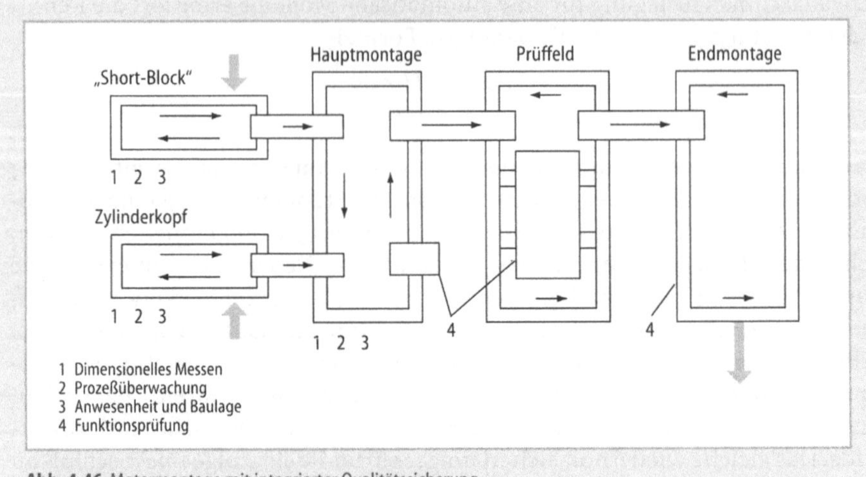

Abb. 4-46 Motormontage mit integrierter Qualitätssicherung

eine ständige Prozeßüberwachung stattfindet. Darüber hinaus muß die integrierte Qualitätssicherung ausschließen, daß – auch wenn Zylinderblock und Zylinderkopf alle Anforderungen erfüllen – das Gesamtsystem nach dem Zusammenbau sich als nicht funktionstüchtig erweist, was z.B. durch eine beschädigte Zylinderkopfdichtung hervorgerufen werden könnte. Dank der Funktionsprüfungen kann auf diese Weise ein Fehler soweit wie möglich ausgeschlossen werden. Erst danach findet die Endmontage statt.

Nach der Endmontage wird der Motor nochmals einer Funktionsprüfung unterzogen. Dabei unterscheidet man zwei Verfahren: den sog. Hot-Test und den Cold-Test. Während der Hot-Test bei gefeuertem Motor bisher die häufiger verwandte Testmethode darstellt, geht man heute mehr und mehr zum ungefeuerten Motortest über. Cold-Tests beziehen sich nicht nur auf Tests mit dem vollständig zusammengebauten Motor, sondern können auch auf Untersysteme wie Ventiltrieb oder Kurbeltrieb abgestimmt werden. Abbildung 4-47 zeigt, welches der beiden Testverfahren sich für welche Fehlererkennung eignet.

Neben der Gestaltung des Produktionsablaufs ist der Einsatz und das gute Zusammenspiel der Fertigungsteams die entscheidende Voraussetzung für eine erfolgreiche Fertigung. Wie Abb. 4-48 verdeutlicht, gehören ca. 80 % Facharbeiter zum Mitarbeiterstamm des Teams, und weitere 20 % der Mitarbeiter werden speziell für die verschiedenen Prozeßabläufe ausgebildet. Der Facharbeiterstab setzt sich aus Energieanlagenelektronikern, Maschinenschlossern bzw. Hydraulikern, Zerspanungstechnikern und Werkzeugmachern zusammen.

Das Team arbeitet funktionsübergreifend und eigenverantwortlich zusammen (Gruppenarbeit), d.h., daß jeder Mitarbeiter die Möglichkeit hat, nach Absprache untereinander bestimmte Abläufe zu beeinflussen. Im Teamkonzept sind alle Vorgänge vom Überwachen, Steuern, Versorgen über das Entscheiden und Instand-

	Fehlererkennung bei Cold- und Hot-Test				
	Kurbeltrieb	**Schmierung**	**Kraftstoff**	**Kühlung**	**Elektronik Elektrik**
Defekte Bauteile	Cold-Test Hot-Test	Cold-Test Hot-Test	Cold-Test Hot-Test	Nur Hot-Test	Cold-Test Hot-Test
Falsche Montage	Cold-Test Hot-Test	Cold-Test Hot-Test	Cold-Test Hot-Test	Nur Hot-Test	Cold-Test Hot-Test
System-Funktion	Cold-Test Hot-Test	Cold-Test Hot-Test	Cold-Test Hot-Test	Nur Hot-Test	Cold-Test Hot-Test
Leistung	Cold-Test Hot-Test	Cold-Test Hot-Test	Cold-Test Hot-Test	Nur Hot-Test	Cold-Test Hot-Test
Emission	–	–	–	–	–
NVH	Cold-Test Hot-Test	Cold-Test Hot-Test	–	Nur Hot-Test	Nur Hot-Test

Abb. 4-47 Funktionsprüfung nach der Endmontage des Motors

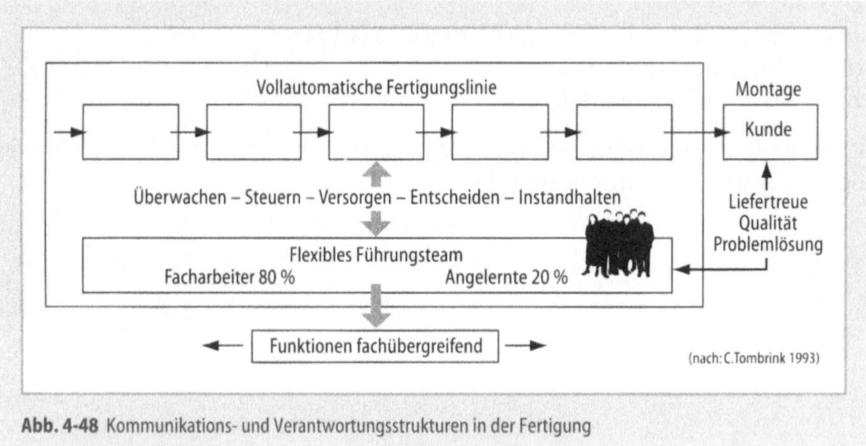

Abb. 4-48 Kommunikations- und Verantwortungsstrukturen in der Fertigung

halten bis zur Ablieferung an den Kunden enthalten. Der größere Entscheidungsfreiraum des einzelnen bedeutet gleichzeitig eine höhere Verantwortung.

Die Integration eigenverantwortlicher Teams ist wesentlicher Bestandteil einer modernen Fertigung. Mit der Selbstverwirklichung des einzelnen und der daraus resultierenden Motivation läßt sich ein zusätzliches Potential zur Produktivitätssteigerung gewinnen.

4.4 Verifizierung der Produktion

Sind sämtliche Fertigungseinrichtungen installiert, muß überprüft werden, ob diese die vorgegebenen Qualitätsstandards einhalten. Das wird im Rahmen der Produktionsverifizierung vorgenommen.

Die Verifizierung enthält ausgewählte Tests von Motoren, die im Großserien-Fertigungsprozeß hergestellt wurden. Hier werden also Teile von einer Fertigungslinie entnommen, die vollständig für die Serie arbeitet. Die Motoren müssen sich z.B. folgenden Prüfstandstests unterziehen:

- Einlauf- und Ölverbrauchstest,
- 600-h-Dauerhaltbarkeitstest,
- 180-h-Hochgeschwindigkeitstest,
- Zylinderkopfdichtungstest (Temperaturschock),
- Glühzündungstest,
- Kolbenspezialtest (Temperaturschock).

Daneben gehören gesonderte Fahrzeugtests zur Verifizierung:

- 40 000-km-Autobahn-, Landstraßen- und Stadtfahrt,
- 16 000-km-Autobahnfahrt,
- 2 000-km-Fahrbeurteilung.

Erst wenn diese Verifizierungstests erfolgreich abgeschlossen wurden, erfolgt die Freigabe für den Produktionsanlauf.

5 Ausblick

»We live in an age in which pace of technological change is pulsating ever faster… The increased rate of change will have an impact on you, no matter what you do for aliving.«

Andrews S. Grove
CEO Intel

Ausblick

5 Ausblick

Marktveränderungen, Technologiewandel, Produktgestaltung sowie Fertigungs- und Logistikprozesse werden in zunehmendem Maße die Entwicklung im Automobilbau bestimmen. Sämtliche Prozeßänderungen basieren auf Kundenwünschen, Umwelteinflüssen und Maßnahmen, die die Produktivität eines Unternehmens steigern sollen. Ein zunehmender Entwicklungstrend zeichnet sich durch die Integration und Modularisierung von Bauteilen ab.

Innovation wird die Maßnahmen und Möglichkeiten der einzelnen Hersteller untereinander bestimmen. Als Beispiel für einen Innovationsschub können Zentralmodule angesehen werden. Module, die heute im Fahrzeug noch weitgehend einzelne Funktionen wie Motorsteuerung, Getriebesteuerung oder adaptive Fahrwerksauslegung ausüben, werden mehr und mehr integriert und in einem elektronischen Gesamtmodul sämtliche Funktionen übernehmen. Über CAN-Bussysteme lassen sich die hierzu nötigen Informationen in einem Netzwerk austauschen.

Aber auch auf der Hardwareseite werden sich zunehmend Integrationen durchsetzen. Beispiele sind Systemmodule wie das Ölmodul, das neben der Filtration und Ölkühlung auch Ölpumpe und Druckregelventil in einem einzigen System integriert. Ein anderes Beispiel ist das Zusammenlegen von Motoransaugkrümmer, Einspritzsystem, Luftfilter, Aktuatoren, Sensorik und Motorsteuermodul zu einem integrierten Ansaugmodul. Diese Systeme entstehen von der Konstruktion bis zur Fertigung beim Systemlieferanten, wobei die Systemfunktionen und insbesondere die Schnittstellen mit dem System „Motor" in enger Zusammenarbeit mit der Automobilfirma definiert und entwickelt werden. Der Systemlieferant wird mit der Gesamtverantwortung betraut und trägt damit auch die Verantwortung für die Produktivität der Untermodule. Um zu gewährleisten, daß die Zulieferer mit den von der Automobilindustrie gestellten hohen Erwartungen Schritt halten können, müssen deren Entwicklungskapazitäten gesteigert werden.

Aufgrund der gestiegenen Kundenwünsche wird sich die Komplexität sowohl in der Entwicklung als auch in der Fertigung erhöhen. Daraus ergibt sich der zunehmende Zwang zu sinkenden Entwicklungskosten und -zeiten. Projektentscheidungen müssen möglichst früh gefällt werden, um die zunächst widersprüchlichen Anforderungen in Einklang zu bringen. Neue Computersimulationsmodelle zeigen erste Lösungsansätze. Die Entwicklung vom Virtual Prototyping erlaubt, daß Theorie und Praxis näher zusammenrücken. So lassen sich schon in einem sehr frühen Stadium die entscheidenden Schritte zur Prozeßoptimierung vornehmen.

Auch in Zukunft werden Entwicklungsschwerpunkte zur Absenkung des Kraftstoffverbrauchs an erster Stelle stehen. Die Leichtbauweise bietet ein Gewichteinsparungspotential durch Optimierung bestehender und Verwendung neuer Werkstoffe (insbesondere Aluminium, Magnesium und Faserverbundwerkstoffe). Die Verbesserung der heutigen Materialien im Hinblick auf geschicktere Ausnutzung kann ebenfalls einen entscheidenden Beitrag leisten.

Weitere Verbesserungen sind in der Entwicklungsmethodik zu suchen. Simultaneous-Engineering-Teams begleiten nicht nur die grundsätzliche Arbeit von Zulieferern, Inhouse-Entwicklung und -Fertigung, sondern stehen darüber hinaus für die gesamte Nutzungsdauer eines Produkts zur Verfügung und lassen fortlaufend Verbesserungsmaßnahmen sowohl in das Produkt als auch in den Fertigungs- und Entwicklungsprozeß einfließen. Mit der Verlagerung zusätzlicher Entwicklungsaktivitäten auf Zulieferer wird die Beherrschung der Systemintegration zu einem wesentlichen Wettbewerbsfaktor für die Automobilunternehmen. Softwarenutzung erfährt einen entscheidenden Wandel und wird die heute durch Hardware orientierten Ansätze für eine wirkungsvolle Differenzierung weitgehend verdrängen. Mit Hilfe neuer Softwareprogramme lassen sich bisherige Produkte einem sog. Upgrade unterziehen und damit auf einen neueren technologischen Stand bringen. Des weiteren wird die Orientierung auf analytische Produkt- und Prozeßentwicklung sowie Softwareanwendungen auch im Projektmanagement eine bessere Differenzierung und damit eine optimalere Gestaltung hinsichtlich der Kundenwünsche erlauben.

Nicht nur die Integration neuer Funktionen, sondern mehr noch die Ausgewogenheit angesichts der Vielzahl der Produktmerkmale und damit der Optimierung dieser Merkmale wird in Zukunft eine entscheidende Rolle spielen. Das Unternehmen, das eine solche Optimierung hinsichtlich der Technik, der Langlebigkeit, Zuverlässigkeit, Wirtschaftlichkeit und Umweltschonung dem Kunden geschlossen anbieten kann, wird hier einen entscheidenden Wettbewerbsvorteil erfahren. Die Automobilindustrie muß sich demzufolge immer mehr auf ihre Kernkompetenz konzentrieren, d.h. auf die Systemintegration, während die Zulieferer in verstärkter Weise ihre Kernkompetenz in der Entwicklung sog. System- oder Integrationsmodule sehen müssen. Die Automobilindustrie ist aufgefordert sicherzustellen, daß die Integration dieser verschiedenen Module zu einem optimalen Gesamtsystem mit der entsprechenden Ausrichtung auf die Kundenerwartungen in bestmöglicher Weise erreicht wird.

Eine weitere Veränderung wird neben der Integration und damit der Kernkompetenz im Gesamtsystem die verstärkte globale Präsenz der einzelnen Unternehmen sein, die nicht ohne Anpassung der Unternehmensstrukturen erreicht werden kann. Produktivität und Effektivität – sowohl in der Entwicklung als auch in der Fertigung – müssen weiter gesteigert werden, wobei zunehmende Flexibilität eine schnellere Antwort auf sich rasch ändernde Marktanforderungen möglich machen soll. Hier wird CAE der entscheidende Schwerpunkt sein, der es erlaubt, durch verkürzte Entwicklungszeiten und entsprechende Simulationsanalysen Optimierungen vorzunehmen bevor erste Hardwareüberprüfungen diese Auslegung bestätigen.

Daneben wird es mehr als bisher notwendig sein, daß sich Unternehmen zusammenschließen, sei es auf verschiedenen Ebenen, sei es als Gesamtunternehmen oder nur, um einzelne Komponenten bei Zulieferern gemeinsam entwickeln zu lassen. Ansätze im Hinblick auf die zu erwartenden Joint Ventures lassen sich durch die Plattformstrategie oder die sog. Common-Envelope-Strategie, die für Motoraggregate ein gemeinsames Umfeld definiert, schon zum jetzigen Zeitpunkt erkennen. Entscheidend ist die Verwendung möglichst vieler gleicher Bauteile für Fahrzeuge oder auch Motorenfamilien. Längerfristig werden nicht nur Bauteile identisch sein, die *ein* Automobilhersteller in unterschiedlichen Fahrzeugreihen einsetzt, sondern auch Teile, die *verschiedene* Automobilhersteller miteinander verwenden. Sind spezifische Bauteile gefordert, die aufgrund von Kundenwünschen eine Gleichteilpolitik nicht gestatten, können flexible Datenbanken eine Hilfe sein. Solche Datenbanken erlauben für alle Hauptkomponenten über Parametervariationen automatisch die schnelle Erstellung eines Bauteils am Computer und gleichzeitig den Datentransfer zur Fertigung.

Auf der Fertigungsseite ist erkennbar, daß die heutigen Einrichtungen grundsätzlich beibehalten werden. Jedoch werden die Maschinen, die im Zuge des allgemeinen Fortschritts der Technik eine kontinuierliche Weiterentwicklung erfahren, speziell auf die Erfordernisse der einzelnen Projekte zugeschnitten sein. Eine wichtige Voraussetzung für den Einsatz flexibler Fertigungssysteme ist die Optimierung entsprechender Maschinenkonzepte, wobei sich ein Trend zur ein- bzw. zweispindligen Hochgeschwindigkeits- und Trockenbearbeitung erkennen läßt. Die Wahl eines linearen oder rotatorischen Antriebskonzepts hängt vom jeweiligen Anwendungsfall und den wirtschaftlichen Gegebenheiten ab. Der Vorteil des Linearantriebs zeichnet sich für alle Bahn-, Fräs- oder Schleifoperationen ab. Gefordert wird ein schlankes Maschinenkonzept mit standardisierten, modularen Einheiten und Schnittstellen. Die Zielvorgaben lassen sich durch Erhöhung der Ausbringung bei hoher Bearbeitungsgenauigkeit und Lebensdauer der jeweiligen Werkzeugmaschinen charakterisieren.

Hohe Dynamik, d.h. hohe Geschwindigkeiten und Beschleunigungen sowohl bei der Bearbeitung als auch bei der Ausführung der Hilfsfunktionen reduziert Haupt- und Nebenzeiten – und damit Stückzeiten und Stückkosten. Hoher Nutzungsgrad durch kurze Zeiten für Werkzeugwechsel sowie für Störbehebung und -minimierung sind Grundvoraussetzungen. Kurze Umstellzeiten bei flexiblen Einrichtungen werden diese Maßnahmen unterstützen. Intelligente Werkzeuge mit automatischer Maßkompensation und durch Flüssigkeit oder Fliehkraft gesteuerter Regelung kommen mehr und mehr zur Anwendung. Höhere Schnittgeschwindigkeiten sind abhängig von Material, Bearbeitung und geforderter Qualität. Die Höhe der Schnittgeschwindigkeit wird sich nicht eingrenzen lassen; sie wird eine relative Größe werden und sich je nach Verfahren unterschiedlich einstellen. Die Reduzierung von Schmierstoffen gewinnt in zunehmendem Maße an

Bedeutung, wobei die Trockenbearbeitung als ultimative Lösung angesehen werden kann.

Generell ist festzustellen, daß durch entsprechende Maßnahmen eine weitere Steigerung der Produktivität möglich erscheint. Die heute vorliegenden Grenzen sind keineswegs so zu sehen, daß hier schon die Betriebsbereiche ausgeschöpft worden sind, vielmehr läßt sich durch kontinuierliche Weiterentwicklung auf allen Sektoren zusätzlicher Fortschritt erwarten.

Kernpunkt für die Weiterentwicklung, sowohl auf Seiten der Entwicklung als auch im Hinblick auf die einzelnen Fertigungsstrategien, wird jedoch die Kompetenz der Mitarbeiter eines Unternehmens sein. Nur durch entsprechende Qualifikation der Mitarbeiter wird sich ein Wettbewerbsvorteil erzielen lassen. Die Schulung der Mitarbeiter darf sich nicht nur auf die Kernkompetenzen in den unterschiedlichen technologischen Arbeitsfeldern beschränken, sondern muß darüber hinaus in wesentlichem Maße auch die Möglichkeiten der Teamfähigkeit einschließen sowie Maßnahmen, die die Systemintegration fördern. Das Unternehmen, das eine umfassende Schulung und damit Weiterbildung der einzelnen Mitarbeiter ermöglicht, wird einen entscheidenden Vorsprung erfahren und diesen auch in einen Marktvorteil umsetzen können.

Anhang

Literatur

Projekt- und Prozeßmanagement

Ackoff, R. L.: Creating the Corporate Future. New York: John Wiley & Sons 1981

Berger, R.; Servatius, H. G.: Die Zukunft des Autos hat erst begonnen. München: Piper 1994

Bittel, L. R.: What Every Supervisor Should Know. New York: Mc Graw Hill 1980

Brake, T. et al.: Doing Business Internationally. Burr Ridge, Ill.: Richard D. Irwin 1995

Deming, W. E.: The New Economics for Industry, Government, Education. Cambridge, Mass.: The Massachusetts Institute of Technology 1993

Eversheim, W. et al.: Informationsgerechte Ablaufgestaltung in Konstruktion und Arbeitsplanung. wt-Produktion und Management 86 (1996) 3, S. 81-85

Eversheim, W.: Prozeßorientierte Unternehmensorganisation. Konzepte und Methoden zur Gestaltung „schlanker" Organisationen. 2. Aufl., Berlin, Heidelberg, New York: Springer 1996

Fucini, J. F.; Fucini, S.: Working for the Japanese – Inside Mazda's American Auto Plant. New York: The Free Press 1990

Goeudevert, D.: Die Zukunft ruft – Manager, Märkte, Motoren. Herford: Busse + Seewald 1991

Grove, A. S.: Only the Paranoid Survive. New York: Currency Doubleday 1996

Hammer, M.; Champy, J.: Reengineering the Corporation: a Manifesto for Business Revolution. New York: Harper Collins 1993

Jaques, E.; Clement, S. D.: Executive Leadership – a Practical Guide to Managing Complexity. Cambridge, Mass.: Blackwell Publishers 1994

Madauss, B. J.: Handbuch Projektmanagement. 5., überarb. u. erw. Aufl., Stuttgart: Schaeffer-Poeschel 1994

Mann, P. T.: Rechnerunterstützte Planung flexibel automatisierter Montagestationen in der variantenreichen Serienmontage am Beispiel der Montage von Pkw-Motoren. Diss. Universität Karlsruhe 1994

LaMarsh, J.: Changing the Way We Change. Reading, Mass.: Addison Wesley 1995

Menne, R. J. et al.: Zukünftige Pkw-Antriebskonzepte. Motortechnische Zeitschrift 56 (1995) S. 120–128

Menne, R. J. et al.: Wege zu niedrigen Abgaswerten. VDI-Tagung: Emissionsminderung von Automobilabgasen in Ottomotoren. Nürnberg

Menne, R. J.: Der Benzinmotor hat noch nicht ausgedient. Schweizer Illustrierte: Sonderheft Auto 1986

Nonaka, I.; Takeuchi, H.: The Knowledge-Creating Company. New York: Uxford University Press 1995

Pamel, J.: Kooperation mit Zulieferern. Wiesbaden: Gabler 1993

Prahalad, C. K.; Doz, Y. L.: The Multinational Mission. New York: The Free Press 1987

Pucik, V. et al.: Globalizing Management - Creating and Leading the Competitive Organization. New York: John Wiley & Sons 1993
Rechs, M. et al.: Einfluß von Getriebeabstufung und Motorcharakteristik auf das Benutzungsprofil und den Verbrauch. Essen: Haus der Technik 1996
Rechs, M. et al.: Fahrzeug- und Motorenkonzepte für das 3-Liter-Auto. In: 5. Aachener Kolloquium „Fahrzeug- und Motorentechnik" 1995, S. 25–46
Rhinesmith, S. H.: A Manager's Guide to Globalization. Burr Ridge, Ill.: Richard D. Irwin 1993
Senge, P. M. et al.: The Fifth Discipline Fieldbook - Strategies and Tools for Building a Learning Organization. New York: Doubleday 1994
Tombrink, C. et al.: Gruppenarbeit im neuen Ford-Motorenwerk Köln. Motortechnische Zeitschrift 54 (1993) Sonderheft Fertigungstechnik, S. 16–18
VDA (Hrsg.): International Auto Statistics. Frankfurt 1997
Womack, J. P. et al.: The Machine that Changed the World. New York: Rawson Associates 1990
Womack, J. P.; Jones, T. J.: Auf dem Weg zum perfekten Unternehmen. Frankfurt: Campus 1997

Simultaneous Engineering

Bochtler, W.: Modellbasierte Methodik für eine Integrierte Konstruktion und Arbeitsplanung: Ein Beitrag zum Simultaneous Engineering, RWTH Aachen 1996
Lincke, W.: Simultaneous Engineering – Neue Wege zu überlegenen Produkten. München: Hanser 1995

Konstruktion

Adamis, P.; Gnegel, P.: Variable Ventilsteuerungen - Einfluß auf Verbrauch und Abgas. Automobil Revue (1996)
Affenzeller, J.; Gläser, H.: Lagerung und Schmierung von Verbrennungsmotoren. Berlin, Heidelberg, New York: Springer 1996
Asmus, T. W.: Perspectives on Applications of Variable Valve Timing. SAE-Paper 910445
van Basshuysen, R. et al.: Untersuchungen des untersten Drehzahlbereiches eines Pkw-Motors: Analyse des Arbeitsprozesses und Messung des Verhaltens im Fahrzeug. BMFT-Vorhaben: Gemeinschaftsveranstaltung in Bad Dürkheim, November 1981
Berg, M.; Kachel, G.: Die mechanische vollvariable Ventilsteuerung. Automobil Revue 43 (1996) S. 33–35
Bernhardt, R.: In der Konstruktion beginnt die Rationalisierung. Heidelberg: Hüthig 1991
Bernhardt, R.: Systematisierung des Konstruktionsprozesses. Düsseldorf: VDI-Verlag 1981
Dilgen, P. et al.: CAE-Methoden zur aktiven Auslegung von Wassermänteln in frühen Stadien der Motorenentwicklung und deren Einsatz zur Unterstützung der Konstruktion. Essen: Haus der Technik 1998
Dresner, Th.; Barkan, Ph.: A Review and Classification of Variable Valve Timing Mechanisms. SAE-Paper 890674
Fiedler, A. G.; Payer, E.: Die Akustikanalyse von Verbrennungsmotoren. Motortechnische Zeitschrift 56 (1995) S. 225 ff.
Flierl, R. et al.: Der reibungsoptimierte Ventiltrieb des neuen BMW-Vierzylinder-Motors. In: 4. Aachener Kolloquium „Fahrzeug- und Motorentechnik" 1993, S. 46–65

Gray, C.: A Review of Variable Engine Valve Timing. SAE-Paper 880386

Hütten, H.: Motoren - Technik, Praxis, Geschichte. Stuttgart: Motorbuch 1985

Küntscher, V.: Kraftfahrzeugmotoren - Auslegung und Konstruktion. 3., stark bearb. Aufl., Berlin, München: Verlag Technik 1995

Künzel, R.: Die Kolbenbewegung in Motorquer- und Längsrichtung. Motortechnische Zeitschrift 56 (1995) 4 und 9

Lancefield, T. M. et al.: The Practical Application and Effects of a Variable Event Valve Timing System. SAE-Paper 930825

Larsen, G. J.: Research Engine for Evaluating the Effects of Variable Compression Ratio (VCR) and/or Variable Valve Timing (VVT). SAE-Paper 910053

Ma, T. H.: Effects of Variable Valve Engine Valve Timing on Fuel Economy. SAE-Paper 880390

Menne, R. J. et al.: Der neue DOHC-24-Ventil-V6-Motor mit 2,5 l Hubraum für den Ford Mondeo. Motortechnische Zeitschrift 55 (1994) S. 402–518

Menne, R. J.; Adams, W.: Einlaßsystemoptimierung als Maßnahme zur Verbesserung des Betriebsverhaltens eines Vierventil-Ottomotors. 1. Aachener Kolloquium „Fahrzeug- und Motorentechnik" 1987

Menne, R. J. et al.: Method for the Efficient Development of SI Combustion Chambers. VDI-Tagung, Juni 1987

Menne, R. J.; Adams, W.: Lean Burn Engines Induction Systems Optimization as a Means to Improve the Operating Characteristics of Four-Valve Spark-Ignition Engines. London IMechE, Automotive Division Vehicle Emissions and their Impact on European Air Quality, November 1997

Menne, R. J.; Königs, M.: Magerkonzept - Eine Alternative zum Dreiwegekatalysator. Motortechnische Zeitschrift 49 (1988)

Menne, R. J. et al.: Der 2,0-l-DOHC, Baustein für eine neue Motorenfamilie. 2. Aachener Kolloquium „Fahrzeug- und Motorentechnik" 1989

Menne, R. J.; Stojek, D.: Konzeptstudie zur Verschiebung der Magerlaufgrenze bei der ottomotorischen Verbrennung. Symposium Wolfsburg „Magerbetrieb beim Ottomotor" 1985

Menne, R. J.: Der neue 1,8-I-ICHV-Motor im Sierra. Automobiltechnische Zeitschrift 91 (1989) S. 482–489

Menne, R. J.: Magerkonzept - Eine Alternative zum Dreiwegekatalysator. Motortechnische Zeitschrift 49 (1988) S. 421–427

Menne, R. J.: Verbrennung magerer Gemische im Ottomotor. Internationaler Kongreß: Der Fahrzeug-Ottomotor unter neuen europäischen Randbedingungen, Aachen 1985

N. N.: Variable Valve Actuation and Power Boost 1996. SAE-Paper SP 1171

N. N.: Variable Valve Actuation and Power Boost 1997. SAE-Paper SP 1258

Nelson, M. T. et al.: Continuous-Camlobe Phasing: An Advance Valve-Timing Approach. SAE-Paper 870612

Pischinger, F., Menne, R. J.: Nutzung der Abgasenergie bei Stauauflandung. Forschungsbericht des Landes Nordrhein-Westfalen Nr.2993

Pischinger, F.: Verbrennungsmotoren I+II. Vorlesungsscript RWTH Aachen 1997

Rechs, M. et al.: Maßnahmen zur Verbrauchs- und Abgasemissionsreduzierung auf Basis der Vierventiltechnologie. VDI-Tagung: Beiträge der Fahrzeugtechnik zur Verbrauchssenkung. VDI Wolfsburg 1993, S. 41 -57

Rechs, M. et al.: Ein verbrauchsgünstiges 4-Ventil-Motorkonzept zur Erfüllung zukünfti-

ger Emissionsgrenzwerte. In: Schmidt, G.: Entwicklungstendenzen auf dem Gebiet der Ottomotoren. Technische Akademie Esslingen 1994, Symposium Nr. 19016/64.103
Röpke, P. et al.: Geräuschoptimierte Auslegung von Zylinderköpfen. Motortechnische Zeitschrift 55 (1994) S. 366 ff.
Schmillen, K. et al.: Verbesserung des akustischen Verhaltens von Motorblöcken. Motortechnische Zeitschrift 53 (1992) S. 158 ff.
Schmillen, K.: Geräuschanalysen und Rechentechniken im Motorenbau II. Vorlesungsscript RWTH Aachen 1994
Steinberg, R. et al.: A Fullya Continuous Variable Cam Timing Concept for Intake and Exhaust Phasing. SAE-Paper 980767
Stone, R.; Kwan, E.: Variable Valve Actuation Mechanisms and the Potential for their Application. SAE-Paper 890673
Yoshishige Ohyama; Mamoru Fujieda: A New Engine Control System Using Direct Fuel Injection and Variable Valve Timing. SAE-Paper 950973

Qualität

Bauer, C. O.; Arnold, R.: Qualität in Entwicklung und Konstruktion. 3., vollst. überarb. Aufl., Köln: TÜV Rheinland 1992
Hartmann, D.: Modell zur qualitätsgerechten Konstruktion. VDI-Fortschrittsbericht, Nr. 260, 1996
Hauser, P.; Clausing, D.: The House of Quality. Havard Business Review, Bd. 66, Nr. 3, Mai-Juni 1988
Masing, W.: Handbuch der Qualitätssicherung. München: Hanser 1980
N. N.: FMEA – eine wirksame Methode zur präventiven Qualitätssicherung. VDI-Z 132 (1990) 10
Neumann, A.: Quality Function Deployment – Qualitätsplanung für Serienprodukte. Berichte aus der Produktionstechnik. Aachen: Shaker 1996
Pacyna-Friese, C.: Beitrag zur Qualitätssicherung in einer Motoren-Eisengießerei. Diss. TU Clausthal 1995
Pfeifer, T.: Praxishandbuch Qualitätsmanagement. München: Hanser 1996
Pfeifer, T.: Qualitätsmanagement. München: Hanser 1993
Pfeifer, T. (Hrsg.): Wissensbasierte Systeme in der Qualitätssicherung. Berlin, Heidelberg, New York: Springer 1996
Wallisch, F.: Die Schnittstelle Entwicklung–Fertigung als Qualitätsfunktion. Qualität und Zuverlässigkeit 34 (1989) 8

Produktionstechnik

Eversheim, W. et al.: Die Arbeitsplanung im geänderten produktionstechnischen Umfeld. Teil 1: Integration von Arbeitsplanung und Konstruktion. VDI-Z (1995)
Eversheim, W. et al.: Wettbewerbsfaktor Produktionstechnik – Aachener Perspektiven. (VDI-Buch), Berlin, Heidelberg, New York: Springer 1996
Eversheim, W.: Organisation in der Produktionstechnik. Bd. 1: Grundlagen. 3., neubearb. u. erw. Aufl. (VDI-Buch), Berlin, Heidelberg, New York: Springer 1996
Eversheim, W.: Organisation in der Produktionstechnik. Bd. 2: Konstruktion. 3., vollst. überarb. Aufl. (VDI-Buch), Berlin, Heidelberg, New York: Springer 1998

Eversheim, W.: Organisation in der Produktionstechnik. Bd. 3: Arbeitsvorbereitung. 3., vollst. überarb. Aufl. (VDI-Buch), Berlin, Heidelberg, New York: Springer 1997

Eversheim, W.: Organisation in der Produktionstechnik. Bd. 4: Fertigung und Montage. 2., neubearb. u. erw. Aufl. (VDI-Buch), Berlin, Heidelberg, New York: Springer 1989

Meier, B. et al.: Der Endfunktionstest in der Motorenproduktion. Motortechnische Zeitschrift 55 (1994) Sonderheft: Fertigungstechnik, S. 37–41

N. N.: Strategien für die Produktion im 21. Jahrhundert. BMFF 1994

Fertigungstechnik

Automatisierung in der Fertigungstechnik. Wechselwirkungen. VDI-Berichte, Nr. 89, 1965

Bernhardt, R.: In der Konstruktion beginnt die Rationalisierung. Heidelberg: Hüthig 1991

Blume, F.: Einführung in die Fertigungstechnik. Heidelberg: Hüthig 1990

Fritz, H. A.: Fertigungstechnik. 3., neubearb. u. erw. Aufl. (VDI-Buch), Berlin, Heidelberg, New York: Springer 1990

Fromlowitz, J.: Bandschleifen von Nockenwellen. Motortechnische Zeitschrift 54 (1993) Sonderheft: Fertigungstechnik, S. 15

Hedrich, P.: Flexibilität in der Fertigungstechnik durch Computereinsatz. CW-Publ. 1983

Klodt, J.; Sick, G.: Optimierung der Konstruktion und Fertigung von Aluminium-Gußteilen durch Simulationsverfahren. Motortechnische Zeitschrift 55 (1994) Sonderheft: Fertigungstechnik, S. 6–8

König, W.; Klocke, F.: Fertigungsverfahren. Bd. 1: Drehen, Fräsen, Bohren. 5., überarb. Aufl. (VDI-Buch), Berlin, Heidelberg, New York: Springer 1997

König, W.; Klocke, F.: Fertigungsverfahren. Bd. 2: Schleifen, Honen, Läppen. 2., neubearb. Aufl. (VDI-Buch), Berlin, Heidelberg, New York: Springer 1996

König, W.; Klocke, F.: Fertigungsverfahren. Bd. 3: Abtragen. 3., überarb. Aufl. (VDI-Buch), Berlin, Heidelberg, New York: Springer 1997

König, W.; Klocke, F.: Fertigungsverfahren. Bd. 4: Massivumformung. 4., überarb. Aufl. (VDI-Buch), Berlin, Heidelberg, New York: Springer 1996

König, W.; Klocke, F.: Fertigungsverfahren. Bd. 5: Blechumformung. 3., überarb. u. erw. Aufl. (VDI-Buch), Berlin, Heidelberg, New York: Springer 1995

Perovic, B.: Fertigungstechnik. Verfahren, Maschinen, Vorrichtungen. Grundlagen zur Berechnung und Konstruktion. Berlin, Heidelberg, New York: Springer 1990

Walze, H.: Rechnerintegrierte Fertigung (CIM). Forschungsbericht Fertigungstechnik und Qualitätssicherung Nr. 171, 1993

Warnecke, H.-J.: Einführung in die Fertigungstechnik. Stuttgart: Teubner 1990

Sachverzeichnis

Springer und Umwelt

Als internationaler wissenschaftlicher Verlag sind wir uns unserer besonderen Verpflichtung der Umwelt gegenüber bewußt und beziehen umweltorientierte Grundsätze in Unternehmensentscheidungen mit ein. Von unseren Geschäftspartnern (Druckereien, Papierfabriken, Verpackungsherstellern usw.) verlangen wir, daß sie sowohl beim Herstellungsprozess selbst als auch beim Einsatz der zur Verwendung kommenden Materialien ökologische Gesichtspunkte berücksichtigen.
Das für dieses Buch verwendete Papier ist aus chlorfrei bzw. chlorarm hergestelltem Zellstoff gefertigt und im pH-Wert neutral.